Serviceinnovation

Reinhard Geissbauer • Alexander Griesmeier
Sebastian Feldmann • Matthias Toepert

Serviceinnovation

Potenziale industrieller Dienstleistungen
erkennen und erfolgreich implementieren

 Springer

Dr. Reinhard Geissbauer
PricewaterhouseCoopers
PRTM Management Consultants GmbH
Seidlstraße 23
80335 München
Deutschland
reinhard.geissbauer@de.pwc.com

Dipl. Phys. Alexander Griesmeier
PricewaterhouseCoopers
PRTM Management Consultants GmbH
Seidlstraße 23
80335 München
Deutschland
alexander.griesmeier@de.pwc.com

Dipl. Kfm. Sebastian Feldmann
PricewaterhouseCoopers
PRTM Management Consultants GmbH
Seidlstraße 23
80335 München
Deutschland
sebastian.feldmann@de.pwc.com

Dipl. W. Inf. Matthias Toepert
PricewaterhouseCoopers
PRTM Management Consultants GmbH
Neue Mainzer Straße 28
60311 Frankfurt
Deutschland
matthias.toepert@de.pwc.com

ISBN 978-3-642-21238-3   e-ISBN 978-3-642-21239-0
DOI 10.1007/978-3-642-21239-0
Springer Heidelberg Dordrecht London New York

Die Deutsche Nationalbibliothek verzeichnet diese Publikation in der Deutschen Nationalbibliografie;
detaillierte bibliografische Daten sind im Internet über http://dnb.d-nb.de abrufbar.

Gedruckt auf säurefreiem Papier

Springer ist Teil der Fachverlagsgruppe Springer Science+Business Media (www.springer.com)

Vorwort

Die deutsche Wirtschaft steht vor einer neuen Epoche: Die weltweiten Megatrends Klimawandel, Urbanisierung, Globalisierung und demographischer Wandel führen vor allem in der Investitionsgüterindustrie zu einer drastischen Veränderung des Angebots- und Nachfrageverhaltens und zu einer steigenden Preissensibilität. Diese Faktoren, gepaart mit dem enormen Wachstum in Schwellenländern wie China und Indien, führen dazu, dass international agierende westliche Anbieter ihre Unternehmensstrategien grundsätzlich überdenken müssen. Ein Schlüssel zum Erfolg wird dabei die eigene Innovationskraft sein. Es geht hier zum einen um Innovationen bezogen auf Produkte, Lösungen, Forschung & Entwicklung (F & E)-Ansätze, um innovative Unternehmensorganisationen und Markteintrittsstrategien. Zum anderen geht es aber auch ganz wesentlich um Innovationen im Bereich Services – denn speziell dort besteht noch gewaltiges Optimierungs- und Wachstumspotenzial.

Unternehmen aus den Dienstleistungsbranchen arbeiten naturgemäß seit jeher an ihren Servicestrategien, sind diese doch das Herzstück ihres Geschäfts. Bei Unternehmen aus den Infrastruktur- und Investitionsgüterbranchen – ja selbst bei solchen aus der Konsumgüterindustrie – hat Service in der Vergangenheit indes durchaus nicht immer die Rolle gespielt, die dem Thema gebührt. Der Grund dafür besteht hauptsächlich darin, dass Kunden dieser Unternehmen bei Investitions- und Kaufentscheidungen zunächst vor allem auf die Qualität und den Preis achten. Beratung, Service oder Kundendienst sind dabei wichtig, aber meist nicht entscheidend. Nicht selten sind diese Faktoren nicht einmal Bestandteil bei der Auswertung von Angeboten im Rahmen öffentlicher oder privatwirtschaftlicher Ausschreibungen. Sie werden für Kunden meist erst dann wirklich relevant, wenn sich die Erwartungen an ein Produkt oder an eine Dienstleistung nicht erfüllen. Doch zu dem Zeitpunkt ist das Geschäft bereits getätigt und somit das Engagement und Interesse des Lieferanten für den jeweiligen Kunden vielfach bereits deutlich gesunken. Denn Service war in der Vergangenheit stets ein Annex zum Hauptgeschäft – dem Verkauf hochwertiger und langlebiger Produkte und Lösungen.

Diese Tatsache ändert sich gerade massiv. So gewinnen beispielsweise Services für Maschinen, Produktionsanlagen, Verkehrssysteme oder Gewerbeimmobilien enorm an Bedeutung. Das beginnt bei der Beratung und Finanzierung, geht über Montage, Inbetriebnahme, Optimierung, Pflege, Wartung, Modernisierung und Betrieb und endet bei der Entsorgung am Ende eines Lebenszyklus'. Für diesen strategischen Schwenk gibt es vor allem zwei Gründe: Zum einen stellt das Servicegeschäft für die Anbieter in der Investitionsgüterindustrie einen attraktiven Markt dar. Denn erstens ist es häufig profitabler als das Produktgeschäft. Und zweitens ist es deutlich konjunkturunabhängiger. So konnten führende Investitionsgüterhersteller in der Rezession der Jahre 2008 und 2009 ihre Serviceumsätze rund 2,5-mal so schnell steigern wie ihren Gesamtumsatz. Dies hat nicht zuletzt aber auch damit zu tun, dass auf Abnehmerseite das Interesse an Services gewachsen ist. Grund hierfür ist vor allem das steigende Bewusstsein der Bedeutung von Lebenszykluskosten und der zunehmende Wunsch nach „One-stop-shop".

Solche Erfolgszahlen haben eine einfache Ursache: Von einem professionellen Service, der dem produzierenden Gewerbe und den Bereitstellern öffentlicher Infrastrukturen Kosten spart und Ressourcen schont, profitieren ganz wesentlich auch die Kunden. Es handelt sich also um eine klassische Win-win-Situation. Und die Anbieter verstehen es immer besser, ihren Kunden den Wert dieser Leistung auch verständlich zu machen. Dies verdeutlicht plastisch ein Beispiel aus der Papierindustrie. Hier liegt der Verfügbarkeitsfaktor von optimierten, kontinuierlich gewarteten Anlagen bei 93 %, der Leistungsfaktor bei 95 % und der Qualitätsfaktor bei 99,9 %. Nur vorausschauende, aktive Instandhaltungsprozesse ermöglichen solche Spitzenwerte.

Guter Service steigert also die Wettbewerbs- und Zukunftsfähigkeit der Kunden. Das gilt umso mehr, wenn er auch noch die Energieeffizienz erhöht. Denn ob es um die immer schärferen staatlichen Vorschriften zur Reduzierung von $CO2$-Emissionen geht – und damit um geringeren Energieverbrauch – oder um erforderliche Kostenreduzierungen: Investitionen in Energieeffizienz und in begleitende Services – von der Bestandsanalyse über die Finanzierung bis hin zur Evaluierung – sind in vielen Fällen eher eine wirtschaftliche Überlebensvoraussetzung als eine bloße Option.

Derzeit beträgt das Servicegeschäft in der Industrie- und Infrastrukturbranche europaweit bereits mehr als hundert Milliarden Euro – mit deutlich steigender Tendenz. Studien zufolge haben Maschinen- und Anlagenbauer in den vergangenen Jahren mit Dienstleistungen wie Wartung, Modernisierung und Finanzierung von Anlagen eine viermal so hohe operative Marge (EBIT) erzielt wie mit dem Verkauf neuer Produkte. Für viele Unternehmen dieser Branche – auch für Siemens Industry – wird es in den kommenden Jahren darum gehen, den eigenen Marktanteil überproportional auszubauen.

Service wird also zunehmend zu einem Kerngeschäft. Ein Ziel ist dabei, mit Dienstleistungen und Modernisierungen zusätzlichen profitablen Umsatz zu generieren. Oft noch wichtiger ist aber die Tatsache, dass kontinuierliche Services während der gesamten Lebensdauer von Produkten und Anlagen gerade im hoch qualifizierten, technologiebasierten Servicegeschäft einen weiteren, wirtschaftlich sehr erfolgsrelevanten Nutzen schaffen: Die Anbieter machen sich dadurch für ihre Kunden zu einem umfassenden, unverzichtbaren Partner mit tiefem Einblick und großem Verständnis für die Besonderheiten jedes einzelnen Auftraggebers. Strategische, technologische oder personelle Wechsel auf Kundenseite werden so bereits in einem frühen Stadium erkannt. Eine Betreuung über die gesamte Einsatzdauer einer Anlage oder eines Produkts sorgt für eine wiederkehrende Interaktion mit dem

Kunden. So entsteht eine ideale Plattform für die Identifikation von Kundenbedürfnissen, die es ermöglicht, darauf schnell und bedarfsgerecht mit passenden Lösungen zu reagieren – und zwar angebotsgetrieben statt nachfragegesteuert. Services verstärken also die Kundenbindung, erhöhen die Kundenzufriedenheit und sorgen für Anschlussaufträge.

Was in der Theorie stringent und leicht nachvollziehbar klingt, birgt in der praktischen Umsetzung einige Herausforderungen. Denn hier zählen nicht allein eine schlüssige und intelligente Servicestrategie und der Aufbau einer entsprechenden Unternehmensorganisation mit ausreichenden finanziellen und personellen Ressourcen. Operativ geht es vor allem um zwei Voraussetzungen: Zum einen muss das eigene Unternehmen nach außen glaubhaft als starker Servicepartner positioniert werden. Ziel dabei ist, die eigene Dienstleistungsmentalität im Markenkern wahrnehmbar zu verankern. Das erfordert neben nachweisbaren, exzellenten Leistungen und Referenzen unter anderem intelligente und glaubwürdige Marketingmaßnahmen auf allen Ebenen. So etwas erfordert Zeit und lässt sich nicht von einer Woche auf die nächste erreichen.

Nach innen gerichtet bedingt der Wandel zum Serviceunternehmen eine nicht minder große Aufgabe. Schließlich gilt es, den Dienstleistungsansatz zu einem elementaren Element der Unternehmens-DNA zu machen. Genau das ist häufig der steinigere Teil des Weges. Denn die Etablierung einer echten Servicekultur im Unternehmen kann eine signifikante Mentalitätsveränderung innerhalb der Belegschaft voraussetzen. Diese lässt sich nur durch hervorragende und kontinuierliche interne Kommunikationsmaßnahmen erzielen sowie durch die Messung und öffentliche Anerkennung von Serviceerfolgen. Der Begriff „Service" muss also inhaltlich vielfach neu besetzt werden – weg von „Nice-to-have" und einer scheinbaren Selbstverständlichkeit hin zu einer eigenständigen Mehrwert-Leistung von großer unternehmerischer Bedeutung. Leistungen im Bereich Service müssen also analysiert, quantifiziert, evaluiert und zumindest intern auch in Zahlen ausgewiesen und gegebenenfalls honoriert werden. Und umgekehrt darf ein unzureichender Service genauso wenig achselzuckend hingenommen werden wie Qualitätsprobleme in der Produktion.

Siemens Industry hat den Bereich Services daher zu einem strategischen Wachstumsfeld fürs Unternehmen erklärt. Ziel ist es, den eingeschlagenen Weg von einem Investitionsgüterunternehmen traditioneller Prägung hin zu einem integrierten Anbieter sämtlicher Leistungen entlang der Wertschöpfungskette zu forcieren.

Um das zu erreichen, verfolgt Siemens Industry mehrere, parallel verlaufende Ansätze. Einer davon besteht beispielsweise in einer Zusammenführung der Systemintegration mit dem Kernproduktgeschäft. Insofern werden Branchenlösungen ausgebaut und hierfür jeweils eine durchgängige persönliche Verantwortung für das Angebotsportfolio von Produkten, Lösungen und Services vergeben. Außerdem verstärkt Siemens Industry seine Aktivitäten im technologiebasierten Servicegeschäft – mit einer klaren Geschäftsverantwortung für das Serviceportfolio über den gesamten Lebenszyklus. All diese Überlegungen haben vor allem ein Ziel: Noch näher als bisher an die Kunden heranzurücken. Im hochgradig technologiebasierten Geschäft verlangen Abnehmer weltweit zunehmend ganzheitliche Lösungen aus einer Hand, um ihre Effizienz zu steigern und um flexibler sowie produktiver zu werden.

Um mit einer solchen Servicestrategie erfolgreich zu sein, müssen Anbieter die Zahl der Schnittstellen zum Kunden reduzieren. „One-Face-to-the-Customer" – dieses vermeintliche Patentrezept haben sich weltweit wohl hunderttausende Unternehmen auf ihre Fahnen geschrieben. Theoretisch wäre dies auch bei komplexen Geschäften wie denen der Industriesparte von Siemens erstrebenswert. Praktisch ist es allein angesichts der schieren Menge an vielfach sehr speziellen Aufgaben kaum sinnvoll anzuwenden. Der Ansatz von Siemens lautet daher: „One-Concept-to-the-Customer" – Service inklusive. Diese Herangehensweise ist auch bei Großaufträgen realistisch und umsetzbar. Und sie wird Siemens helfen, sich weiter vom Wettbewerb am Markt zu differenzieren und langfristige Kundenbeziehungen aufzubauen.

Fazit: Ob bei Siemens Industry oder anderen Unternehmen der Infrastruktur- und Investitionsgüterbranchen – Service wird zu einer Notwendigkeit. In dem Wort verbergen sich die Begriffe „Not" und „wendig". Unternehmen, die diese Not – den Paradigmenwechsel – rechtzeitig erkennen und darauf wendig mit Innovationen und Strukturanpassungen reagieren, bauen sich ein belastbares Fundament für ihren zukünftigen wirtschaftlichen Erfolg.

Dieses Buch ist mit realen Fallbeispielen und fundierten Beiträgen zu Themen wie Servicebenchmarking, Bedarfsanalyse, Aufbau von Serviceorganisationen, Vertragsgestaltung, Etablierung von Serviceprozessen und -tools bis hin zur Integration externer Servicepartner und zum Servicecontrolling eines der derzeit wohl kompetentesten Handbücher zum Thema Serviceinnovationen.

München, Dezember 2011   Prof. Dr.-Ing. Siegfried Russwurm
                                                            Sektor CEO Industry und
                                                              Mitglied des Vorstands
                                                                  der Siemens AG

Inhalt

Kapitel 1
Benchmark der Service- und Ersatzteilexzellenz

Unternehmensführung sowie Topmanagement im Industriegüterservice stehen permanent vor der Herausforderung, das Umsatzpotenzial mit Ersatzteilen, Verbrauchsmaterialen und Serviceleistungen maximal auszuschöpfen, Preise und Kosten zu optimieren und die Serviceorganisation einem Best in Class-Vergleich zu stellen.

1.1 Servicebenchmark – Schöpft mein Unternehmen sein Servicepotenzial optimal aus?

Eine erste Orientierung über die eigene Leistungsfähigkeit im Technischen Service bietet eine Benchmark-Studie der PricewaterhouseCoopers PRTM Management Consultants GmbH, die zum Zeitpunkt der Befragung unter PRTM Management Consultants GmbH firmiert und daher im nachfolgenden Text mit PRTM angegeben wird, die PRTM 2010/2011 mit 100 europäischen Industriegüterunternehmen durchgeführt hat. Teilgenommen haben die Serviceeinheiten führender Unternehmen des Maschinen- und Anlagebaus, der Systemlieferanten der Automobilindustrie sowie ausgewählter B2B Elektronikunternehmen. In den Benchmark wurden der Ersatzteil- und Serviceumsatz, die erzielten Margen, ausgewählte Innovationsparameter sowie die Lieferleistung einbezogen.

Das Ergebnis ist eindeutig: Sogenannte „Service-Gestalter", also das oberste Quintil (Top 20 %) der in der Studie befragten Unternehmen, haben eine signifikant bessere Serviceperformance als sogenannte „Service-Verwalter", also Unternehmen, die im mittleren Quintil der Befragten liegen. Service-Gestaltern gelingt es zum einen, ihr Servicepotenzial auf der installierten Maschinenbasis optimal auszuschöpfen; sie erreichen im Durchschnitt 56 % des Gesamt-Unternehmensumsatzes mit Ersatzteilen und Technischen Serviceleistungen. Zum anderen erzielen diese Unternehmen attraktive Margen von bis zu 68 % auf das Ersatzteilportfolio und bis zu 48 % auf die Serviceleistungen. Dieses finanzielle Ergebnis ist bei den besten Serviceunternehmen verbunden mit einer Quote von 95 % Termintreue bei der Lieferung von Ersatzteilen oder der Erbringung von Serviceleistungen vor Ort.

R. Geissbauer et al., *Serviceinnovation,*
DOI 10.1007/978-3-642-21239-0_1, © Springer-Verlag Berlin Heidelberg 2012

Serviceparameter		Service- Verwalter	Service- Gestalter
Serviceleistung	Technischer Service und Ersatzteile: Umsatz in % des Gesamtumsatzes	23%	56%
	Technischer Service: Bruttomarge in % vom Umsatz	13%	39%
	Ersatzteile: Bruttomarge in % vom Umsatz	24%	67%
	Relativer erzielter Marktanteil im Service und Ersatzteilgeschäft	27%	69%
	Jährliche Wachstumsrate des Serviceumsatzes der letzten drei Jahre (p.a.)	8%	24%
Service-produktivität	Lieferleistung gegenüber Kundenwunschtermin % (OTIF)	76%	95%
	Serviceumsatz pro Servicemitarbeiter	€ 150.000	€ 280.000
	Produktivität Servicemitarbeiter (Produktive Stunden zu gesamt)	68%	91%
Innovation	Umsatzanteil mit neuen Services (Einführung max. 2 Jahre)	5%	9%
	Durchschnittliche Zeit von Serviceidee bis Markteinführung	36 Wochen	23 Wochen

Abb. 1.1 Serviceleistung führender europäischer Industrieunternehmen

Das oberste Quintil der Industriegüterunternehmen kann Umsatz- und Margenziele in der Regel deshalb erzielen, weil diese Unternehmen konsequent innovative Technische Services entwickeln und diese ihren Kunden aktiv anbieten. Fast 10 % der Serviceumsätze werden mit Serviceleistungen erzielt, die seit maximal zwei Jahren im Portfolio sind. Dies sichert eine dauerhaft hohe Ausschöpfung von Umsatzpotenzialen. Weiterhin erzielen innovative Services meist überdurchschnittlich hohe Margen.

Hinzu kommt, dass Service-Gestalter in ihren Unternehmen den Service häufig in eigenen Geschäftseinheiten mit separater Umsatz- und Ertragsverantwortung gebündelt haben. Die klare organisatorische Zuständigkeit sorgt dafür, dass alle Servicemitarbeiter im Unternehmen mit gemeinsamen Zielen geführt und beim Kunden konsistent eingesetzt werden. Eine separate Servicegeschäftseinheit mit eigener Umsatz- und Ertragsverantwortung macht zudem die Rekrutierung von hochqualifizierten Servicemitarbeitern deutlich einfacher. Interne Qualifizierungsprogramme fördern die konsequente Weiterentwicklung und Leistungssteigerung der eigenen Mannschaft.

Die in Abb. 1.1 gezeigten Benchmarkdaten sind über alle Sektoren der Investitionsgüter- und Elektronikindustrie aggregiert. Um die Serviceleistung des eigenen Unternehmens zuverlässig einzuschätzen, ist es sinnvoll, darüber hinaus einen Branchenvergleich mit den direkten Wettbewerbern heranzuziehen. So haben Unternehmen im Aufzugsbau traditionell die höchsten Serviceumsätze als Anteil vom Gesamtumsatz. Dies liegt zum einen an der hohen installierten Basis der Anlagen, zum anderen an der in vielen Ländern bestehenden gesetzlichen Anforderung, eine regelmäßige Überprüfung und Wartung von Aufzugsanlagen durch Fachpersonal vornehmen zu lassen. Unternehmen im Energieanlagenbau, zum Beispiel Hersteller von Turbinen oder kompletten Kraftwerkssystemen, haben in der Regel ebenfalls sehr hohe Serviceumsätze. Der Grund liegt hier in der hohen Komplexität der Anlagen und in einem Rund-um-die-Uhr-Betrieb, der einen hohen Verschleiß- und Wartungsaufwand mit sich bringt.

Für die Beurteilung der eigenen Serviceleistung müssen außerdem geographische Besonderheiten der installierten Maschinen- und Anlagenbasis berücksichtigt werden. Industrielle Kunden in den USA legen in der Regel einen höheren Wert auf umfassende externe Service- und Ersatzteilbetreuung für die von ihnen genutzten Maschinen und Systeme, während viele Kunden in Europa häufig eigene Mitarbeiter ausbilden, um Serviceleistungen an Anlagen selbstständig durchführen zu können. Industrielle Kunden in Asien erbringen Serviceleistungen auch mit eigenen Mitarbeitern oder durch spezialisierte Drittunternehmen, die sich auf die Erbringung von kostenattraktiven Serviceleistungen und den Nachbau von OEM (Original Equipment Manufacturer) Ersatzteilen spezialisiert haben.

Eine detaillierte Beurteilung der eigenen Serviceleistung kann also nur im direkten Vergleich mit industriellen Wettbewerbern und unter Berücksichtigung der spezifischen Region erfolgen.

1.2   Servicereifegrad – Beurteilung des Reifegrades der eigenen Serviceorganisation

Servicebenchmarks wurden in den letzten Jahren von zahlreichen Industrieorganisationen und Branchenverbänden in fast allen Industrien durchgeführt. Alle Vergleiche belegen, dass es einen eindeutigen Zusammenhang zwischen dem Reifegrad einer Serviceorganisation und deren Serviceperformance, Innovationsfähigkeit oder anderen Leistungsparametern gibt.

Der Servicereifegrad eines Unternehmens wird im Wesentlichen durch drei Faktoren bestimmt:

- Das Service- und Ersatzteilportfolio: Die Vielfalt, Innovation und der Reifegrad an Technischen Serviceleistungen, Ersatzteilen und anderen Dienstleistungen
- Die Serviceorganisation: Die Professionalität und Schlagkraft der Aufbauorganisation, die eindeutige Zuordnung von Verantwortlichkeiten sowie die regionale Präsenz
- Die Serviceprozesse: Standardisierung und Implementierung von Prozessen zur effektiven Durchführung von Serviceleistungen und das effektive Management der gesamten Serviceorganisation

Abbildung 1.2 zeigt ein in der Praxis erprobtes Modell, das den Reifegrad einer Serviceorganisation in fünf Stufen erfasst. Unternehmen mit einem geringen Reifegrad, die sogenannten Service-Verwalter, bedienen die Serviceanforderungen ihrer Kunden vorwiegend reaktiv (Stufe 1) oder verfügen lediglich über ein strukturiertes Serviceportfolio (Stufe 2). Unternehmen mit einem hohen Reifegrad (Stufen 4 und 5)

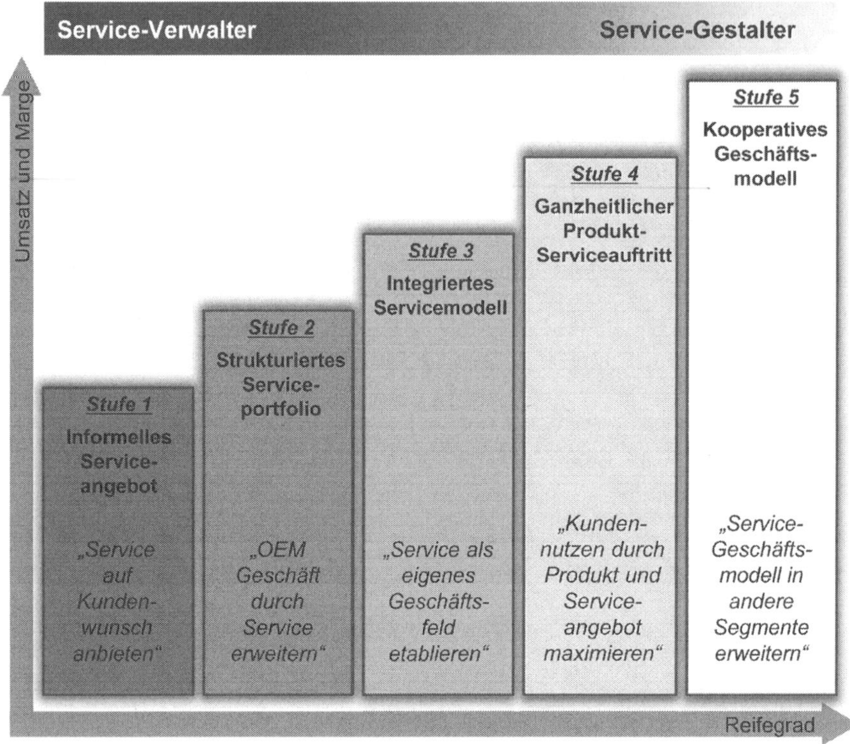

Abb. 1.2 Reifegrad-Modell für Serviceorganisationen

haben als Service-Gestalter einen ganzheitlich integrierten Produkt- und Serviceauftritt und optimieren das Serviceangebot zum maximalen Nutzen ihrer Kunden.
Einige dieser Unternehmen haben ihr Servicegeschäftsmodell auch um weiterfüh-
rende Schritte in der gesamten Wertschöpfungskette ihrer Kunden erweitert und sich
mit Servicepartnern global vernetzt. Um den Reifegrad des Service im eigenen Unternehmen einstufen zu können und Maßnahmen zur dessen Erhöhung zu ergreifen,
ist es zunächst notwendig, die verschiedenen Stufen in ihrer Ausprägung zu erfassen.

1.2.1 Stufe 1: Informelles Serviceangebot – „Service nur auf Kundenwunsch anbieten"

Unternehmen im Servicereifegrad Stufe 1 verfügen in der Regel nur über ein sehr
begrenztes Service- und Ersatzteilangebot. Der unternehmerische Fokus liegt als
OEM in der Fertigung und dem Vertrieb von Neumaschinen und Anlagen, häufig mit
einem hohen Anspruch an die kundenspezifische Anpassung bzw. Neuentwicklung.
Service- und Ersatzteilleistungen werden nicht pro-aktiv vermarktet, sondern
erfolgen in der Regel nur auf Kundenwunsch. Das Service- und Ersatzteilportfolio

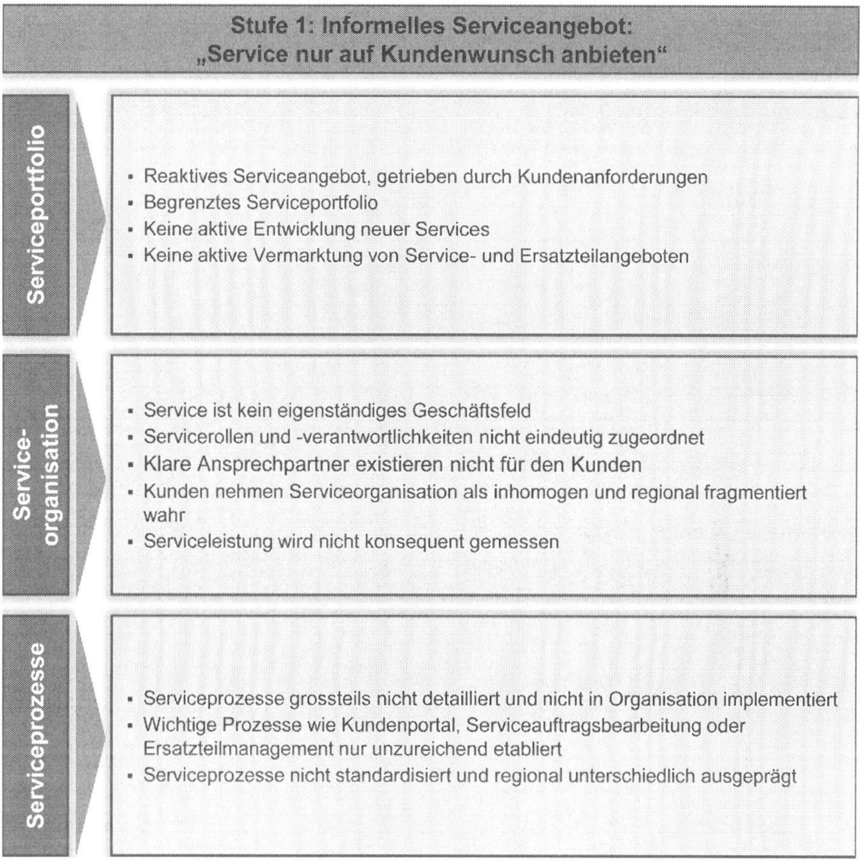

**Stufe 1: Informelles Serviceangebot:
„Service nur auf Kundenwunsch anbieten"**

Serviceportfolio

- Reaktives Serviceangebot, getrieben durch Kundenanforderungen
- Begrenztes Serviceportfolio
- Keine aktive Entwicklung neuer Services
- Keine aktive Vermarktung von Service- und Ersatzteilangeboten

Service-organisation

- Service ist kein eigenständiges Geschäftsfeld
- Servicerollen und -verantwortlichkeiten nicht eindeutig zugeordnet
- Klare Ansprechpartner existieren nicht für den Kunden
- Kunden nehmen Serviceorganisation als inhomogen und regional fragmentiert wahr
- Serviceleistung wird nicht konsequent gemessen

Serviceprozesse

- Serviceprozesse grossteils nicht detailliert und nicht in Organisation implementiert
- Wichtige Prozesse wie Kundenportal, Serviceauftragsbearbeitung oder Ersatzteilmanagement nur unzureichend etabliert
- Serviceprozesse nicht standardisiert und regional unterschiedlich ausgeprägt

Abb. 1.3 Reifegrad Stufe 1 – Informelles Serviceangebot

ist unvollständig und eine systematische Entwicklung neuer Serviceleistungen zur Abdeckung eines Gesamtportfolios erfolgt nicht. Umsatz- und Ertragspotenziale bei bestehenden und neuen Kunden werden nicht systematisch analysiert und Maßnahmen zur Ausschöpfung der Technischen Servicepotenziale werden nicht konsequent durchgeführt (Abb. 1.3).

Unternehmen der Stufe 1 haben den Service häufig nicht als eigenständiges Geschäftsfeld mit eindeutiger Managementverantwortung definiert. Rollen und Verantwortlichkeiten in den einzelnen Servicefunktionen sind nicht eindeutig zugeordnet und personell häufig nicht bedarfsgerecht ausgestattet. Die Serviceleistungen werden nicht konsequent erfasst und eine Steuerung der Serviceleistung über Zielvorgaben erfolgt nur unzureichend.

Den Kunden sind eindeutige Ansprechpartner für verschiedene Service- und Ersatzteilleistungen häufig nicht bekannt. Sie nehmen die Serviceorganisation in der Zentrale und den geographischen Regionen als fragmentiert und nicht als einheitlich strukturiert wahr.

Wichtige Serviceprozesse, wie zum Beispiel ein einheitliches Kundenportal, eine effiziente Auftragsbearbeitung und -nachverfolgung sowie ein effizientes Ersatzteilmanagement sind weder verbindlich gestaltet noch dokumentiert. Es gibt keine durchgängige Implementierung über alle zentralen und regionalen Servicefunktionen hinweg. Im Ergebnis mangelt es der Serviceorganisation an einheitlichen, standardisierten und an Best Practice ausgerichteten Prozessen in der Serviceorganisation.

1.2.2 Stufe 2: Strukturiertes Serviceportfolio – „OEM Geschäft durch Service erweitern"

Unternehmen mit Servicereifegrad 2 betrachten das Service- und Ersatzteilgeschäft als sinnvolle Ergänzung, um ihre Maschinen oder Anlagen erfolgreich zu verkaufen. Die Serviceeinheit ist häufig Teil der Vertriebsorganisation, die Leistungen als Unterstützung des Vertriebs von Neumaschinen und Anlagen anbietet. Professionelle Neumaschineninstallation, Inbetriebnahme, Wartung oder Reparaturleistungen sind wichtige Angebote, damit der Neumaschinenkunde langfristig an das eigene Unternehmen gebunden wird und seine Zufriedenheit auch durch Loyalität beim Kauf neuer Anlagen deutlich macht. Die angebotenen Serviceleistungen sind standardisiert und für die wichtigsten Kundengruppen angepasst. Allerdings deckt das Serviceportfolio nur Teile des Produktlebenszyklus ab. Pakete zur Leistungssteigerung, Betreibermodelle, der Vertrieb von Gebrauchtmaschinen oder Angebote für Ersatzinvestitionen fehlen häufig. Ein standardisiertes Ersatzteilangebot ermöglicht dem Kunden, die wichtigsten Ersatzteile und Verbrauchsmaterialen direkt beim Unternehmen zu beziehen (Abb. 1.4).

Der Service ist als eigenständige Funktion im Unternehmen etabliert, häufig als Einheit innerhalb des Vertriebs, der Forschung & Entwicklung oder der Fertigung. Er ist aber noch nicht als separate Geschäftseinheit mit Gewinn- und Verlustverantwortung ausgebildet, einen Vorstand mit expliziter Zuständigkeit für das Servicegeschäft gibt es nicht. Servicequalität und -leistung werden auf der Grundlage vereinbarter Zielwerte gemessen. Allerdings gibt es Anreize und klare Führung nach Zielvorgaben und eine leistungsbezogene Vergütung nur in eingeschränktem Maß.

Die Rollen und Verantwortlichkeiten der einzelnen Servicefunktionen, von der Serviceannahme bis zur Leistungserbringung beim Kunden vor Ort, sind eindeutig beschrieben und zugeordnet. Dies gilt für zentrale und regionale Servicefunktionen. Den Kunden werden verbindliche Ansprechpartner zugeordnet, es gibt aber noch regional unterschiedliche Ausprägungen in den Serviceeinheiten.

Alle wichtigen Serviceprozesse sind verbindlich definiert und dokumentiert. Die Serviceprozesse sind in den wesentlichen Regionen implementiert, doch es gibt lokale Unterschiede und Verbesserungspotenzial bei der Standardisierung. Ausgewählte Prozesse, wie z. B. die Entwicklung neuer Services und Serviceinnovationen, sind noch nicht ausreichend detailliert und personell ausgestattet. Komplexe Serviceprozesse, beispielsweise die Garantie von Maschineausbringung, sind noch nicht in allen Regionen einheitlich ausgerollt.

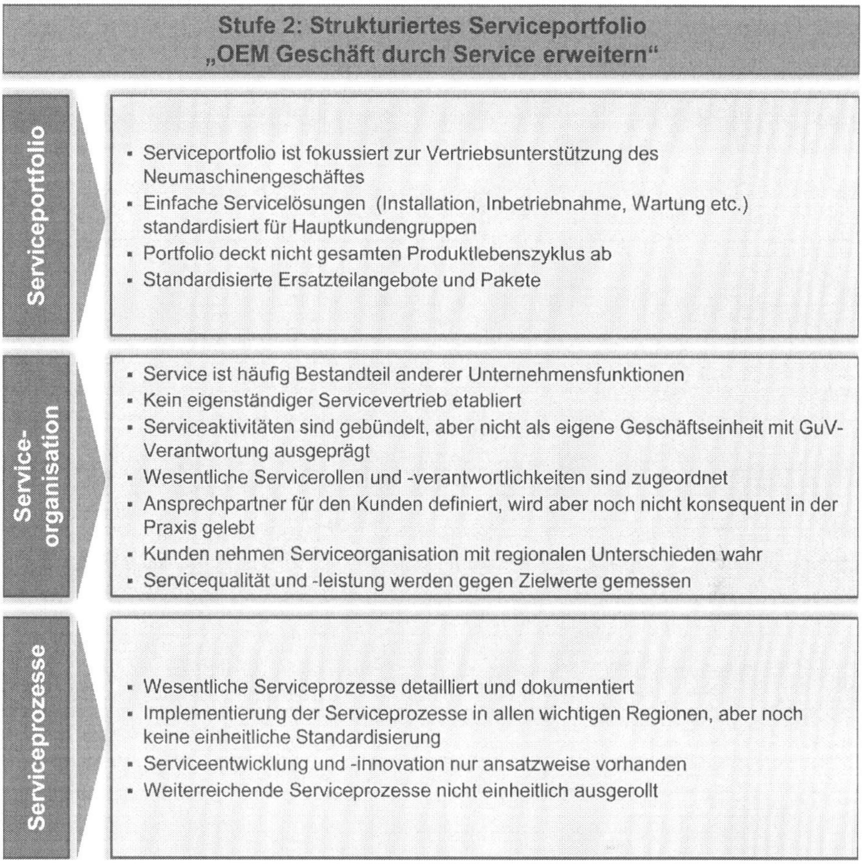

**Stufe 2: Strukturiertes Serviceportfolio
„OEM Geschäft durch Service erweitern"**

Serviceportfolio

- Serviceportfolio ist fokussiert zur Vertriebsunterstützung des Neumaschinengeschäftes
- Einfache Servicelösungen (Installation, Inbetriebnahme, Wartung etc.) standardisiert für Hauptkundengruppen
- Portfolio deckt nicht gesamten Produktlebenszyklus ab
- Standardisierte Ersatzteilangebote und Pakete

Service-organisation

- Service ist häufig Bestandteil anderer Unternehmensfunktionen
- Kein eigenständiger Servicevertrieb etabliert
- Serviceaktivitäten sind gebündelt, aber nicht als eigene Geschäftseinheit mit GuV-Verantwortung ausgeprägt
- Wesentliche Servicerollen und -verantwortlichkeiten sind zugeordnet
- Ansprechpartner für den Kunden definiert, wird aber noch nicht konsequent in der Praxis gelebt
- Kunden nehmen Serviceorganisation mit regionalen Unterschieden wahr
- Servicequalität und -leistung werden gegen Zielwerte gemessen

Serviceprozesse

- Wesentliche Serviceprozesse detailliert und dokumentiert
- Implementierung der Serviceprozesse in allen wichtigen Regionen, aber noch keine einheitliche Standardisierung
- Serviceentwicklung und -innovation nur ansatzweise vorhanden
- Weiterreichende Serviceprozesse nicht einheitlich ausgerollt

Abb. 1.4 Reifegrad Stufe 2 – Strukturiertes Serviceportfolio

1.2.3   Stufe 3: Integriertes Servicemodell – „Service als eigenes Geschäftsfeld etablieren"

Service-Gestalter im Reifegrad 3 haben ihren Service als eigenes Geschäftsfeld etabliert und bieten ihren Kunden ein ganzheitliches Service- und Ersatzteilportfolio an. Entlang des Produktlebenszyklus werden Leistungen von der Neumaschineninstallation und Inbetriebnahme bis hin zu Betreibermodellen oder „Rund-um-Sorglos"-Servicepakete angeboten, bei denen dem Kunden eine Verfügbarkeit der Anlage garantiert wird und alle anfallenden Wartungs- und Reparaturarbeiten übernommen werden. Hinzu kommen wählbare Optionen wie Leistungssteigerung oder Modernisierung, Beratungsleistungen zur Optimierung von gesamten Kundenlinien sowie Übernahme von Gebrauchtmaschinen bei Ersatzinvestitionen.

Ergänzt wird das technische Serviceportfolio durch ein komplettes Angebot an Ersatzteilen und Verbrauchsmaterialien, das den Kunden in Verbindung mit einem

**Stufe 3: Integriertes Servicemodell
„Service als eigenes Geschäftsfeld etablieren"**

Serviceportfolio

- Ganzheitliches Service- und Ersatzteilportfolio, angepasst auf Kundenbedürfnisse entlang des gesamten Lebenszyklus
- Fokus auf Installation, Inbetriebnahme, Betrieb, Leistungssteigerung / Modernisierung und End-of-Life
- Komplettes Ersatzteil- und Verbrauchsmaterialangebot einschließlich Vertriebs- und Logistikkonzept
- Marketing- u. Vertriebsaktivitäten unterstützen Neuprodukt- und Servicestrategie

Service-organisation

- Serviceaktivitäten sind in einer Geschäftseinheit mit eigener GuV-Verantwortung zusammengefasst
- Eigenständige Servicevertriebsorganisation etabliert
- Service ist mit Vorstandsverantwortung verankert
- Servicerollen und -verantwortlichkeiten eindeutig zugeordnet
- Servicefunktionen zentral und regional optimal dimensioniert mit einheitlicher Serviceorganisation
- Daten zur Servicequalität und -leistung werden vom Topmanagement verfolgt und zur Steuerung des Servicegeschäftes genutzt

Serviceprozesse

- Differenzierte Geschäftsprozesse unterstützen Produkt- und Servicegeschäft
- Implementierung der Serviceprozesse in allen Regionen, Best-Practice Standardisierung und global einheitlicher Serviceauftritt
- Serviceentwicklung und -innovation in eigener Funktion mit qualifizierten Serviceressourcen gebündelt

Abb. 1.5 Reifegrad Stufe 3 – Integriertes Servicemodell

effizienten Vertriebs- und Logistikkonzept mit definierten Servicegraden in allen wichtigen geographischen Regionen angeboten wird.

Vertriebs- und Marketingaktivitäten unterstützen sowohl das Neuprodukt- als auch das Servicegeschäft (Abb. 1.5).

Zahlreiche Unternehmen mit einem hohen Servicereifegrad haben ihre Serviceaktivitäten zu einer Geschäftseinheit mit eigener Umsatz- und Ergebnisverantwortung zusammengefasst. Die Zusammenlegung in einer Einheit ermöglicht eine optimale interne Bündelung von Ressourcen, die vorrangige Bedienung wichtiger Geschäftsfelder und eine zielgerichtete, einheitliche Aus- und Weiterbildung der Servicemitarbeiter. Die eigene Geschäftseinheit mit Umsatz- und Ergebnisverantwortung ermöglicht Investitionen in attraktive Märkte sowie die Entwicklung neuer Serviceprodukte und ist für qualifizierte externe Führungskräfte attraktiv, die eine herausfordernde Serviceaufgabe suchen. Eine organisatorische Verankerung des Service im Vorstand eines Unternehmens unterstreicht zusätzlich die Bedeutung des Service für das gesamte Unternehmen.

Unternehmen mit einem Reifegrad Stufe 3 haben zentrale und regionale Serviceeinheiten wirksam miteinander verzahnt und sind mit ihren Serviceeinheiten global aufgestellt, z. B. mit regionalen Ersatzteil- und Verbrauchsmateriallägern oder regionalen Kundenservicestellen.

Alle Serviceeinheiten erhalten quantitative und qualitative Serviceziele, die professionell gemessen und zeitnah gesteuert werden können. Eine finanzielle Inzentivierung von Mitarbeitern erfolgt über die erreichte Serviceleistung und -qualität.

Service-Gestalter unterstützen ihr Produkt- und Servicegeschäft mit differenzierten Best Practice-Prozessen. Die Serviceprozesse sind in allen Regionen vollständig implementiert und neben notwendigen regionalen Anpassungen meist auch standardisiert. Der Service tritt global mit einem einheitlichen Leistungsportfolio beim Kunden auf, häufig mit einem eigenen Markenauftritt.

Die Entwicklung neuer Services und Innovationen sind in einer Funktion mit qualifizierten Ressourcen organisiert. Bestehende Services werden in regelmäßigem Turnus überarbeitet und an sich ändernde Kundenbedürfnisse angepasst.

1.2.4 Stufe 4: Ganzheitlicher Produkt-Service-Auftritt – Kundennutzen maximieren

Industriegüterunternehmen, die den Reifegrad Stufe 4 erreicht haben, zeichnen sich durch einen ganzheitlichen Ansatz ihres Produkt- oder Neumaschinengeschäftes mit den dazugehörigen Service- und Ersatzteilleistungen aus. Ein integriertes Angebot, bestehend aus einem neuem Produkt bzw. einer neuen Maschine in Verbindung mit einem dazu maßgeschneiderten Serviceangebot zur Abdeckung des gesamten Produktlebenszyklus, trägt dazu bei, die Maschine zu optimieren und erzeugt dadurch Wettbewerbsvorteile für den Kunden. Die technischen Serviceleistungen sowie Ersatzteil- und Verbrauchsmaterialpakete werden aus Modulen gemäß den Kundenanforderungen individuell zusammengestellt. Die Kunden nehmen das Produkt, das dazugehörige Ersatzteilgeschäft und den Service als ganzheitliches wertsteigerndes Angebot wahr.

Ein eigenständiger Vertrieb für Ersatzteile und Services analysiert die bestehenden und potenziellen neuen Kunden und berechnet ein maximal erreichbares Servicepotenzial sowie Ersatzteil- und Verbrauchsmaterialvolumen. Servicevertrieb und Serviceabwicklung sprechen alle Kunden mit gezielten Aktionen an, um das Service- und Ersatzteilpotenzial maximal auszuschöpfen (Abb. 1.6).

Die Serviceorganisation und das angebotene Serviceportfolio werden aktiv gesteuert, um die Profitabilität und Ausschöpfung der Marktpotentiale zu maximieren. Ein wichtiger Baustein ist die Bündelung der Serviceorganisation zu einer Geschäftseinheit mit eigener Umsatz- und Ergebnisverantwortung. Ein weiterer Erfolgsfaktor ist die optimale personelle Ausstattung der Serviceeinheiten auf die zu erbringenden Serviceleistungen und -volumina. Hinzu kommt eine optimale Abstimmung der Serviceeinheiten miteinander sowie mit den anderen relevanten Unternehmensfunktionen.

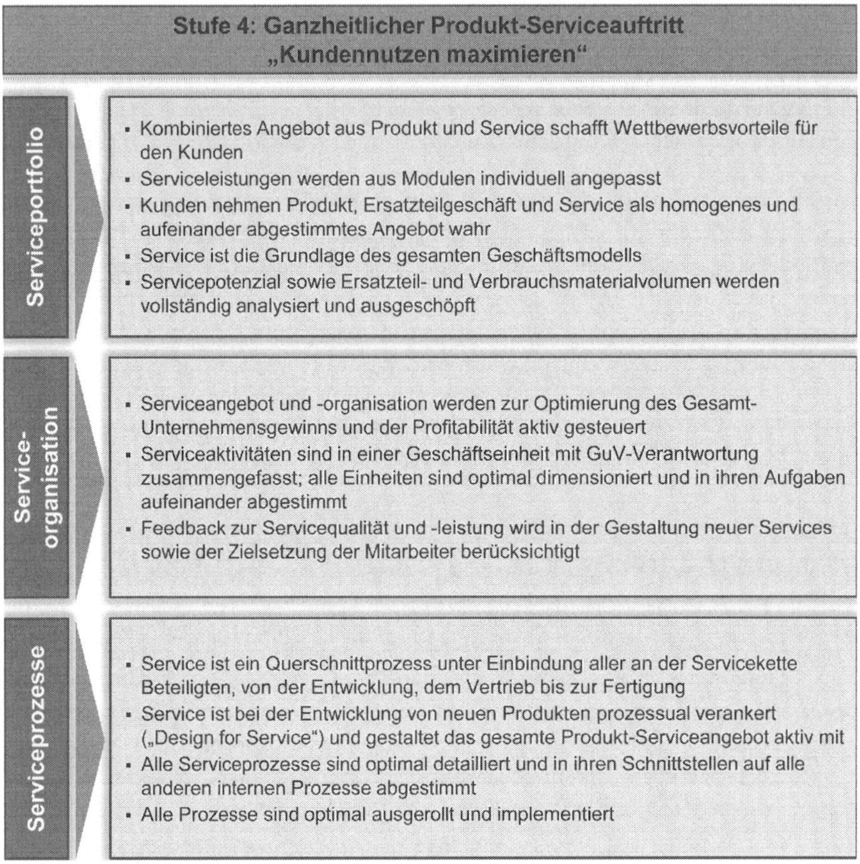

Stufe 4: Ganzheitlicher Produkt-Serviceauftritt
„Kundennutzen maximieren"

Serviceportfolio
- Kombiniertes Angebot aus Produkt und Service schafft Wettbewerbsvorteile für den Kunden
- Serviceleistungen werden aus Modulen individuell angepasst
- Kunden nehmen Produkt, Ersatzteilgeschäft und Service als homogenes und aufeinander abgestimmtes Angebot wahr
- Service ist die Grundlage des gesamten Geschäftsmodells
- Servicepotenzial sowie Ersatzteil- und Verbrauchsmaterialvolumen werden vollständig analysiert und ausgeschöpft

Service-organisation
- Serviceangebot und -organisation werden zur Optimierung des Gesamt-Unternehmensgewinns und der Profitabilität aktiv gesteuert
- Serviceaktivitäten sind in einer Geschäftseinheit mit GuV-Verantwortung zusammengefasst; alle Einheiten sind optimal dimensioniert und in ihren Aufgaben aufeinander abgestimmt
- Feedback zur Servicequalität und -leistung wird in der Gestaltung neuer Services sowie der Zielsetzung der Mitarbeiter berücksichtigt

Serviceprozesse
- Service ist ein Querschnittprozess unter Einbindung aller an der Servicekette Beteiligten, von der Entwicklung, dem Vertrieb bis zur Fertigung
- Service ist bei der Entwicklung von neuen Produkten prozessual verankert („Design for Service") und gestaltet das gesamte Produkt-Serviceangebot aktiv mit
- Alle Serviceprozesse sind optimal detailliert und in ihren Schnittstellen auf alle anderen internen Prozesse abgestimmt
- Alle Prozesse sind optimal ausgerollt und implementiert

Abb. 1.6 Reifegrad Stufe 4 – Ganzheitlicher Produkt-Service-Auftritt

Industrieunternehmen im Reifegrad 4 verstehen den Service als Querschnittsprozess, der Schnittstellen zum Vertrieb, dem Einkauf, der Entwicklung, der Fertigung und der gesamten Logistik. Alle Serviceprozesse sind detailliert und ihre Schnittstellen auf andere Schlüsselprozesse im Unternehmen abgestimmt. Der Vertrieb hat wichtige Bezugspunkte zum Vertrieb von Neuprodukten, dem Einkauf von Teilen oder der Produktneuentwicklung. Als Querschnittsfunktion werden servicerelevante Prozesse unternehmensübergreifend aufeinander abgestimmt. Die Prozesse sind global einheitlich implementiert.

1.2.5 Stufe 5: Kooperatives Geschäftsmodell – Servicegeschäftsmodell in andere Segmente erweitern

Unternehmen im Reifegrad Stufe 5 sind häufig Marktführer im Service. Sie prägen ihren Markt durch innovative Serviceansätze und gestalten ihn teilweise neu in

Bezug auf erzielbare Servicevolumina und nachgefragte Leistungen. Die gesamte Wertschöpfungskette des Kunden wird mit einem vollständigen Serviceangebot in allen wichtigen geographischen Regionen abgedeckt. Komplexe Serviceangebote werden gemeinsam mit den Premiumkunden entwickelt und dann einem gesamten Kundensegment angeboten.

Service-Gestalter im Reifegrad 5 bieten ihren Kunden Services, Ersatzteile und Verbrauchsmaterialien auch für installierte Maschinen und Anlagen von Wettbewerbern an. Die Serviceabdeckung von Wettbewerbsmaschinen und Anlagen festigt die Position bei Schlüsselkunden und ermöglicht eine Optimierung der eigenen Ressourcen und weitere Kostendegression. Unternehmen im Reifegrad 5 erbringen zudem Services auch für Maschinen des Kunden, die in vor- oder nachgelagerten Fertigungs- oder Montageprozessen liegen.

Service- oder Logistikleistungen werden von den Service-Gestaltern nicht in allen Fällen selbst erbracht. Ausgewählte Umfänge können in bestimmten Regionen auch an Servicepartner oder Lieferanten abgegeben werden, die dann Leistungen für den Kunden erbringen, ohne dass dies für diesen unmittelbar sichtbar ist. Vergleichbare Modelle gibt es auch bei der Fertigung von Ersatzteilen. Um den eigenen Fertigungsfluss für Neumaschinen nicht zu unterbrechen, können Ersatzteile auch von externen Fertigungspartnern bezogen werden, die Ersatzteile kostengünstig in Kleinserien, z. B. auch in Niedriglohnstandorten, fertigen (Abb. 1.7).

Zahlreiche Unternehmen bündeln ihre Serviceaktivitäten in einer Geschäftseinheit, die sie auch aus rechtlichen Gründen – z. B. in einem eigenständigen Serviceunternehmen – abtrennen. Für diese rechtlich unabhängige Einheit ist es einfacher, Serviceleistung für Drittmaschinen, andere Industrieunternehmen oder sogar Wettbewerber zu übernehmen. Unternehmerische Risiken aber auch Wettbewerbsaspekte können in einer separaten Servicegesellschaft besser gesteuert werden.

Die Steuerung der Servicegesellschaft erfolgt über Leistungs- und Qualitätsparameter, die eindeutig definiert und als Ziele für alle Servicemitarbeiter umgesetzt werden können. Zahlreiche Unternehmen erfassen Servicesteuerungsdaten auch für ihre Partner und Lieferanten, um eine bessere, übergreifende Serviceleistung und Qualität zu erreichen.

Viele Unternehmen im Service Reifegrad Stufe 5 sind Marktführer hinsichtlich der Professionalität, Ausgestaltung und Effizienz ihrer Serviceprozesse. Die Serviceprozesse sind weltweit einheitlich über die Serviceeinheiten implementiert und integrieren externe Servicepartner. Der Austausch von Daten, Fähigkeiten oder Material mit Partnern erfolgt in einheitlichen Prozessen, die Grenzen der Leistungserbringung zwischen Partnern und Zulieferern werden vom Endkunden nicht wahrgenommen.

Viele Unternehmen mit Reifegrad 5 sind außerdem führend bei Serviceinnovationen und dem Anteil des Umsatzes, die sie mit innovativen Services erzielen. Die Entwicklung neuer Services und Innovationen sind in Service Forschungs- & Entwicklungsfunktionen mit qualifizierten Ressourcen gebündelt. Die wichtigsten Kunden geben Impulse für die Entwicklung neuer Serviceleistungen, während Lieferanten und Partner in den Serviceentwicklungsprozess integriert werden und eigenständige Entwicklungsleistungen erbringen.

Stufe 5: Kooperatives Geschäftsmodell
„Geschäftsmodell in andere Segmente erweitern"

Serviceportfolio

- Servicemarktführer, der den Markt durch innovative Serviceansätze prägt und gestaltet
- Gesamte Wertschöpfungskette des Kunden wird thematisch und geografisch nahtlos mit Partnern und Lieferanten abgedeckt
- Komplexe Serviceangebote werden gemeinsam mit führenden Kunden entwickelt
- Services werden auch für vergleichbare installierte Systeme von externen Unternehmen oder Wettbewerbern angeboten
- Services werden auch in angrenzenden Kundensegmenten erbracht

Service-organisation

- Serviceaktivitäten sind in einer Geschäftseinheit mit GuV-Verantwortung zusammengefasst
- Option zur organisatorischen Trennung vom eigenen Unternehmen, z. B. durch eigene GmbH, vereinfacht Serviceerbringung für andere Unternehmen oder Wettbewerber
- Daten zur Servicequalität und Leistung werden mit externen Partnern erhoben und geteilt, um Gesamtleistung zu verbessern

Serviceprozesse

- Unternehmen ist Marktführer bei der Professionalität und Effizienz von Serviceprozessen
- Serviceprozesse sind integriert, Grenzen der Leistungserbringung zwischen Partnern und Zulieferern werden vom Endkunden nicht wahrgenommen
- Best Practice-Serviceprozesse sind in allen Regionen homogen implementiert, Standardisierung und global einheitlicher Serviceauftritt existieren
- Führer bei Serviceinnovationen; wichtige Kunden und Lieferanten sind im Serviceentwicklungsprozess integriert

Abb. 1.7 Reifegrad Stufe 5 – Kooperatives Geschäftsmodell

1.3   Positive Korrelation zwischen Reifegrad, Umsatz und Ertrag des Service

Der Zusammenhang, dass Unternehmen mit einem höheren Servicereifegrad auch bessere Ergebnisse bei Serviceleistung, Zuverlässigkeit und Qualität erzielen, wird durch die bereits erwähnte Studie mit fast 100 europäischen Industriegüterunternehmen untermauert. Die befragten Unternehmen wurden entsprechend ihres aktuellen Service in die Reifegradstufen 1 bis 5 eingruppiert und dann nach ihrer Serviceperformance wie dem Ersatzteil- und Technischen Serviceumsatz, den erzielten Margen, Innovationsparametern oder der Lieferleistung ausgewertet (Abb. 1.8).

Die Ergebnisse der Auswertung zeigen, dass Industriegüterunternehmen, die ihren Reifegrad von Stufe 2 bis Stufe 4 Schritt für Schritt erhöhen, ihren Service- und Ersatzteilumsatz im Verhältnis zum Gesamtumsatz mit jeder Stufe um jeweils

Leistungsparameter Service	Stufe 1	Stufe 2	Stufe 3	Stufe 4	Stufe 5
Technischer Service und Ersatzteile: Umsatz in % des Gesamtumsatzes	<14%	14-23%	24–34%	35–45%	>45%
Wachstumsrate Serviceumsatz in % p.a. der letzten drei Jahre	< 3%	3-7%	8-13%	17-21%	>21%
Ersatzteilgeschäft: Bruttoergebnis als % vom Umsatz	< 10%	10-20%	20-30%	30-50%	>60%
Serviceportfolio: Bruttoergebnis als % vom Umsatz	<6%	6-13%	14-25%	26-35%	>35%
Relativer erzielter Marktanteil von Service und Ersatzteilgeschäft	<15%	15-24%	25-39%	40-60%	>60%
Lieferleistung gegenüber Kundenwunschtermin in %	62%	70%	76%	87%	95%
Serviceumsatz pro Service Mitarbeiter (in € Tsd.)	50-100	100-150	150-200	200-250	>250
Ersatzteilverkauf pro Vertriebsmitarbeiter (in € Tsd.)	<500	500-1000	1000-2000	2000-5000	>5000

Abb. 1.8 Serviceleistung von Industriegüterunternehmen nach Reifegrad im Servicegeschäft

10 Prozentpunkte verbessern können. Das Bruttoergebnis (Bruttomarge) auf Ersatzteile wächst zwischen Stufe 2 und 5 von 10 % auf über 60 %, das erzielte Bruttoergebnis auf technische Serviceleistungen steigt bei der gleichen Reifegradverbesserung von 6 % auf über 35 %. Die Lieferperformance gegenüber Wunschtermin, ein wichtiger Indikator für die Qualität und Zuverlässigkeit des Service, liegt beim Reifegrad 1 bei durchschnittlich 62 % und steigt bis zum Reifegrad 5 bis auf 95 % an. Vergleichbare Wachstumsraten gelten auch für den erzielbaren Serviceumsatz pro Servicemitarbeiter und den Vertrieb von Ersatzteilen und Serviceleistungen.

Die Verbesserung des Servicereifegrads eines Unternehmens führt also nicht nur zu höherer Kundenzufriedenheit und -bindung, sondern auch zu quantitativen Verbesserungen der Serviceleistung und damit zur Steigerung des Gesamtunternehmensergebnisses.

1.4 Maßnahmen zur Verbesserung des Servicereifegrades

Ein erster wichtiger Schritt zur Verbesserung der eigenen Servicequalität und Leistung ist für viele Unternehmen eine kritische Ist-Aufnahme. Diese objektive Bestandsaufnahme kann dadurch erschwert werden, dass einzelne Unternehmensfunktionen ein höchst subjektives Bild der aktuellen Servicereife haben. Kommentare aus dem Vertrieb vieler Unternehmen mit dem Tenor *„Der Service ist so schlecht, dass unser Neumaschinengeschäft gefährdet ist"* sind genauso wenig hilfreich wie

Statements aus dem Service wie *„Wir müssen im Service alle Fehler ausbaden, die beim Vertrieb, der Produktanpassung oder der Fertigung vorher gemacht wurden"*.

Deshalb kann es sinnvoll sein, den Servicereifegrad eines Unternehmens anhand eines standardisierten Fragebogens zu ermitteln. Dieser enthält Fragen zum Serviceportfolio, der Serviceorganisation und den wichtigsten Prozessen. Ein Fragebogen zur Selbstanalyse steht unter www.the-servicechampions.com zum Download zur Verfügung. Der Fragebogen sollte selbstkritisch durch ausgewählte Servicemanager, aber auch von Repräsentanten des Vertriebs, der Produktentwicklung, dem Projektmanagement, der Fertigung/Montage sowie der Logistik beantwortet werden. Eine gewichtete Analyse aller Einschätzung gibt einen Hinweis für die Beurteilung der aktuellen Servicematurität.

Die Verbesserung des Servicereifegrades eines Unternehmens von einer Stufe zur nächsten erfordert die Umsetzung eines klar definierten Maßnahmenkataloges. Die Maßnahmen müssen für jedes Unternehmen individuell erarbeitet werden.

In den folgenden Kapiteln werden detaillierte Maßnahmen aufgezeigt, mit der Unternehmen den Servicereifegrad eines Unternehmens Schritt für Schritt erhöhen können, um als Service-Gestalter bei einer signifikanten Erhöhung von Kundenzufriedenheit und Kundenbindung einen weit tragenden Beitrag zu Gesamtumsatz und Marge eines Unternehmens zu leisten.

- **Kapitel 2:** Erfassen von Kundenbedürfnissen und einer zielgerichteten Segmentierung der Kunden
- **Kapitel 3:** Aufbau eines umfassenden, innovativen Serviceportfolios, das den gesamten Lebenszyklus einer Maschine oder Anlage mit Serviceleistungen abdeckt
- **Kapitel 4:** Implementierung eines Best in Class-Ersatzteilmanagements, um das Umsatzpotenzial mit Ersatzteilen und Verbrauchsmaterialien mit einer effizienten Logistik optimal auszuschöpfen
- **Kapitel 5:** Etablieren von Best in Class Serviceprozessen und Werkzeugen sowie Umsetzung und Standardisierung in allen globalen Serviceeinheiten
- **Kapitel 6:** Aufbau einer effizienten Serviceorganisation zur Bündelung aller Aktivitäten in Servicevertrieb, Abwicklung und Administration
- **Kapitel 7:** Entwicklung von effizienten Partnerschaftsmodellen sowie globalen Lieferanten- und Servicenetzwerken
- **Kapitel 8:** Aufbau eines effizienten Finanz- und Servicecontrolling zur Steuerung der Serviceaktivitäten sowie zur Zielsetzung und finanziellen Inzentivierung der Servicemitarbeiter

1.5 Praxisbeispiel: Heidelberger Druckmaschinen AG als weltweiter Innovationsführer im Technischen Service

Die Heidelberger Druckmaschinen AG (Heidelberg) ist der international führende Lösungsanbieter und Dienstleister in der Printmedien-Industrie. Das Unternehmen bietet umfassende Lösungen in den Bereichen Bogenoffsetdruck, Digitaldruck sowie in der Fertigung anspruchsvoller Teile und Baugruppen im Präzisionsmaschinenbau.

Heidelberg entwickelt und produziert in der Sparte Equipment Präzisionsdruckmaschinen, Geräte zur Druckplattenbebilderung und zur Druckweiterverarbeitung sowie digitale Inkjet-Systeme für Verpackungshersteller. Die Sparte Services umfasst das gesamte Angebot des Unternehmens an technischen Dienstleistungen für eine absolut stabile Produktion und die größtmögliche Verfügbarkeit des Maschinenparks. Dazu zählen beispielsweise die regelmäßige Wartung im Rahmen eines Servicevertrages, die Ersatzteilversorgung und Verbrauchsmaterialien. Hinzu kommen weitere wertschöpfende Dienstleistungen, die so genannten Performance Services, wie die Bildungs- und Beratungsangebote für die Optimierung aller Produktions- und Managementprozesse, der Vertrieb von Gebrauchtmaschinen sowie das Angebot an Software zur Integration aller Prozesse in einer Druckerei. Mit der Sparte Financial Services unterstützt das Unternehmen die Investitionsvorhaben seiner Kunden mit Finanzierungskonzepten.

Der Name Heidelberg steht weltweit für Spitzentechnologie, Topqualität und Kundennähe. Das Unternehmen bietet Service nicht nur als technischen Kundendienst für seine Drucksysteme an, sondern nutzt Service gezielt zur Generierung von Mehrwert für den Kunden und generiert damit veritable Wettbewerbsvorteile im Kampf um Marktanteile und Profitabilität. Der Erfolg von Heidelberg Services fußt im Wesentlichen auf sechs Faktoren:

1. Ein **innovatives Serviceportfolio**, das alle Phasen des Produktlebenszyklus eines Drucksystems und der Wertschöpfungskette des Kunden abdeckt. Die Produktpalette reicht von grundlegenden Technical Services, um die Verfügbarkeit des Drucksystems sicher zu stellen, bis hin zu fortgeschrittenen Performance Services zur Steigerung der Anlagenleistung. Auf den Druckprozess abgestimmte Verbrauchsmaterialien der Marke Saphira und eine umfassende Workflow-Lösung namens Prinect komplettieren das Angebot.

2. Ein **umfassendes Sortiment von Serviceteilen** (Ersatz- und Verschleißteile), das alle Kundenanforderungen für den produktiven Betrieb und die Wartung von Drucksystemen abdeckt.

3. Das **größte Servicenetzwerk der Druckindustrie** mit 250 Servicestützpunkten in mehr als 170 Ländern und einem Team von 3.400 Servicetechnikern. Ein unterstützendes Team von Servicespezialisten, das Global Expert Network, ist über ein System global verteilter Call Center in Atlanta, Heidelberg und Kuala Lumpur rund um die Uhr erreichbar.

4. Integration einer leistungsfähigen, internetbasierten – **Remote Service-Technologie** in alle Drucksysteme. Heidelberg setzt Remote Services gezielt für eine schnelle Fehleranalyse und eine kostengünstige Problembehebung ein. Die Remote Services bilden außerdem das Fundament für zusätzliche, wertschöpfungserweiternde Services.

5. Die **frühzeitige Einbindung des Serviceteams in die Produktentwicklung**, um neue Systeme von Grund auf für optimale Wartbarkeit und die Nutzung von Servicepotenzialen über den gesamten Lebenszyklus des Drucksystems zu generieren.

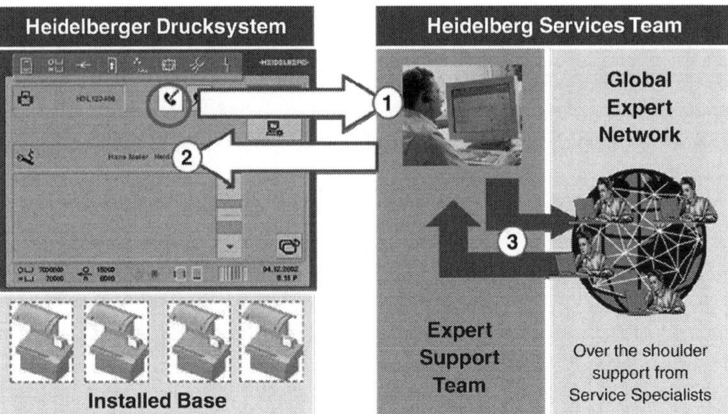

① Kunde kontaktiert Heidelberger Expert Support und initialisiert Remote Session

② Service-Techniker erhält Zugriff auf Maschine und startet Fehleranalyse

③ Service-Spezialisten schalten sich bei Bedarf in das System

Abb. 1.9 Das Heidelberger Remote Servicesystem

6. Die Verankerung von **Heidelberg Services als tragende Geschäftssäule** von Heidelberg und als eigenständiges Vorstandsressort neben der Equipment-Sparte und den Financial Services.

Im Zentrum der Servicestrategie von Heidelberg steht eine hochleistungsfähige, internetbasierte Remote Serviceplattform. Während die Mehrzahl der Industriegüterhersteller noch auf den reaktiven Onsite Service mit im Feld tätigen Servicetechnikern angewiesen ist, stellt das Heidelberg Remote Service (HEIRES) genannte System umfängliche Prozesse zur Ferndiagnose und -wartung der installierten Basis zur Verfügung.

Ursächlich für die hohe Akzeptanzrate – 90 % aller Kunden nutzen das HEIRES-System – ist eine vertrauensvolle Beziehung zu den Kunden, die Heidelberg durch den Aufbau transparenter Prozesse und Strukturen erreichen konnte. So öffnet sich schon bei der Kontaktaufnahme durch den Kunden ein Fenster mit Photo und Kontaktdaten des antwortenden Servicetechnikers. Jeder Remote-Systemzugriff wird vom Mitarbeiter des Kunden initiiert: Der Kunde baut die Internetverbindung auf, beendet sie, und steuert als „Master of Process" den gesamten Prozess. Der Servicetechniker kann also erst über das Internet auf das Drucksystem zugreifen, wenn die Verbindung vom Kunden aufgebaut wurde. Die Kommunikation erfolgt mittels eines standardisierten, vom TÜV zertifizierten Prozesses; die zu Grunde gelegten Sicherheitsstandards entsprechen Protokollen, die Banken für den Online-Zahlungsverkehr nutzen (Abb. 1.9).

Stellt der Kunde einen Fehler an seiner Maschine fest, kontaktiert er durch simples Berühren des Touchscreens am Steuerpult das Expert Support Team. Nach einer Beschreibung des Servicefalls kann der Kunde den Remote Log-in des Servicetechnikers auf sein System initiieren. Zur Fehleranalyse und Problembehebung erhält der Servicetechniker vollen Zugriff auf die Daten und Funktionen des Drucksystems. Zum Schutz der Sicherheit von Kundenmitarbeitern kann er allerdings keine Bewegungen an der Anlage auslösen. In besonders komplizierten Fällen steht über das Global Expert Network rund um die Uhr ein weltweit verteiltes Team von Servicespezialisten zur Verfügung. Nach Freigabe durch den Kunden können diese Serviceexperten gemeinsam mit dem Servicetechniker in Echtzeit auf jede Anlage der Welt zugreifen und Fehler analysieren und beheben. Heidelberg bedient mit der HEIRES-Plattform mehr als 2.000 Remote Sessions pro Monat und kann 70 % aller elektrischen Fehler von Druckmaschinen beheben, ohne einen kostspieligen und zeitraubenden Vor-Ort-Einsatz beim Kunden durchführen zu müssen. Der Kunde spart mit dieser Herangehensweise durchschnittlich 1.000 € Servicekosten pro Einsatz.

Auf HEIRES aufbauend bietet der sogenannte eCall, ein intelligentes Benachrichtigungssystem, Kunden mit besonderen Serviceverträgen die Möglichkeit zur Minimierung der Maschinenstillstandszeiten im Fehlerfall. Kommt es während des Maschinenbetriebs zu einer Fehlersituation, zeigt die Maschine dies am Leitstand an und empfiehlt dem Bediener die Weiterleitung der Information an Heidelberg. Nach erfolgter Freigabe durch den Bediener sendet die Anlage automatisch eine Fehlermeldung mit Informationen über die Hardwarekonfiguration, den Software-Stand, und den Betriebszustand der Maschine zum Fehlerzeitpunkt an Heidelbergs Rechenzentrum. Ein automatisiertes Software-Tool vergleicht in einer Voranalyse diese Daten mit mehr als 3.000 hinterlegten Fehlerbildern. Gleichzeitig erstellt das System ein Ticket, das vom nächsten freien Servicemitarbeiter bearbeitet wird. Dem zuständigen Servicetechniker stehen somit alle relevanten Kunden- und Maschinendaten zur Verfügung; er kann so die Ursache der Störung bereits vor dem ersten persönlichen Kontakt mit dem Kunden eingrenzen und während des Rückrufs, der verbindlich innerhalb von dreißig Minuten erfolgt, bereits konkrete Vorschläge zur Problemlösung präsentieren.

Heidelberg gelingt es durch diese intelligente Kombination von Hardware, Software und Servicewissen, die Zeit für Datensammlung und Fehlerbeschreibung um bis zu 50 % zu reduzieren. Die Maschinen stehen somit nicht mehr in Erwartung eines Servicetechnikers zur Fehleranalyse stundenlang still. Die Produktionsausfallzeit wird auch signifikant reduziert, da die hohe Qualität der verfügbaren Informationen über das Fehlerbild die Entsendung des geeigneten Servicetechnikers mit der richtigen Qualifikation und den passenden Serviceteilen zulässt. Kostspielige und zeitraubende Doppelanreisen entfallen, der resultierende höhere Auslastungsgrad der Maschinen steigert die Profitabilität des Kunden, und das Investment in die Anlage amortisiert sich schneller.

In weiteren Entwicklungsschritten plant Heidelberg Services die Nutzung von HEIRES, um den Quantensprung von der zeitbasierten auf die zustandsbasierte Wartung zu schaffen. Die von den Subsystemen der Anlage gesendeten Sensordaten können eingesetzt werden, um Heidelberg Services und den Kunden über den Zustand bestimmter Ersatz- und Verschleißteile zu informieren. Bedarfe können so rechtzeitig ausgelöst und die Ersatzteilbevorratung der permanent vorgehaltenen

130.000 Serviceteile besser gesteuert werden. Die Logistikzentren in Deutschland, den USA und in Asien werden so in die Lage versetzt, bereits vor Auftreten eines Engpasses die notwendigen Service-Teile an die entsprechenden Kunden zu versenden. Dies erlaubt eine Win-win Situation für die Kunden und Heidelberg: Heidelberg kann einen sofortigen Servicelevel für seine Kunden aufrecht erhalten, die Logistik- und Lagerhaltungskosten senken und gleichzeitig den Umsatz aus dem Serviceteile-verkauf maximieren, indem den Kunden die richtigen Serviceteile offeriert werden können. Angebote von Servicepiraten haben durch die enge Kundenbindung und die garantierte Qualität der Originalteile nur geringe Chancen. Die bessere Planbarkeit notwendiger Anlagenwartungen erlaubt außerdem die Verlagerung der Arbeiten auf Zeiten, die an den Produktionsprozess des Kunden angepasst sind.

Neben diesen grundlegenden Technical Services zur Steigerung der Anlagenver-fügbarkeit bietet Heidelberg Services auf der Basis von HEIRES mit den Performance Services weitere innovative Kundenlösungen zur Steigerung der Produktivität des Kunden.

Mit einer eigenentwickelten Software-Lösung zur Simulation von Auftragsstruk-tur und Druckvolumina kann Heidelberg Services seinen Kunden ein bedarfsge-rechtes Drucksystem anbieten. Auf dieser Grundlage kann Heidelberg Services den Return on Investment-Zeitraum mit hinreichender Genauigkeit prognostizieren, um den Kunden speziell zugeschnittene Lösungen zur Finanzierung der kapitalintensiven Drucksysteme zu unterbreiten.

In neun weltweit verteilten Standorten der Print Media Academy werden nicht nur die Maschinenführer des Kunden für eine optimale Nutzung der Drucksyste-me mit maximaler Produktivität ausgebildet; das Angebot reicht von Trainings für Mitarbeiter z. B. der Druckvorstufe bis hin zu Managementschulungen. Die Kunden erhalten hier das notwendige Rüstzeug, um ihr Unternehmen erfolgreich zu führen.

Darüber hinaus bietet Heidelberg Services seinen Kunden im Rahmen von soge-nannten Productivity Benchmarks die Möglichkeit, bestimmte Leistungsdaten ihrer Anlagen über den gesamten Druckprozess bereit zu stellen. Teilnehmende Kunden können diese Daten nutzen, um die Produktivität ihrer Maschinen zu messen und anonym mit der Produktivität einer adäquaten Peer Group vergleichen. Diese Da-ten bieten den Kunden einen sehr guten Kalibrierungspunkt der Produktivität ihres Drucksystems und zeigen Verbesserungspotenziale bezüglich Rüstzeiten, Druckge-schwindigkeit, und Qualität auf. Für Heidelberg bilden die vorliegenden Daten eine gute Indikation zur Priorisierung der Entwicklungsaktivitäten. Beispielsweise ist ge-rade an Prozessstellen, die kundenübergreifend Kapazitätsgrenzen darstellen, eine Konzentration der Entwicklungsaktivitäten lohnenswert.

Ein derartiges Zusammenwirken von Produkt und Service, wie Heidelberg es im Kern seiner Servicestrategie verankert, ist natürlich nur möglich, wenn die Drucksysteme von Anfang an für gute Wartbarkeit, für die Generierung von Service-potenzialen und erhöhten Kundennutzen entwickelt sind. Um dies zu gewährleisten, spielt der Service bereits in der Produktentwicklung eine wichtige Rolle: Bereits ab der ersten Phase des Produktentwicklungsprozesses bringen Servicespezialisten die Anforderungen des Heidelberg Service über den gesamten Produktlebenszyklus in den Entwicklungsprozess ein und stellen die Servicefähigkeiten eines Systems sicher. Um dieser Rolle gerecht zu werden sind Servicemitarbeiter auch wichtige Teilnehmer jedes Quality Gate Reviews, das vor dem Eintritt in die nächste Phase des Produktentwicklungsprozesses passiert werden muss. Auf diese Art und Weise gelingt es Heidelberg, qualitativ hochwertigste Systeme mit einem optimalen Serviceangebot im Markt zu etablieren. Durch ein intensives Zusammenspiel von Service und Produktentwicklung im Rahmen der Erstinstallation neuer Produkte wird darüber hinaus prozessual sichergestellt, dass auftretende Fehler sofort an Produktentwicklung und Fertigung gemeldet und – auch im Zusammenspiel mit den Systemlieferanten – beseitigt werden. Die starke Stellung des Service wirkt sich wiederum in einer gestiegenen Produktqualität aus.

Alle von Heidelberg Services angebotenen Services sind darauf ausgerichtet, die Kundenbedürfnisse entlang des gesamten Produktlebenszyklus und der Wertschöpfungskette zu bedienen. Die eigentliche Anlage liefert dabei das grundlegende Vehikel, mit dem wiederkehrende Umsatzströme erschlossen werden können: Auf Basis seiner Remote Servicestrategie gelingt es Heidelberg Service, mit seinen Technischen Services durch eine Erhöhung der Maschinenverfügbarkeit einen signifikanten Mehrwert für den Kunden zu schaffen. Technische Services tragen damit zum Erfolg mit Serviceteilen und Verbrauchsmaterialien bei. Das schnell wachsende Portfolio der Performance Services steigert darüber hinaus die Leistungsfähigkeit einer Anlage und sichert so nachhaltig den Erfolg des Kunden.

Das gesamte Serviceportfolio erzeugt damit kraftvolle Verkaufsargumente für Heidelberg Drucksysteme und generiert eine langfristige Kundenbindung. Mit der Strategie, sich vom zyklischen Produktgeschäft zu lösen und dem stabileren Servicegeschäft mehr unternehmerische Aufmerksamkeit zu schenken, ist Heidelberg für die zukünftigen Herausforderungen des umkämpften Weltmarktes für Druckmaschinen bestens gerüstet.

Kapitel 2
Erfassen und Bedienen von Serviceanforderungen des Kunden

Bei zahlreichen Industriegüterunternehmen ist heute noch geübte Praxis, die Bedürfnisse der Service- und Ersatzteilkunden undifferenziert wahrzunehmen und zu bedienen. So wird bei der Aufstellung eines Serviceportfolios nicht zwischen Unternehmensgröße des Kunden, kundenseitig vorhandenen Servicefähigkeiten oder dem Einkaufsverhalten für Services unterschieden. Auch geographisch bedingte Unterschiede zwischen den Servicekunden werden nur unzureichend abgebildet. Die unabdingbaren Folgen daraus sind einerseits, dass Service-Verwaltern wertvolle Umsätze ausbleiben, da sich Servicekunden anderweitige Lösungen für ihre Service- und Ersatzteilbedarfe suchen. Zum anderen entstehen grundsätzlich vermeidbare Kosten für den Servicevertrieb und die Serviceentwicklung, weil die Kundensegmente nicht trennscharf abgegrenzt und infolgedessen nicht zielführend bearbeitet werden können (Abb. 2.1).

Eines der zentralen Elemente der Serviceinnovation zum nachhaltigen Erreichen der Stufe Service-Gestalter ist, den Markt, die Kunden und deren Bedürfnisse zutreffend und vollständig zu durchdringen. Nur wenn bekannt ist, was der Kunde will, kann:

- ein segmentiertes Portfolio bedarfsgerechter Servicekomponenten entwickelt werden,
- der Ressourcenaufwand optimiert werden, um unnötige Kosten für Serviceentwicklung und Servicevertrieb zu vermeiden,
- der Vertrieb seine Aktivitäten fokussieren,
- der Service vom Kunden als differenzierendes Alleinstellungsmerkmal wahrgenommen werden und
- der Umsatz von sogenannten Servicepiraten zurückgewonnen werden.

Damit das Markpotenzial vollständig ausgeschöpft werden kann, bedarf es somit der strukturierten Erfassung der Kundenbedürfnisse. Die dazu notwendigen Informationen über den Kunden, Vertragsverhältnisse, Zustand der Maschine und Wartungsintervalle und Servicehistorie liegen aber, im Gegensatz zum Verkauf von Neuprodukten, in mehreren Organisationseinheiten und erstrecken sich über einen Zeitraum von einigen Jahren (Abb. 2.2).

R. Geissbauer et al., *Serviceinnovation,*
DOI 10.1007/978-3-642-21239-0_2, © Springer-Verlag Berlin Heidelberg 2012

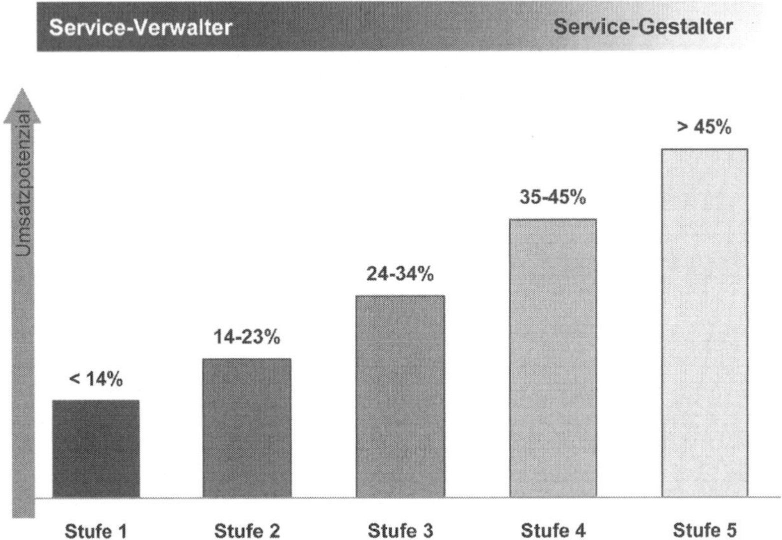

Abb. 2.1 Service- und Ersatzteilumsatz in % des Gesamtumsatzes. (Quelle: The Performance Management Group und PRTM Erhebungen)

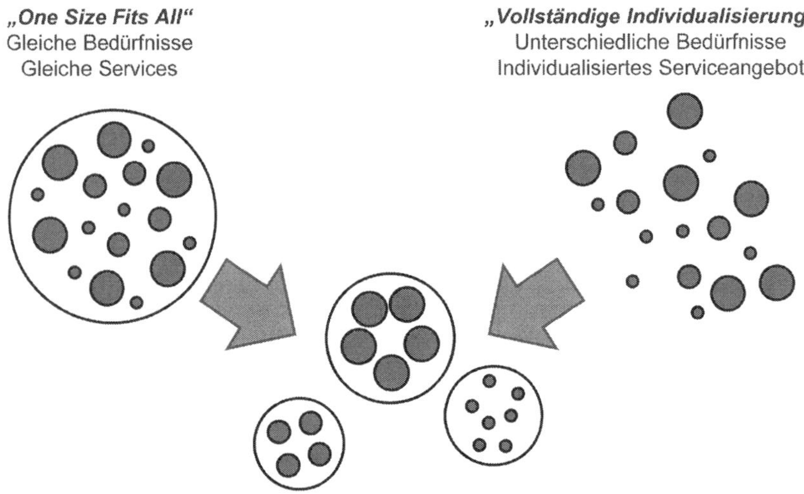

Abb. 2.2 Schema einer „Segmentierten Angebotsstruktur“

Um von dem „One Size Fits All“-Ansatz zu einer differenzierten Betrachtung der Märkte und Kunden sowie deren Anforderungen zu kommen, bedarf es daher eines strukturierten Vorgehens das in den folgenden Abschnitten beschrieben wird.

Für eine nachhaltige Verbesserung der Service- und Ersatzteildienstleistung ist es elementar, diese Schritte in einem kontinuierlichen Prozess zuzuführen, das heißt sie regelmäßig durchzuführen, sie periodisch zu überprüfen und die Schlussfolgerungen bei Bedarf einzuarbeiten, da sonst die Gefahr besteht, dass die Segmentierung der Dynamik von Märkten und Kunden nicht Schritt hält. Die kontinuierliche Segmentierung und die antizipierende, strukturierte Erfassung von Kundenwünschen ist daher grundlegender Bestandteil der Strategie von Service-Gestaltern.

2.1 Segmentierung der Kunden gemäß Serviceanforderungen

Die Kundensegmentierung für das Service- und Ersatzteilgeschäft eines Industriegüterunternehmens versucht die Heterogenität einer Vielzahl von Kunden in klar abgrenzbare Segmente zu kondensieren, die dann für die Entwicklung von Angeboten genutzt werden.

Kundensegmentierung ist keine triviale Aufgabe. Bei der Entwicklung des Segmentierungsschemas gilt es, vor allem zwei Kardinalfehler zu vermeiden. Zum einen besteht die Gefahr, durch eine umsatzorientierte Kundensegmentierung Ursache und Wirkung zu verwechseln. Dabei wird der mit den Kunden erzielte aktuelle oder zukünftig geplante Serviceumsatz als dominantes Segmentierungskriterium herangezogen. Dies verstellt aber einen Blick auf die tatsächlichen Potenziale. So einfach und praktikabel eine Einteilung der Kunden nach Umsatzklassen auch scheinen mag, für die Entwicklung eines wachstumsorientierten Serviceportfolios ist sie ungeeignet, da die aktuellen Umsätze ja eine Folge undifferenzierter Marktbearbeitung sind und vor allem die eigenen Segmentierungsfehler der Vergangenheit abbilden. Die Gründe dafür können mannigfaltig sein, wie z. B. Stärke der Kundenbeziehung, die kundeninterne Servicestrategie oder die Leistungsanforderungen. Der aktuelle Umsatz mit Serviceprodukten ist daher eher ein Spiegel des eigenen Serviceportfolios, als ein Abbild der Servicebedürfnisse des Kunden.

Zum anderen werden Segmentierungen oft überkomplex, da sie versuchen, die in langjähriger Kundenbeziehung erworbenen sehr detaillierten Informationen und Anforderungen vieler Parteien, z. B. aus dem Vertrieb, der Kundendienst Hotline, oder den Servicemitarbeitern, in einem einzigen Bild zu vereinen. Der so entstehende Detailgrad erschwert eine sinnvolle Segmentierung.

Wie ist nun eine mögliche Segmentierung aufzubauen, die die beiden Fehlerquellen umgeht? Analog zu den Entscheidungskriterien bei der Beschaffung einer Neumaschine oder -anlage, wie z. B. Preis oder Leistungsmerkmale, kann die Auswahl und Beschaffung von Dienstleistungen zumeist auf fünf unterschiedliche Entscheidungsdimensionen zurückgeführt werden:

- **Preis:** In welchem Verhältnis stehen die Servicekosten zu den Anschaffungskosten und zu dem wahrgenommenen Vorteil für den Kunden?
- **Leistungs- und Qualitätsgarantie:** Garantiert der Anbieter, dass die Erbringung des Technischen Service nachhaltig zum gewünschten Erfolg führt?

Kriterium	Ausprägung		
Preissensibilität bei Service und Ersatzteilen	Minimiert Servicekosten und ist extrem preissensitiv	Preis spielt bei der Beschaffung eine maßgebliche Rolle	Preis spielt bei der Beschaffung eine untergeordnete Rolle
Leistungs- und Qualitätsgarantie	Nur an Basisleistung interessiert	Serviceleistung wird vertraglich präzise vereinbart	Maximale Leistungszusage mit Bonus / Malus System
Kundenseitige Servicestrategie	Reaktiv – „Run to Death"	Präventiv – gemäß OEM Vorgabe	Innovativ – bereit neue Services zu testen
Marken- bzw. OEM-Bindung	Keine Marken- oder OEM-Bindung vorhanden	Offenheit gegenüber Anbieterwechsel	Kauft nur vom OEM (hohes Markenbewusstsein)
Kundeninterne Servicefähigkeiten	Know-how Aufbau und Bündelung im eigenen Unternehmen	Verfügt über grundlegende Servicefähigkeiten	Nutzt hauptsächlich externe Dienstleister

Abb. 2.3 Ausprägung der Entscheidungsdimensionen bei der Kundensegmentierung

- **Servicestrategie:** Führt der Kunde Wartungen nach Vorgabeplan durch oder verfolgt er eher eine „Run to Death"-Wartungsstrategie, bei der Maschinen ungewartet bis zum Auftreten von Funktionsmängeln oder gar bis zum Ausfall betrieben werden, bzw. bei der Serviceleistungen allenfalls in diesem Fall in Anspruch genommen werden?
- **Marken- und OEM-Bindung:** Wie stark ist der Kunde mit dem Markenversprechen des Industriegüterherstellers vertraut und an die Marke gebunden?
- **Kundenseitig vorhandene Servicefähigkeiten:** Wie groß ist die Wartungsmannschaft des Kunden, und über welche Fähigkeiten (Know-how, Personalkapazität) verfügt sie?

Für jede der gewählten Dimensionen müssen Ausprägungen vereinbart werden, die das Verhalten des Kunden eindeutig und widerspruchsfrei beschreiben (Abb. 2.3).

In einer für den Industriegüterbau typischen Kundensegmentierung treten nicht alle kombinatorischen Möglichkeiten der Matrix auf. Vielmehr kristallisieren sich fünf Haupttypen des Service- und Ersatzteilkunden heraus:

1. **Der Minimalist**
Der Minimalist wendet nur die minimal notwendigen finanziellen Mittel für Technischen Service oder Ersatzteile aus. Er glaubt nicht an die Wartungsempfehlungen des Maschinen- oder Anlagenherstellers, sondern betreibt die Anlage bis zum Stillstand („Run to Death"). Arbeitszeit und Arbeitskraft sowie maximale Ausbringungen spielen für ihn eine untergeordnete Rolle (Abb. 2.4).

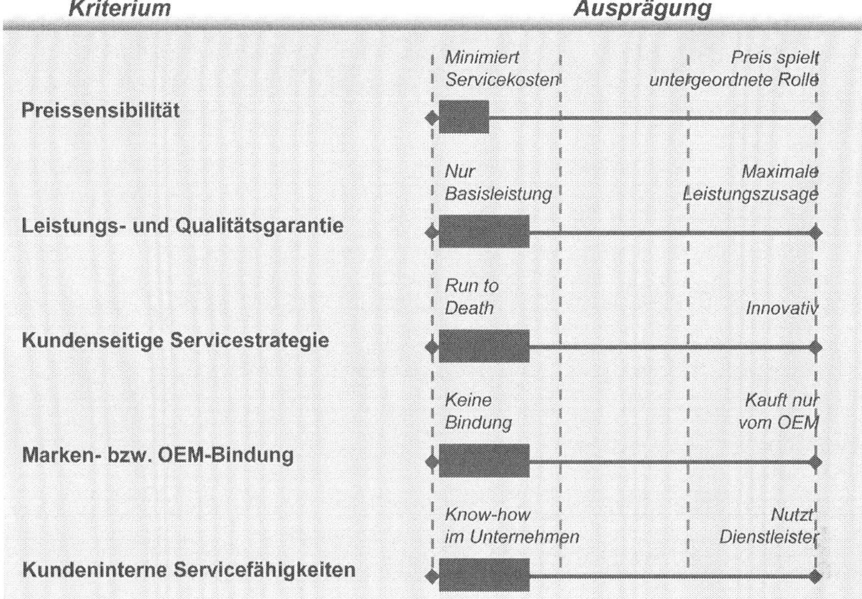

Abb. 2.4 Der Minimalist

Wenn er doch Geld für Service oder Ersatzteile ausgeben muss, bevorzugt er die billigste aller möglichen Lösungen. Er hat folglich keine Markentreue und kauft bevorzugt von Billiganbietern oder auf dem Graumarkt. Der Anlagenpark des Minimalisten besteht zum überwiegenden Teil aus älteren Modellen. Minimalisten finden sich häufig in „Low Cost" Ländern wie z. B. China oder Indien.

2. **Der Pragmatiker**

Der Pragmatiker schätzt die Dienstleistung des Maschinen- bzw. Anlagenherstellers. Er erkennt den Vorteil von Wartungsempfehlungen, hält sich aber nicht immer an den Wartungsplan. Seine Servicemannschaft ist in der Regel gut ausgebildet und kann die wichtigsten Arbeiten an dem Anlagen- und Maschinenpark selbstständig durchführen (Abb. 2.5).

Obwohl er kaum Kosten für seine internen Wartungsfähigkeiten scheut, versucht er seine Servicekosten extern zu minimieren. Bei überschaubarem Risiko wechselt der Pragmatiker vom OEM zu einem Drittanbieter. Ebenso wie der Minimalist verfügt er über einen Maschinenpark, der sich überwiegend außerhalb der Garantie befindet.

3. **Der Autarke**

Der Autarke verfügt über eine umfangreiche eigene Instandhaltungsorganisation und investiert vornehmlich in deren Wissensaufbau. Er legt großen Wert auf den Erhalt und die Performance seiner Anlagen und sucht nach Lösungen, die das Wissen des Herstellers mit seinen Ressourcen verknüpft. Grundsätzlich ist

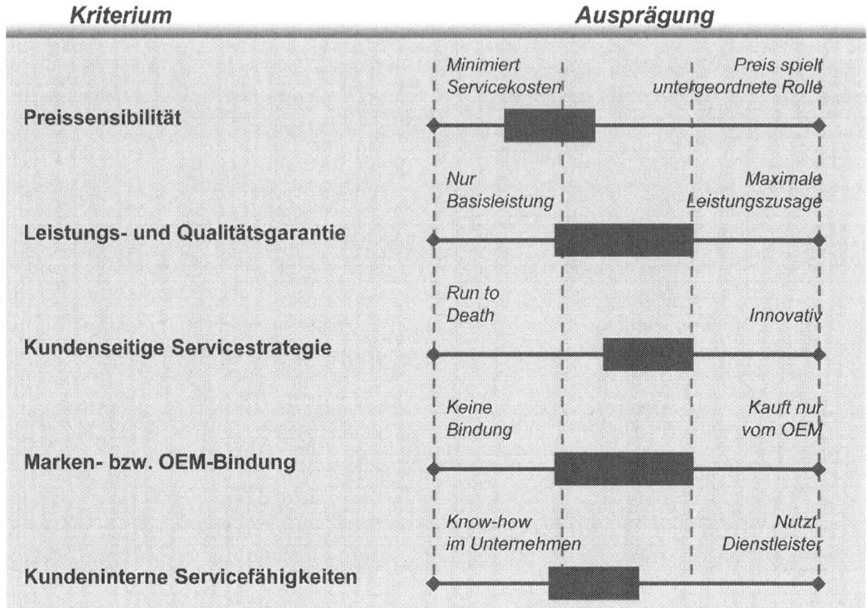

Abb. 2.5 Der Pragmatiker

er kostensensitiv und versucht, größere Investitionen zu vermeiden. Direkten OEM-Dienstleistungen ist er eher abgeneigt (Abb. 2.6).

Wenn es seine interne Organisation weiterentwickelt, ist er bereit, dafür Geld – zum Beispiel in Form von Trainings oder speziellen Messinstrumenten – aufzuwenden. Sein Maschinenpark besteht größtenteils aus Maschinen, die sich noch in der Garantie befinden, er betreibt aber auch gut gepflegte Maschinen außerhalb der Garantie. Dieser Typus ist am häufigsten in den reifen Industrien Europas anzutreffen.

4. **Der Markenbewusste**

Der Markenbewusste verbindet mit der Marke des Maschinen- bzw. Anlagenherstellers ein Leistungs- und Werteversprechen. Solange das Preis-Wert-Verhältnis für ihn eindeutig positiv ist, spielt beim Einkauf von Dienstleitungen und Ersatzteilen der Preis für ihn eine untergeordnete Rolle. Zum überwiegenden Teil bevorzugt er Serviceverträge mit dem OEM, die ein vollständiges Leistungspaket beinhalten und ihm einen festen Kostenrahmen geben. Seine interne Serviceorganisation ist für den Notfall und allfällige Wartungsarbeiten gut ausgebildet (Abb. 2.7).

Second Level-Unterstützungsleistung, also Servicekomponenten, die durch eigene Mitarbeiter nicht mehr erledigt werden können, kauft er aber nur beim Originalanbieter. Sein Anlagenpark ist zu gleichen Teilen mit Maschinen und Anlagen innerhalb und außerhalb der Garantie ausgerüstet.

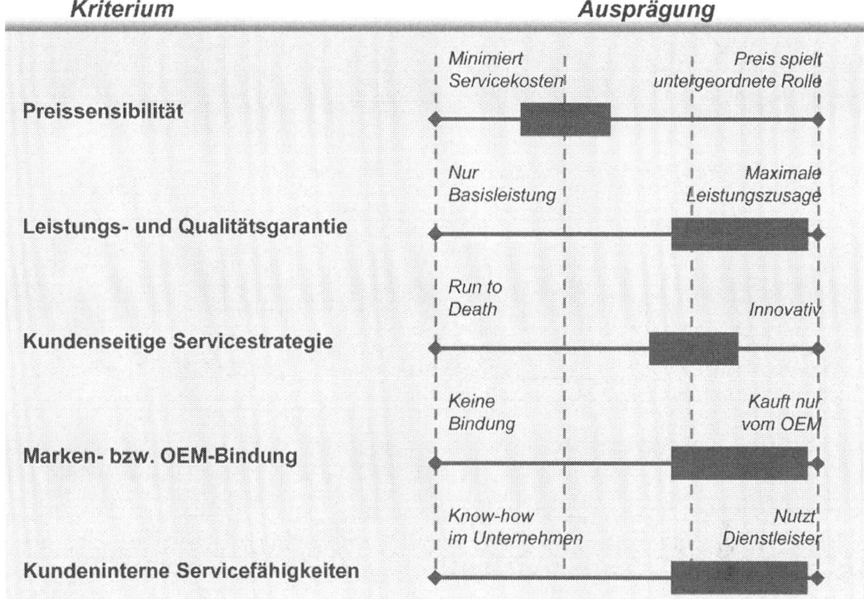

Abb. 2.6 Der Autarke

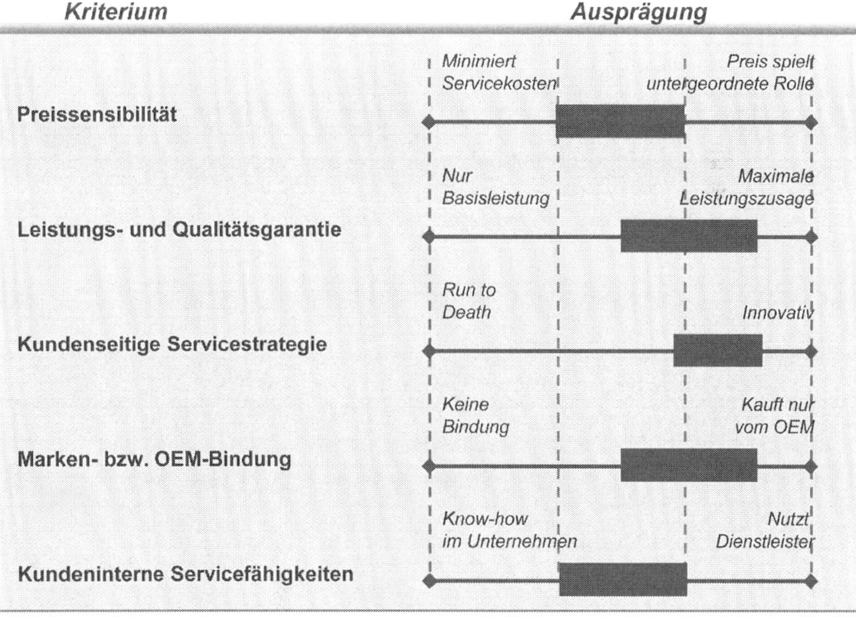

Abb. 2.7 Der Markenbewusste

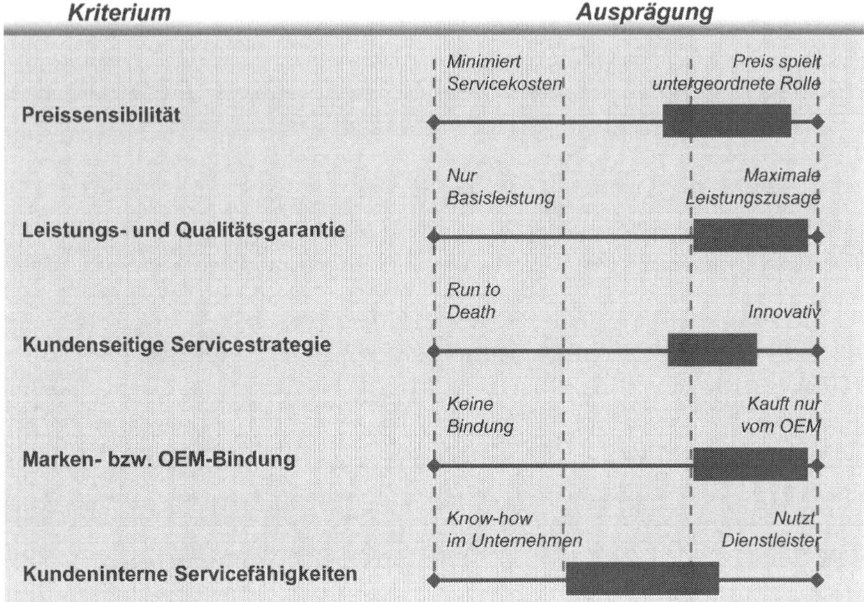

Abb. 2.8 Der Leistungsmaximierer

5. Der Leistungsmaximierer

Der Leistungsmaximierer sucht nach Angeboten und Lösungen, die die Performance seines Anlagenparks nachhaltig steigern, um sich einen Vorteil gegenüber Wettbewerbern zu verschaffen. Bei seinen Kaufentscheidungen ist er nicht preissensitiv, erwartet aber zuverlässige Qualität vom Maschinen- bzw. Anlagenhersteller. Er misstraut Fremdanbietern und investiert bevorzugt in die eigene Fähigkeit. Demnach wird er beim Einkauf von Serviceleistungen versuchen, daraus zu lernen, um vergleichbare Leistungen zukünftig selber erbringen zu können (Abb. 2.8).

Der typische Leistungsmaximierer ist ausschließlich mit Neumaschinen ausgerüstet, um seinen Wettbewerbsvorteil durch Leistung, Qualität und Verfügbarkeit abzusichern.

Im sich anschließenden Schritt wird die installierte Basis an Maschinen bzw. Anlagen, durch alle am Service- und Ersatzteilprozess beteiligten Parteien, wie z. B. Marketing, Vertrieb bzw. Servicevertrieb, Customer Service Desk und Servicetechniker, den vereinbarten Kundensegmenten zugeordnet. In vielen Industrien setzt sich die installierte Basis aus circa 30 % Minimalisten, 35 % Pragmatikern, 20 % Autarken, 10 % Markenbewussten und 5 % Leistungsmaximieren zusammen. Diese Verteilung kann sich nach Industrie und geographischem Standort der Kunden signifikant unterscheiden. Nachdem die Kunden den Segmenten zugeordnet wurden, ist es wichtig, sich in jedem der identifizierten Segmente über die Umsatz- und Produktverteilung pro installierter Maschine ein Bild zu verschaffen. Hieraus lassen sich entscheidende Indizien für das weitere Vorgehen ableiten (Abb. 2.9).

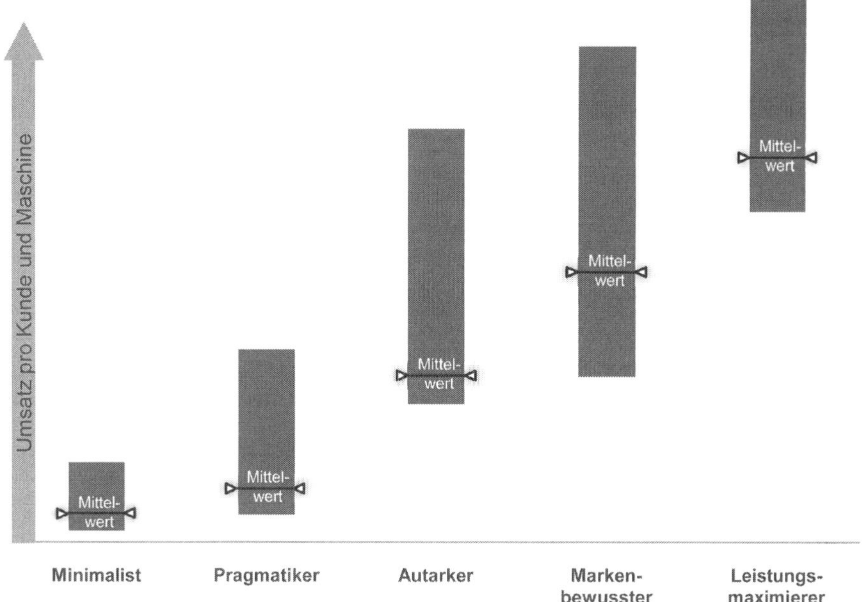

Abb. 2.9 Typische Verteilung der Umsätze pro Kundensegment eines Service-Verwalters

Die oben stehende Verteilung ist typisch für einen Service-Verwalter des Reifegrades 2 im Servicemodell, das in diesem Buch beschrieben wurde. Im Gegensatz zu einem Service-Verwalter des Reifegrades 1 zeigen sich schon erste Ansätze einer segmentorientierten Angebotsphilosophie. Dennoch ist die Varianz innerhalb eines jeden Segmentes groß und überlappend zu den anderen Segmenten. Weiterhin liegt der Mittelwert des Umsatzes pro Maschine eher am unteren Ende der Verteilung, was ein Indiz für ein aus Anbietersicht ungünstiges Preis-Leistungs-Verhältnis ist.

Im Gegensatz dazu sind bei den fortgeschritteneren Service-Gestaltern die Grenzen der Segmente deutlich schärfer ausgebildet und auch der Mittelwert liegt näher am oberen Ende der Verteilung innerhalb eines Segmentes, was auf eine für den Serviceanbieter günstigere Ertragssituation hindeutet. Die Ursachen dafür sind das bessere Verständnis der Servicebedürfnisse pro Segment und der damit optimierten Ausgestaltung des Serviceangebotes sowie einer besseren Fokussierung des Servicevertriebs.

2.2 Erfassen von Kundenbedürfnissen – „Voice of the Customer"

Die meisten Industrieunternehmen geben vor, die Bedürfnisse ihrer Kunden durch regelmäßige jährliche oder halbjährliche Kundenzufriedenheitsanalysen exakt zu kennen und zu verstehen. Der Nachteil dieser Art der häufig internetbasierten

	Klassische Kundenzufriedenheitsanalyse	„Voice of the Customer"
Vorteile	• Einfach durchzuführen • Statistisch signifikant • Wenig Zeitaufwand für den Kunden	• Erfassen von qualitativen und quantitativen Ideen • Kann situativ angepasst werden • Erzeugt beim Kunden ein Mehrwertgefühl
Nachteile	• Keine Möglichkeit zur Interaktion in Echtzeit • Sensible Themen, wie z. B. Preisfindung, kaum zu erheben • Erzeugt beim Kunden kein direktes Gefühl der Einbindung	• Höherer Aufwand in Vorbereitung und Planung • Statische Relevanz kleiner

Abb. 2.10 Vor- und Nachteile unterschiedlicher Kundenbedürfnismessungen

und/oder Multiple-Choice-Erhebungen ist, dass sie nicht interaktiv ist und deren Ergebnisse somit nur eingeschränkt für das Design neuer Serviceangebote und -prozesse zu verwenden sind. Es bedarf einer anderen Erhebungsmethode, die besser geeignet ist, die Kundenbedürfnisse gründlicher zu erkunden (Abb. 2.10).

Die „Voice of the Customer"-Methode, eine in hunderten Projekten weltweit erfolgreich eingesetzte Befragungsmethode, basiert auf ein- bis zweistündigen persönlichen Interviews mit wichtigen Kunden. Der scheinbar hohe Aufwand ist durch die zu erwartenden Ergebnisse für den Entwurf neuer Angebote und Prozesse durchaus gerechtfertigt. Einerseits können genau die Kunden angesprochen werden, die für ein Segment repräsentativ sind. Andererseits ermöglicht das persönliche Interview die Chance, offene Fragen zu stellen, und so einen Dialog zwischen Kunde und Anbieter zu etablieren, bei dem der Anbieter seine Problemlösungskompetenz beweisen und dadurch aus der Vertriebssituation in eine echte Unterstützungs- und Beratungsfunktion hineinwachsen kann.

Erfolgreiche „Voice of the Customer"-Interviews unterliegen für die Vorbereitung, Durchführung und Auswertung einem strukturierten Prozess (Abb. 2.11).

Zuerst muss basierend auf Basis des gesammelten Expertenwissens des Serviceanbieters ein umfassender Gesprächsleitfaden entwickelt werden, der folgende Fokusbereiche bestmöglich abdeckt:

• Welche Serviceangebote nehmen Kunden heute wahr und welche segmentspezifischen Unterschiede gibt es?
• Wie werden diese Service- bzw. Ersatzteilangebote heute beim Kunden eingesetzt?

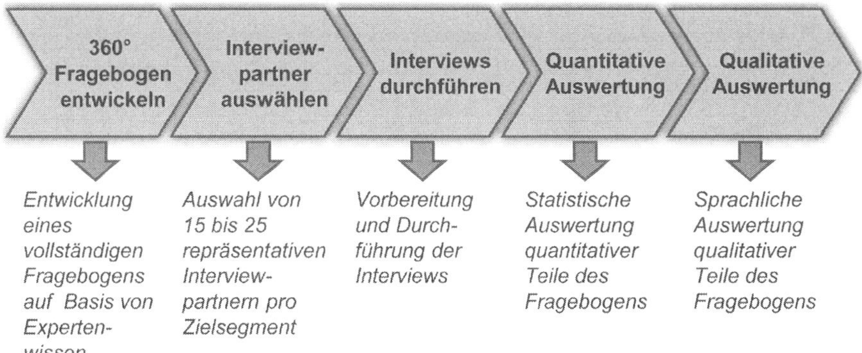

Abb. 2.11 „Voice of the Customer": Schritte des Interviewprozesses

- Wie zufrieden ist der Kunde mit der heutigen Leistung und dem korrespondierenden Preis-Leistungs-Verhältnis?
- Welche anderen Anbieter werden vom Kunden für welche Aufgaben genutzt?

Der Leitfaden ist so zu gestalten, dass er vorgefertigte Annahmen weder bestätigt noch widerlegt, sondern genügend Freiraum für Kundenideen zulässt. Im zweiten Schritt werden 15 bis 25 Kunden pro Zielsegment ausgewählt und angesprochen. Von großem Interesse sind hierbei die Kunden, die unlängst zu einem anderen Anbieter gewechselt haben. Eine Zahl von 15 bis 25 Kundeninterviews sichert typischerweise eine Abdeckung von mehr als 90 % des tatsächlichen Bedarfs ab. Wird die Zahl der Interviews weiter gesteigert, wächst der Zuwachs an neuen Ideen nur noch sehr langsam an.

Der Vorbereitung der Interviews muss ein großer Stellenwert eingeräumt werden. Zum einen kommt es in den Frontalinterviews immer wieder zu Situationen, in denen der Interviewer sich als Person oder den Maschinenbauer aufgrund von schlechter Leistung verteidigen muss. Solcherart Gespräche sind in der Auswertung großenteils nutzlos, da die Aufzeichnungen nicht mehr vollständig objektiv sind. Zum anderen müssen alle Interviewer das Gespräch gleich strukturieren und aufzeichnen, damit die Daten später vergleichbar ausgewertet werden können.

Service-Gestalter arbeiten in der Regel mit einem festen Fragenkatalog, der über die Jahre hinweg weiterentwickelt wurde. Die typische Gliederung deckt dabei folgende Bereiche ab:

1. Aktuelle Struktur und Aufbau der Produktionsstätten, geplante Erweiterungen
2. Größe und Fähigkeiten der kundeninternen Serviceorganisation sowie geplante Veränderungen
3. Prozess und Entscheidungsträger des Service- und Ersatzteileinkaufs
4. Nutzungsverhalten und wahrgenommenes Preis-Leistungsverhältnis des heutigen Service- und Ersatzteilangebotes
5. Interesse an neuen Serviceangeboten inklusive der Preisbereitschaft und -sensitivität
6. Vorhandene Mitbewerber und deren Angebot im Vergleich

Kriterium	Relevanz für Kunden			Vergleich zum Wettbewerb			Bereich
	Niedrig	Mittel	Hoch	Schlechter	Gleich	Besser	
Markenbindung				Blindleistung			3
Zufriedenheit mit Service					Schwäche		2
Schnelle Verfügbarkeit							2
Zufriedenheit mit Vertrieb							3
Alles aus einer Hand					Stärke		1
Problemverständnis							2
Angebotsqualität							3
Referenzen							3
Kompetenz des Service							1
Preis- / Nutzen-Relation							2
Qualitätsstandard							1
Lieferfähigkeit und -treue							2
Ersatzteilgarantie							1
Servicegarantie							2

Abb. 2.12 Quantitative Auswertung der „Voice of the Customer"-Interviews

Der interessanteste und gleichzeitig auch schwierigste Bereich des „Voice of the Customer"-Interviews ist der letzte Punkt, da er sowohl qualitative als auch quantitative Informationen für die Neustrukturierung des Service- und Ersatzteilgeschäftes auf der Basis der Kundenwahrnehmung der eigenen und der Leistung der Wettbewerber liefert. In der Praxis hat sich hierfür ein Fragebogen mit Likert-Skala (*„die Aussage trifft zu"*, *„die Aussage trifft eher zu"*, *„die Aussage trifft nicht zu"*, …) bewährt. Neben der Anbieter- und Wettbewerbereinschätzung gilt es, die Relevanz für den Kunden in den kritischen Bereichen Markenbindung, Zufriedenheit mit dem Vertrieb, Qualität und Zuverlässigkeit bei der Erbringung der Dienstleistung sowie wahrgenommene Kompetenz und Empathie strukturiert zu erfassen. Die systematische Auswertung dieses Fragebogens zeigt dann Punkte auf, an denen im Serviceportfolio, in der Organisation oder in den Prozessen Handlungsbedarf besteht, um Marktdurchdringung und Umsatz zu erhöhen (Abb. 2.12):

- **Bereich 1** zeigt Kriterien auf, die für den Kunden wichtig sind und bei denen die Leistung des Herstellers (OEM) als besser wahrgenommen wird, als die des Wettbewerbers. Daraus ergibt sich ein klarer Wettbewerbsvorteil für den Hersteller, den es zu erhalten, zu stärken und besonders herauszustellen gilt.
- **Bereich 2** bildet Kriterien, die für den Kunden wichtig sind, bei denen der OEM mit seiner Leistung aber hinter Wettbewerbern zurückbleibt. Da dies vom Kunden als wichtig wahrgenommen wird und somit kaufentscheidend ist, besteht ein klarer Wettbewerbsnachteil.

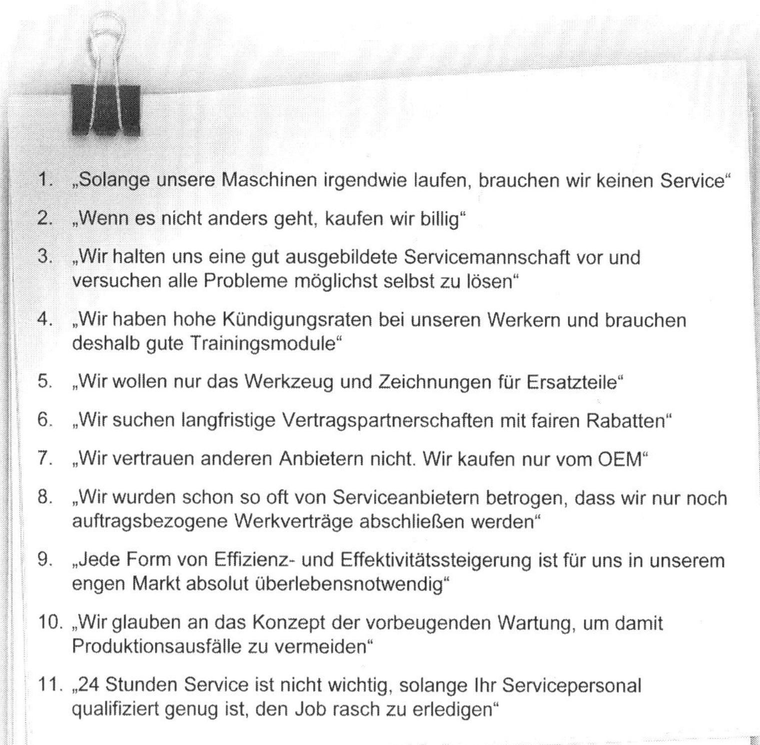

Abb. 2.13 Qualitative Auswertung der „Voice of the Customer"-Interviews

- **Bereich 3** bildet Kriterien ab, bei denen die Leistung des OEM zwar besser ist als die der Wettbewerber, die aber gleichzeitig für den Kunden nicht relevant sind. Hier können Ressourcen eingespart werden, um an anderer Stelle effektiver eingesetzt zu werden.

Neben den quantitativen Aussagen gilt es, möglichst viele Zitate zu erhalten und nach Schlüsselwörtern zu analysieren, da sie in den nachfolgenden Optimierungsschritten des Portfolios, der Prozesse oder der Organisation als Indikatoren des Erfolges dienen (Abb. 2.13).

2.3   Wettbewerbssituation mit kundeninternen Serviceorganisationen und Servicepiraten

Auf der Basis der Servicebenchmark-Studie, die PRTM 2010/2011 mit 100 europäischen Industriegüterunternehmen und deren Kunden durchgeführt hat, ergibt sich ein dramatisches Bild für Service-Verwalter (Abb. 2.14):

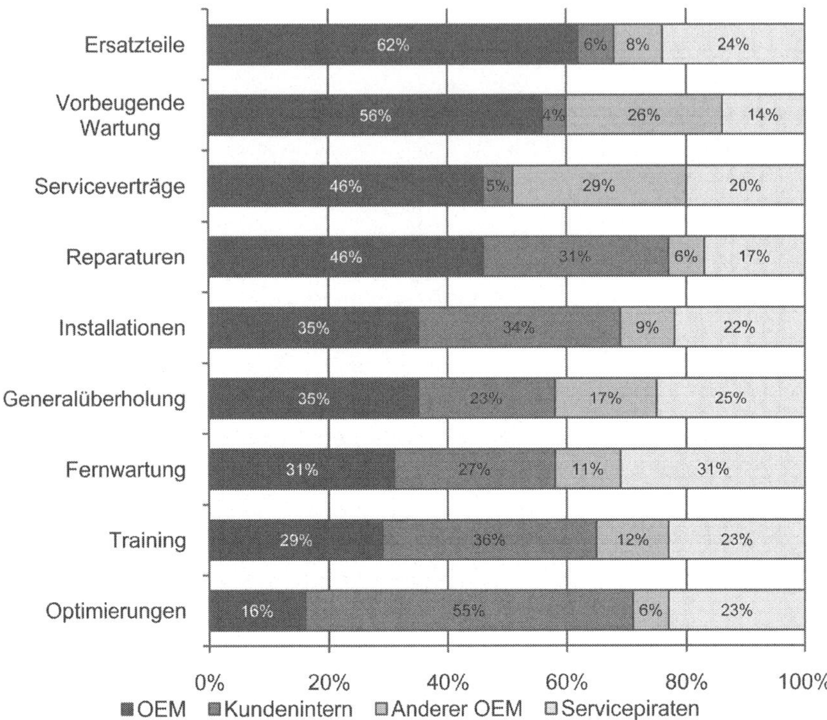

Abb. 2.14 Marktdurchdringungsgrad eines typischen Service-Verwalters. (Quelle: The Performance Management Group und PRTM Erhebungen)

Während sich der Marktanteil von „Servicepiraten" in Höhe von 24 % beispielsweise bei Ersatzteilen noch durch die Mechanismen des Graumarktes, also der Weiterverwendung von funktionsfähigen Einzelteilen außer Dienst gestellten, bzw. zu verschrottenden Maschinen, erklären lässt, gehen dem Maschinen- bzw. Anlagenbauer bezogen auf alle Serviceleistungen im Schnitt sogar über 40 % des möglichen Gesamtmarktes an andere Hersteller und Servicepiraten verloren. Zusätzlich gibt es ein großes Umsatzsegment, das durch kundeninterne Serviceorganisation abgedeckt wird, da es kein adäquates Angebot auf dem Markt gibt. Kunden verschieben also keine Investitionen, sondern suchen sich geeignete Lösungspartner für die speziellen Aufgabenstellungen im Service- und Ersatzteilgeschäft. Fragt man nach den Hauptgründen für das Ausweichen auf andere Anbieter oder Servicepiraten lassen sich folgende Ursachen systematisieren:

- nicht an die tatsächlichen Kundenbedürfnisse angepasste Portfolios,
- unflexible Serviceerbringungsprozesse,
- überzogene Qualitätsvorstellungen des Maschinen- oder Anlagenbauers,
- inadäquates Preis-Leistungs-Verhältnis.

Für den Sprung vom Service-Verwalter zum Service-Gestalter und das Ausschöpfen der Umsatzpotenziale ist es daher wesentlich, Kundenwünsche segmentiert wahrzunehmen und bereits verlorenes Terrain durch ein angepasstes Service- und Ersatzteilangebot wieder zurückzuerobern.

2.4   Umsetzen von Segmentpotenzialen und spezifische Aktionen

Ausgangsbasis der Potenzialabschätzung für zukünftige Service- und Ersatzteilumsätze ist eine umfassende Dokumentation der gegenwärtigen Basis sowie die Prognose der Entwicklung durch ein geplantes Neumaschinengeschäft. In dieser Erhebung müssen auch die wesentlichen Phasen des Lebenszyklus der Maschine,

- unter Garantie,
- nicht mehr unter Garantie,
- „Second Life" – z. B. älter als zehn Jahre,

unterschieden werden, da sie verschiedene Portfolio-, Umsatz- und Deckungsbeitragsprofile haben. Pro Region und Kundensegment kann daraus exakt abgeleitet werden, wohin sich die Service- und Ersatzteilschwerpunkte wahrscheinlich verlagern werden (Abb. 2.15).

Aus der zeitlichen Entwicklung der installierten Basis können Trends pro Region und Kundensegment abgeleitet werden, wie z. B.:

1. Obwohl die installierte Basis wächst, bleibt das Niveau der Maschinen im Garantiebereich nahezu konstant. Service- und Ersatzteilverbesserungen, die hauptsächlich auf den Garantiezeitraum abzielen, bringen nur zusätzliche Umsatzbeiträge, wenn die Marktanteile erhöht werden können.
2. Maschinen, die aus der Garantie herausfallen, sind das primäre Wachstumsfeld der nächsten 36 Monate. Zusätzliche Umsatzbeiträge kommen zuerst aus der Zunahme der installierten Basis, sollten aber durch eine verbesserte Marktdurchdringung gestützt werden, um die in diesem Beispiel dargestellte Stagnation ab 2012 abzufangen.
3. Service- und Ersatzteilangebote für die „Second Life"-Phase werden ab 2012 immer wichtiger und können über einen Zeitraum von 36 Monaten das mögliche Potenzial nahezu verdreifachen.

Aus der segmentierten „Voice of the Customer"-Analyse erhält man die notwendige Information, wie die Potenziale zu heben sind und wie die Loyalität des Kunden zum Hersteller der Maschine bzw. Anlage nachhaltig abzusichern ist.

Im Allgemeinen kann die Erhöhung des Gesamt Service- und Ersatzeilumsatzes auf zwei Arten erfolgen (Abb. 2.16).

- Innerhalb eines Kunden- und Lebenszyklussegmentes kann der Umsatz pro Maschine durch ein umfassendes, innovatives Serviceportfolio, das den gesamten Lebenszyklus mit Serviceleistungen abdeckt, durch ein Best in

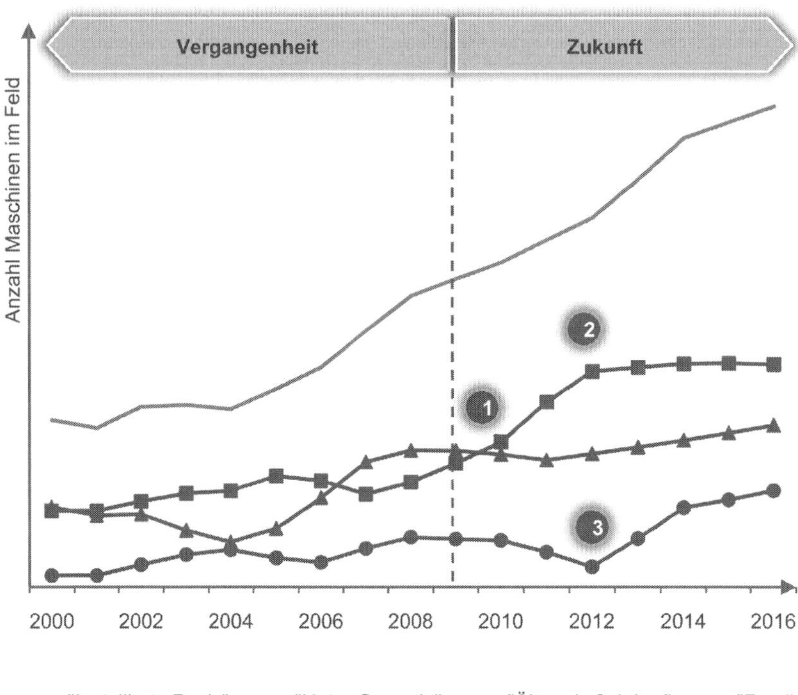

Abb. 2.15 Schematische Entwicklung des Altersprofils

Class-Ersatzteilmanagement und durch die Etablierung von Best in Class-Serviceprozessen nachhaltig gesteigert werden. „Voice of the Customer" in Kombination mit der prognostizierten Entwicklung der installierten Basis liefert die dazu notwendigen Indizien der Veränderung.

- Durch die gezielte vertriebliche Ansprache können die anspruchsvollsten Kunden eines Segmentes in ein höherwertiges Segment entwickelt werden. Zur Vorbereitung dieser Entwicklung müssen die dem Segment zugrunde liegenden Eigenschaften berücksichtigt werden.

  - Obgleich das scheinbar unattraktivste Segment, sollte der Vertrieb durch regelmäßigen Kontakt die **Minimalisten** nicht aus den Augen verlieren und den Mehrwert des neuen Angebotes klar artikulieren, da sich Minimalisten durch Veränderungen der wirtschaftlichen Rahmenfaktoren zu Pragmatikern entwickeln können.
  - Der **Pragmatiker** bedient sich, sofern es für ihn möglich ist, mit Angeboten von Servicepiraten. Die vertriebliche Ansprache muss daher über den für den

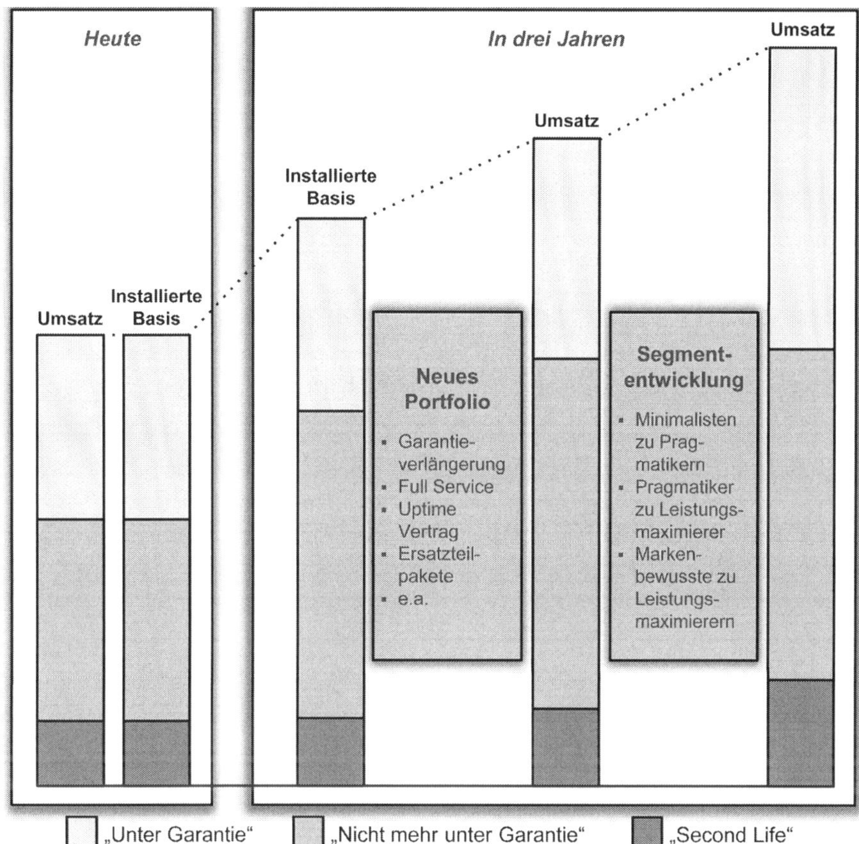

Abb. 2.16 Stufenplan zur Umsatzsteigerung

Kunden geschaffenen Nutzwert des neuen Portfolios erfolgen. Da Pragmatiker über eine interne Serviceorganisation verfügen, können sie durch Dienstleistungen für den Aufbau von Wissen und Erfahrung zum Segment Autark entwickelt werden. Gleichzeitig muss der Vertrieb vermeiden, dass sich Pragmatiker zu Minimalisten entwickeln, wenn sich Dienstleistungen für sie als scheinbar nicht mehr rentabel präsentieren.

– Sowohl Kunden des Segmentes **Autark** als auch **Markenbewusst** lassen sich zu Leistungsmaximierern entwickeln, da sie beide ähnliche Kriterien zur Kaufentscheidung anwenden. Eine gezielte Ansprache durch den Vertrieb mit garantierten Leistungswerten zu einem fixen Preis ermöglicht, beide Segmente in Schritten zu Leistungsmaximierern zu erweitern. Gleichzeitig haben diese beiden Segmente die größte Stabilität, da die zugrunde liegenden Entscheidungskriterien nahezu unabhängig von wirtschaftlichen Rahmenbedingungen sind.

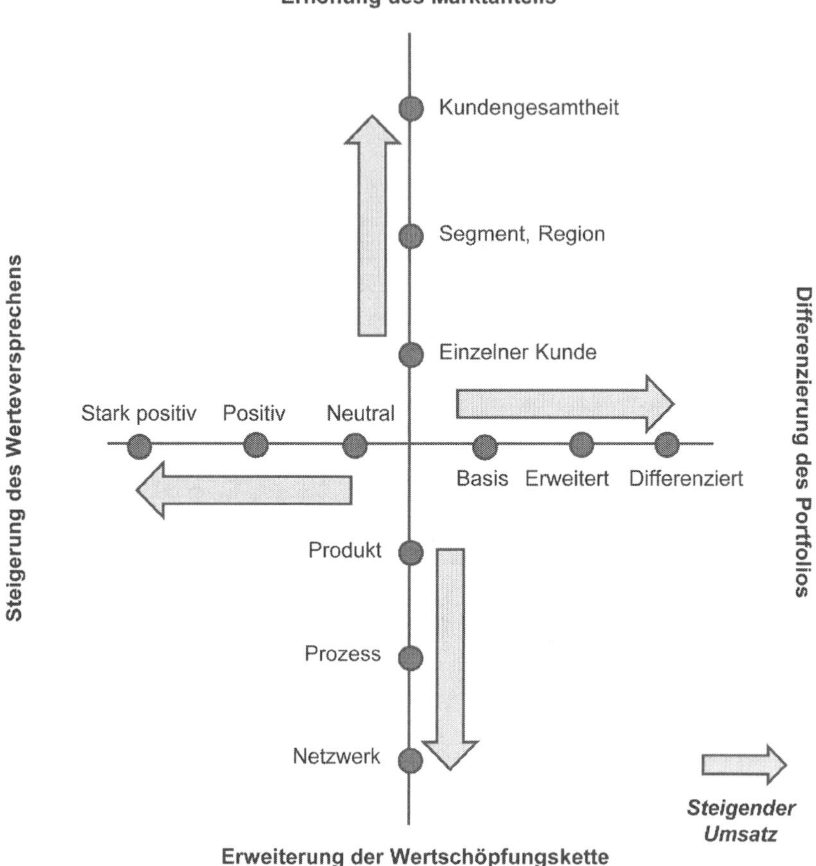

Abb. 2.17 Wertekompass zur Priorisierung

– Für das Topsegment der **Leistungsmaximierer** bedarf es des Erhaltes und der Pflege der Beziehung durch den Vertrieb. Durch umfassende Performancemodelle während und nach der Garantiezeit muss sichergestellt werden, dass der Leistungsmaximierer sich nicht in das Segment Autark zurückentwickelt. Gemeinsame Workshops zur Definition neuer Hardware-, Software- und Servicepakete können hierfür genutzt werden, um seinen Fokus auf Leistungsorientierung und -optimierung durch den Maschinen- oder Anlagenbauer zu erhalten.

Wie aber kann ein Industriegüterunternehmen die unterschiedlichen Verbesserungspotenziale systematisch klassifizieren und priorisieren? Der Wertekompass ist ein vielfach erprobter Orientierungsrahmen, der in unternehmerischen Entscheidungssituationen mögliche Handlungsoptionen für das Management aufzeigt (Abb. 2.17).

Jede durch den Kunden gewünschte Veränderung am Service- und Ersatzteilportfolio oder an den Erbringungsprozessen wirkt auf eine der vier Achsen des Wertekompasses:

- Die Veränderung kann darauf abzielen, dass spezialisierte Dienstleistungen auf eine allgemeinere Basis gestellt werden, um sie einer breiteren Masse an Kunden, z. B. aus anderen Regionen, zur Verfügung zu stellen.
- Das Service- und Ersatzteilportfolio kann um zusätzliche Dienstleistungen erweitert werden, die dem Maschinen- oder Anlagenhersteller eine differenzierende Markstellung gegenüber dem Wettbewerb insbesondere gegenüber Servicepiraten geben.
- Das Service- und Ersatzteilportfolio kann entlang der Wertschöpfungskette um davor und danach liegende Prozessschritte erweitert werden
- Das vom Kunden wahrgenommene Preis-Leistungs-Verhältnis kann durch höhere Effizienz und Effektivität in der Erbringung verbessert werden.

Die Veränderung bezüglich des Status Quo kann damit in der Dimension Umsatz verglichen und bewertet werden.

Kundensegmentierung, „Voice of the Customer" und segmentspezifisches Vorgehen bilden den grundlegenden Schlüssel zum Übergang vom Service-Verwalter zum Service-Gestalter und zu weiterem, nachhaltigem Wachstum. Hier gewonnene Erkenntnisse determinieren die Bestandteile des Serviceportfolios, die Anforderungen an Prozesse und damit zugleich den Einfluss auf die interne und externe Serviceorganisation. Der „Voice of the Customer"-Ansatz kann zudem auch für eine Überprüfung der Akzeptanz des neuen Serviceportfolios genutzt werden. Insbesondere mit den „Leistungsmaximierern" unter den eigenen Kunden, die stets danach streben, sich durch beste Ausrüstung und einen erstklassigen Wartungsstand ihrer Maschinen und Anlagen einen Wettbewerbsvorteil gegenüber Mitbewerbern zu verschaffen, kann hier rasch ein Lackmustest durchgeführt werden.

2.5 Praxisbeispiel: Kundenorientiertes Serviceportfolio von ASM Assembly Systems

ASM Assembly Systems, Geschäftsgebiet der ASM Pacific Technologies, markiert als Technologie- und Innovationsführer der Branche mit seinen SIPLACE Bestückautomaten und Fertigungslösungen Höchstleistungen bei Bestückleistung, Flexibilität und Bestückgenauigkeit in der Surface-Mounted-Technology (SMT) und der gesamten Elektronikfertigung. Auf Basis der technologischen Innovationsführerschaft, der modularen SIPLACE Automaten-Plattform, der umfangreichen SMT-Lösungskompetenz und höchster Qualitätsstandards wurden weltweit mehr als 25.000 Bestücklösungen bei über 2.500 Kunden installiert.

Im Sog der Weltwirtschaftskrise 2009 sank die Nachfrage nach Elektronikprodukten und damit verbunden auch die Nachfrage nach High-End SMT Bestücklösungen deutlich ab. Innerhalb weniger Wochen fiel der Auftragseingang im globalen Markt für Neumaschinen auf ein Zehntel des Vorjahresniveaus und niemand konnte abschätzen, wann sich der Markt und in welcher Region wieder erholen würde. Mit dem Kollabieren des Marktes für Bestücklösungen stieg der Wettbewerbsdruck um Kundenbindung massiv an. Als Reaktion auf diese massive Krise startet das SIPLACE Team ein Service-Push Programm, um zum einen ausbleibende Umsätze durch ein optimiertes Dienstleistungsportfolio und höhere Marktdurchdringung auszugleichen und zum anderen und vor allem die Kundenbindung durch eine gezieltere Ansprache nachhaltig zu stärken.

Ausgangspunkt des SIPLACE Service-Push Programms war eine umfassende Analyse der Ist-Situation in den Bereichen:

- gegenwärtige und prognostizierte Größe und Beschaffenheit der installierten Maschinenbasis: Hauptgegenstand dieser Untersuchung war im Detail zu verstehen, wie sich das Altersprofil und damit Anforderungen an das Service- und Ersatzteilportfolio zeitlich und regional entwickeln werden
- Markt- und Kundensegmentierung: Hier galt es zu verstehen, welche Kundensegmente sind in welcher Region wie stark vertreten und was sind die segmentierten Anforderungen an das Service- und Ersatzteilportfolio
- „Voice of the Customer" Interviews mit ausgewählten Kunden: Anforderungen an das Service- und Ersatzteilportfolio dokumentieren um das Kaufverhalten besser einschätzen zu können
- Analyse des bisherigen Service- und Ersatzteilangebotes: welche Angebote werden heute vermarktet und wie hoch sind die Umsatzbeiträge der einzelnen Angebote
- Benchmark des eignen Portfolios mit führenden Unternehmen der Investitionsgüterindustrie.

Am Ende der Analyse wurden detaillierte Business Cases für die neuen Service- und Ersatzteilangebote entwickelt und auf Basis der Kosten-Nutzen-Relation zeitlich in drei Wellen priorisiert. In Summe wurden ein zusätzliches Umsatzpotenzial von 30 % und ein deutliches Verbesserungspotential für eine erhöhte Kundenzufriedenheit identifiziert. Zusätzlich wurden notwendige Änderungen an der Organisation, Mitarbeiterzahl und -qualifikation des Servicebereichs definiert, sowie ein anspruchsvoller Umsetzungsplan verabschiedet.

Im ersten Schritt der Umsetzung wurde als roter Faden auf Basis der überarbeiteten Angebote ein verbessertes Portfolio entwickelt, das klar die Sprache der Kundenprozesse und der segmentierten Kundenbedürfnisse widerspiegelt. Zielgruppe für die erste Welle in der Umsetzung waren die zwei am wenigsten ausgeschöpften Segmente „Pragmatist" und „Self Helper". Zu jedem Angebot und für den gesamten Servicebereich wurden kundenorientierte Werteversprechen entwickelt und mit Schlüsselkunden aus unterschiedlichen Segmenten überprüft. Gleichzeitig wurden für die Angebote der ersten Welle detaillierte Beschreibungen für die Kunden, den Servicevertrieb, sowie die Prozesse zur Erbringung entwickelt:

- „Capability Transfer": Training und Coaching des Kunden notwendige maschinenbezogene Reparaturarbeiten eigenständig durchführen zu können, die bisher

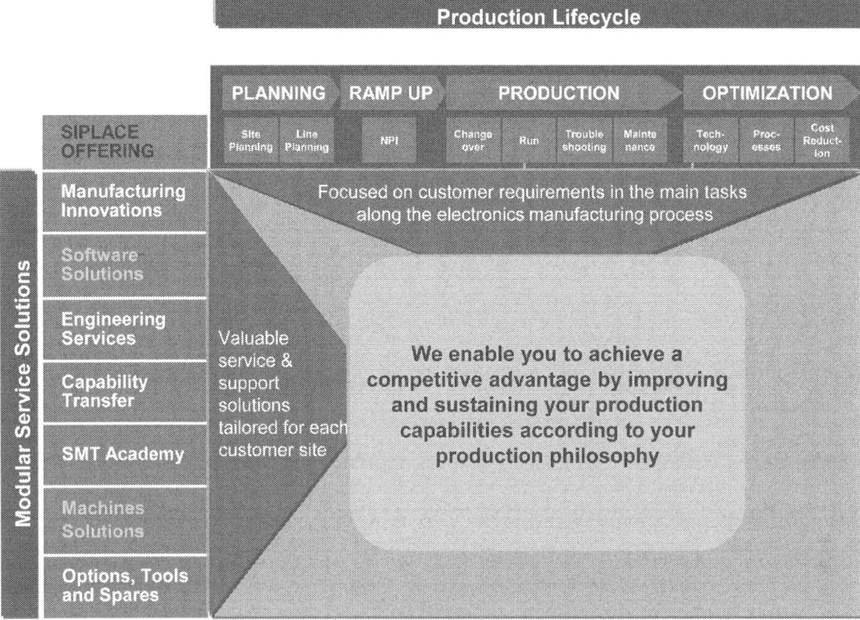

Abb. 2.18 Das kundenorientierte Serviceportfolio der ASM Assembly Systems

dem Maschinenanbieter vorbehalten waren. Dieses Angebot umfasst ein kunden-bezogenes Mietmodel der notwendigen Werkzeuge, die entweder nicht frei oder nur über Servicepiraten zugänglich waren. Bis dahin war es für Kunden nicht möglich sich ein maßgeschneidertes Angebot zusammen zustellen. Jetzt stellt er sich, aus einem Baukasten, das Angebot nach seinen Wünschen und finanziellen Möglichkeiten zusammen

- „Extended Warranty": Erweiterung der Standardgarantie um eine Verlängerung der Laufzeit, eine Verbesserung des Servicelevels, oder die Erweiterung zu einem allumfassenden Festpreisvertrag
- „Major Overhaul": Kundenspezifische Wiederaufarbeitung von älteren Maschinen, um Verfügbarkeit und Performance zu garantieren

Parallel wurde die Definition der Rolle des Servicevertriebs überarbeitet und den neuen Anforderungen angepasst. Ziel der Neudefinition war es, die bis dahin vom Kunden wahrgenommene Grenze zwischen Maschinen- und Servicevertrieb aufzu-heben. Um die beratende Funktion des Servicevertriebs zu unterstützen, wurden einige preiswerte Dienste entwickelt, die als Wegbereiter für Folgegeschäfte dienen.

In Summe musste dazu der bestehende Vertrieb, der sich als „Maschinenverkäufer und Prozessberater" verstand, zu einem umfänglichen Accountmanager entwickelt werden, der neben SIPLACE Maschinen auch das neugeschaffene SIPLACE Service Portfolio unter Nutzung des dazu gehörigen Werteversprechens anbieten und einsetzen kann (Abb. 2.18).

Gleichzeitig wurde ein netzwerkender Serviceentwicklungsprozess etabliert, der Schlüsselkunden, Servicevertrieb und Servicetechniker aus allen geografischen Regionen zusammenbringt.

Auf Basis des umfangreichen Erfolges der ersten Welle wurden die Aktivitäten zur Umsetzung der zweiten und dritten Welle wie geplant gestartet.

Kapitel 3
Aufbau eines innovativen Serviceportfolios

Aufbau und Pflege eines leistungsfähigen Serviceportfolios hat für viele Industriegüterunternehmen heute noch keine höchste Priorität. Teilweise aus einer Ablehnung gegenüber wenig greifbaren Termini wie „Verkauf von Kundenmehrwert", teilweise mit einer mangelhaften internen Ressourcensituation begründet, steht das Serviceportfolio klar hinter den Ersatzteilen als primär adressiertes Servicegeschäft zurück. Unternehmen verpassen damit nicht nur eine große Chance auf Umsatzsteigerung, sondern auch den möglichen Ausgleich von Konjunkturzyklen im Neugeschäft – und geben damit nicht zuletzt ein Werkzeug für dauerhafte Kundenbindung aus der Hand.

Ein innovatives Serviceportfolio ist signifikanter Treiber von Umsatz, Auslastung und Kundenzufriedenheit und bildet somit das Rückgrat eines jeden erfolgreichen Servicegeschäftes. Langfristige, bedarfsgerechte und gezielt umgesetzte Serviceangebote

- garantieren eine konstante Grundlast für Ressourcen und zusätzliche Gewinne
- erlauben eine permanente Information über den Kundenstatus und sofortige Reaktion auf Bedürfnisse ohne den Beigeschmack eines „sich aufdrängenden" Verkäufers
- ermöglichen die proaktive Optimierung der eigenen Produkte aus Kundenanforderungs- oder Wettbewerbssicht
- unterstützen aktiv den Neuverkauf durch die Etablierung eines positiven Markenbildes des Unternehmens, welches „End to End"-Lösungen für seine Kunden anbietet (Value Selling)
- sind per se Kaufanreiz für diejenigen Kunden, die eine optimale Leistungsfähigkeit ihres Produktes über den gesamten Lebenszyklus sicherstellen wollen

Aufbau und Pflege eines innovativen Serviceportfolios ist aufwendig und muss präzise auf die unterschiedlichen produktspezifischen Anforderungen einzelner Kunden oder Kundengruppen zugeschnitten sein. Ansätze, die jeden Kunden in seiner Unternehmenssituation individuell ansprechen und auf den jeweiligen Produktlebenszyklus abgestimmt sind, stellen den Schlüssel zum Erfolg dar. Die Versuche, globale Standardprodukte mit geringem Zusatznutzen über alle Kundengruppen hinweg zu

R. Geissbauer et al., *Serviceinnovation,*
DOI 10.1007/978-3-642-21239-0_3, © Springer-Verlag Berlin Heidelberg 2012

etablieren, oder dem Wettbewerb mit wenig innovativen Nachahmerprodukten zu begegnen, sind auf Dauer weder profitabel noch markenbildend.

Zwar kaufen die meisten Kunden heute noch keine Anlage oder Produkt nur weil ihnen das Serviceportfolio eines Herstellers attraktiv erscheint, aber ein Serviceangebot, das als sinnhaft und wertvoll erlebt wird, dient als Kaufkriterium für die nächste Produktentscheidung. Unzufriedenheit mit dem Service und den angebotenen Dienstleistungen stellt einen wesentlichen Grund für einen Anbieterwechsel seitens des Kunden dar. Somit positioniert sich die Serviceexzellenz immer mehr als wesentliches Entscheidungskriterium auch im Neuproduktverkauf. Dieser Trend spiegelt sich auch in den Umfragen des Verbandes Deutscher Maschinen- und Anlagenbauer e. V. (VDMA) aus dem Jahre 2008 wider. Demnach bezeichnen über 85 % aller befragten Unternehmen den Einfluss des Service auf die Kaufentscheidung als „stark" oder „sehr stark".

Allgemein stellt man fest, dass sich Serviceprodukte wandeln, vom Status des reinen „Kundenbinders" hin auch zum „Kundenangler" und diesen Trend machen sich Service-Gestalter zunutze. Wo also sollten Unternehmen anfangen, ihr eigenes Serviceportfolio einer kritischen Bewertung zu unterziehen und die adäquaten Handlungsempfehlungen für ihre Services abzuleiten?

3.1   Gap Analyse des existierenden Serviceportfolios

Eine zielführende Analyse des existierenden Serviceportfolios sowie die Identifizierung geeigneter Veränderungsmaßnahmen etablieren sich aus fünf aufeinanderfolgenden Schritten (Abb. 3.1):

1. **„Grüne Wiese"-Serviceportfolio – Prinzip: „Offen sein für alles"**
   Ausgangspunkt der Analyse ist die unvoreingenommene Diskussion über alle denkbaren Serviceangebote für ein Unternehmen. Häufig auch als „Grüne Wiese-Ansatz" bezeichnet, wird anhand vorhandener eigener Angebote und derer des Wettbewerbs, interner Produkt- und Marktstrategie, interessanter Ansätze in anderen Branchen und Märkten und vor allem frei zur Diskussion gestellter „Wunschvorstellungen" eine umfangreiche Themenliste erarbeitet, die in ein mögliches zukünftiges Serviceportfolio überführt werden kann. Die Ideenworkshops führen Teilnehmer aus allen Unternehmensfunktionen zusammen, etwa aus Produktentwicklung, Vertrieb, Qualitätsmanagement und Service.
2. **Kundennutzen und Potentiale – Prinzip: „Was bringt es unseren Kunden?"**
   Die Überführung der internen Produktsicht in eine Einschätzung des konkreten Kundennutzens und -bedarfs stellt sich in der Praxis meist als am schwierigsten heraus. Im Fokus stehen die Analyse der Auswirkungen von mittel- und langfristigen Kundentrends auf das Serviceportfolio und zentrale Fragen wie:

   – Wie ist der preisliche Aufwand des Serviceelements mit einem zusätzlichen Nutzenaspekt für den Kunden zu argumentieren?

Abb. 3.1 Die fünf Schritte der Gap Analyse zum Serviceportfolio

– Wird sich der mögliche Zusatznutzen eines Serviceelements über den Zeit-
verlauf verändern? Welche Elemente kommen hinzu und welche werden
obsolet?
– Welche Kundensegmente werden mit dem jeweiligen Serviceelement ange-
sprochen?
– Gibt es Servicebedarfe, die über alle Kundensegmente hinweg ein relevantes
Thema darstellen?
– Gilt es, regionale Differenzierungen zu treffen? Wenn ja, welche?
– Welche installierte Basis (Anzahl verkaufter Produkte) lässt sich als Potenzial
je Serviceelement adressieren?
– Wie viele Services dieser Art wurden durch das eigene Unternehmen oder
Wettbewerber schon verkauft und wie viele Angebote wurden erfolgreich in
Verkäufe transformiert?

Für diesen Schritt ist die individuelle Markt- und Kundenkenntnis eines Unternehmens entscheidend. Sofern möglich, sollten unbedingt Interviews in der eigenen Kundenbasis zur Validierung der unternehmensinternen Meinung einbezogen werden. Neben dem Abgleich von Idee und Kundenrealität stellen sie zudem eine gute Gelegenheit dar, den Kunden bereits an dieser Stelle zu indizieren, dass ihre individuellen Servicesorgen wahrgenommen werden und vorausschauend an Lösungen gearbeitet wird.

3. **Interne Fähigkeiten und Kompetenzen – Prinzip: „Lieber einen Service gar nicht oder erst verspätet anbieten, als ihn anzubieten, aber nicht ausführen zu können …"**

   Das systematische Durchleuchten der eigenen Wertschöpfungskette und Hinterfragen eigener Fähigkeiten und Kompetenzen stellt die zwingende Grundvoraussetzung zur Ableitung eines validen Serviceportfolios aus dem „Grüne Wiese"-Portfolio dar. Ziel ist es, in diesem Schritt, eine realistische Sichtweise auf die eigenen Möglichkeiten, aber auch auf Schwachpunkte bei der Umsetzung potentieller Serviceelemente zu erlangen. Auch eine Einschätzung möglicher Realisierungszeitpunkte für einzelne Serviceelemente ist Inhalt dieses Schritts. Die Diskussion dreht sich dabei immer um das Thema „Delivery to Promise" – also darum, dem Serviceversprechen an den Kunden durch die eigene Ressourcenverfügbarkeit und -flexibilität, technische Kompetenz, und hohe Servicequalität gerecht zu werden.

4. **Wettbewerbssituation und -vorteile – Prinzip: „Wie differenzieren wir uns vom Wettbewerb?"**

   Im vierten Schritt gilt es, die Frage nach der Differenzierung durch das eigene Serviceportfolio aus Kundensicht zu beantworten. Viele Branchen bieten engagierten Firmen heute noch die Möglichkeit, sich über Serviceelemente verkaufsentscheidend vom Wettbewerb zu differenzieren. Analog zum Servicereifegrad des Unternehmens lassen sich die einzelnen Elemente des Serviceportfolios in folgende Kategorien gemäß dem Umsatzpotential unterteilen:

   – **Basisservices:** Dienstleistungen, die ein Kunde während des Betriebs des Produktes per definitionem benötigt und die somit zwingend erforderlich sind. Fehlen diese, könnte das einen Kunden von der Kaufentscheidung für das ursprüngliche Produkt abhalten. Beispiele hierfür sind Servicehotline, Reklamationsmanagement, oder die Wartung für proprietäre Technologien

   – **Erweiterte Services:** Dienstleistungen, die optional angeboten werden, einen klaren Zusatznutzen für einzelne Kunden und Kundensegmente ausweisen, allerdings meist auch beim Wettbewerb verfügbar sind

   – **Differenzierende Services:** Optional angebotene Dienstleistungen, die einen klaren Zusatznutzen für einzelne Kunden und Kundensegmente aufweisen und ein für den Kunden relevantes Alleinstellungsmerkmal des Anbieters im Wettbewerbsvergleich (USP: Unique Selling Proposition) darstellen

5. **Spezifische Handlungsempfehlungen – Prinzip: „Welche Lücken muss ich schließen – und wo mir einen Vorteil erarbeiten?"**

   Der fünfte Schritt konsolidiert die Ergebnisse der vorgehenden Analysen unternehmensspezifische Handlungsempfehlungen für das Serviceportfolio. Welche

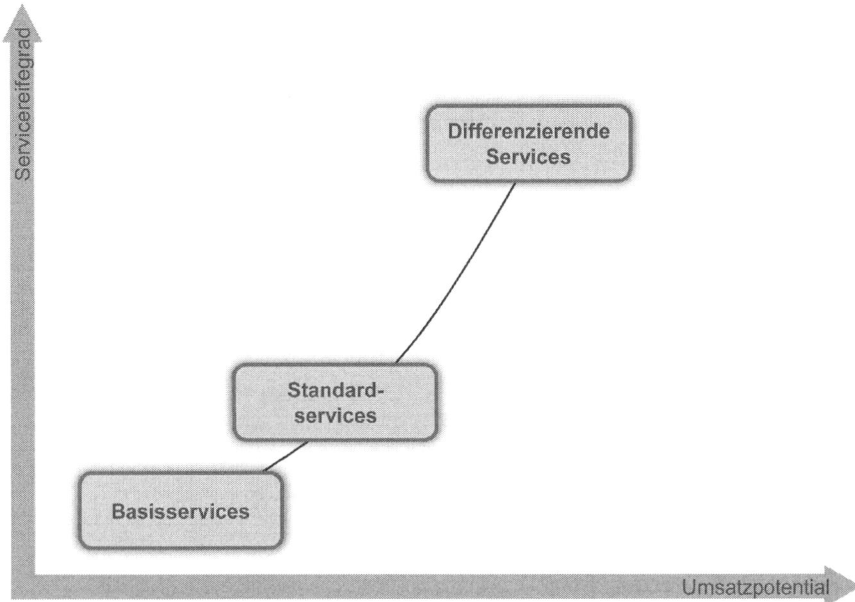

Abb. 3.2 Serviceklassifizierung zwischen Servicereifegrad und Umsatzpotential

Basisservices fehlen mir am Markt? Welche Ressourcen und Fähigkeiten bedürfen eines Ausbaus, um im Service langfristig wettbewerbsfähig zu sein? Lassen sich durch das Serviceportfolio strategische Vorteile erarbeiten, den die eigenen Kunden anzuerkennen und zusätzlich zu vergüten bereit sind?
Diese abschließende Gap-Analyse zwischen Notwendigkeiten, Potentialen und Kompetenzen zeigt somit diejenigen Themenfelder auf, die im Rahmen einer dedizierten Serviceportfolio-Strategie des Unternehmens adressiert werden müssen (Abb. 3.2).

3.2   Relevante Elemente und Aufplanen eines innovativen Serviceportfolios

Serviceinnovationen, die ein klares Alleinstellungsmerkmal in der Kundenwahrnehmung darstellen, sind gemäß vorangehender Definition differenzierend. Innovative Serviceportfolios jedoch auf die reine Verfügbarkeit von differenzierenden Services zu reduzieren, würde der Bedeutung auch der anderen Servicekategorien (Basis, Erweitert) nicht gerecht werden. Vielmehr zeichnen sich Service-Gestalter durch eine holistische Herangehensweise an das Serviceportfolio aus und decken die für ihre Zielgruppen wesentlichsten Anforderungen zuverlässig mit ertragreichen Serviceangeboten ab.

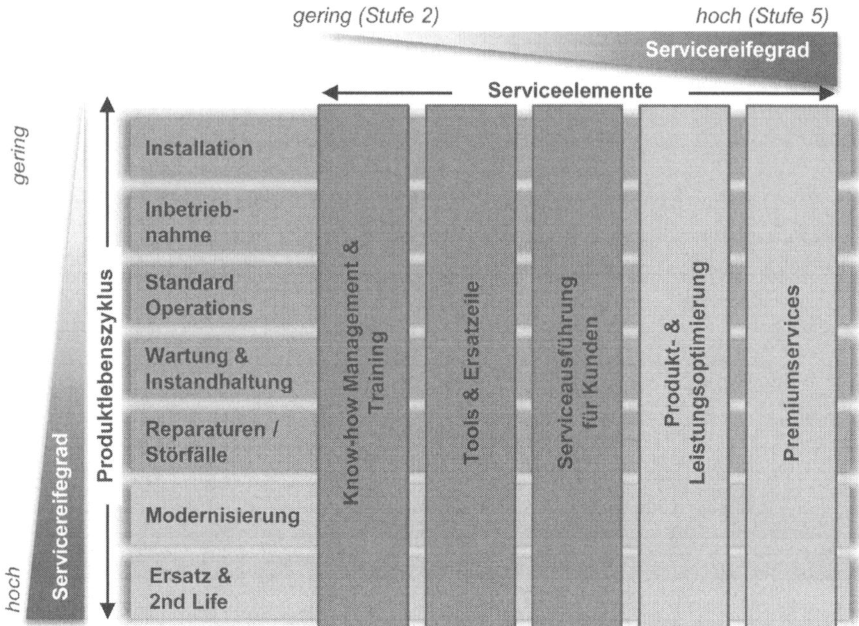

Abb. 3.3 Einordnung von Serviceelementen entlang des Produktlebenszyklus

Die Verfügbarkeit von Basisservices wird als Elementaranforderung von Kunden
vorausgesetzt. Unternehmen haben im Bereich der Basisservices folglich nur eine
sehr geringe Wahl- und Gestaltungsfreiheit. Diese Freiheit herrscht dafür bei erweiterten und differenzierenden Services, welche als Elemente eines nachhaltigen und
innovativen Serviceportfolios stets drei Grundregeln erfüllen:

1. Unternehmenskompetenz: Sie berücksichtigen die Produkt- und Umsetzungskomplexität für das eigene Unternehmen (z. B. Ressourcen und Kompetenzen)
2. Kundenbedarf: Sie sind kundenspezifisch ausgerichtet und bedienen eine spezielle Anforderung (z. B. minimale Standzeiten, optimale Ausbringung, kürzeste
   Ausfallzeiten, variabilisierte Kosten)
3. Marktpotential: Sie adressieren bezogen auf installierte Basis und Deckungsbeitrag eine ausreichend große Nachfrage und Ergebnischance

Diesen Grundregeln folgend werden zunächst alle identifizierten und kundenvali-
dierten Serviceelemente mit dem Produktlebenszyklus kombiniert und gemäß ihrer
Umsetzungskomplexität am Servicereifegradmodell gespiegelt. Unternehmen be-
dienen sich hierbei in der Regel eines idealtypischen Lebenszyklus, der von der
Maschineninstallation über den Standardbetrieb bis hin zur Erneuerung der Anla-
ge führt. Die Bausteine des Produktlebenszyklus können unternehmensindividuell
ausgestaltet werden, orientieren sich jedoch an den Ausprägungen, Installation, der
Inbetriebnahme, den Standard Operations, der Wartung und Instandhaltung, den
Reparaturen/Störfällen, der Modernisierung, Ersatzbeschaffung und dem zweiten
Produktlebenszyklus (Abb. 3.3).

Die in der Gap-Analyse erarbeiteten spezifischen Serviceelemente eines Unternehmens müssen nun entlang des Produktlebenszyklus einzelnen Clustern zugeteilt werden, welche die Umsetzungskomplexität dem Servicereifegrad entsprechend wiedergeben: von den tendenziell einfachen Services wie Trainings und Schulungen im „Know-how Management", über das Angebot der „Serviceausführung für Kunden", bis hin zu den hochkomplexen Serviceelementen wie Verfügbarkeitsgarantien und Total Cost of Ownership-Leistungen bei den „Premiumservices". Auch entlang des Produktlebenszyklus besteht diese Komplexitätszuordnung. So sind in der Regel nur Service-Gestalter zur qualitativ hochwertigen Erfüllung der Phasen „Modernisierung" und „Ersatz & Second Life" in der Lage, weil die Anforderungen an die Serviceorganisation sowie die Produkt- und Prozesskompetenz eines Unternehmens sehr hoch sind.

An diese systematische Einordnung der Serviceelemente schließt sich nahtlos die Abbildung des Kundenbedarfs an, indem für die einzelnen Cluster eine Relation der beinhalteten Serviceelemente zu den identifizierten Kundenanforderungen aus der Kundensegmentierung hergestellt wird. Für jedes Kundensegment wird der Grad der Attraktivität eines Clusters indiziert und diejenigen Services aufgeführt, die in der Kundengruppe das jeweils größte Potential darstellen (Abb. 3.4).

Die Vorteile dieser Herangehensweise sind vielfältig. So kann sich das Unternehmen auf Serviceelemente für die wichtigsten Kundengruppen fokussieren und Zielkunden mit spezifischen Services ansprechen, die den Status seiner Anlagen und Bedarfe im Lebenszyklus widerspiegeln. Das klassische „Gießkannenprinzip" bei der Produktgestaltung kann somit vermieden werden.

Ein ganz wesentlicher Nutzen dieser Vorgehensweise ist jedoch die dem System inhärente stetige Verfeinerung von Kundenprofilen und deren Anforderungen an die einzelnen Serviceelemente. Kunden werden sich in einem der für die jeweiligen Kundensegmente gestalteten Serviceportfolios wiederfinden. Service-Gestaltern gelingt es somit, dass sich ihre Kunden „eigenständig" in ein Kundensegment einordnen und mithelfen, dieses mit ihren Anregungen zu den Serviceelementen kontinuierlich zu optimieren.

In der abschließenden Verfeinerung der Produkt-Kunden-Matrix für Serviceelemente wird der Transfer auf die erwarteten Marktpotentiale hergestellt. Hierzu wird das konkrete Umsatzpotential der einzelnen Serviceelemente über alle Zielkundengruppen auf Basis der Clusterattraktivität ermittelt und mit der Produktkomplexität entlang des Servicereifegrades kombiniert.

Zielsetzung ist es, die attraktivsten Serviceelemente für das Unternehmen zu identifizieren und einen Anhaltspunkt zur Aufplanung der Serviceportfolio-Roadmap zu liefern. Serviceelemente, die nur einen voraussichtlich geringen Wertbeitrag leisten werden und zugleich nicht als notwendige Voraussetzung für andere Services dienen, werden ungeachtet ihrer Umsetzungskomplexität nicht in das Serviceportfolio aufgenommen. Serviceelemente, die einen mittleren oder hohen Wertbeitrag leisten, werden gemäß ihrer Umsetzungskomplexität in drei Realisierungswellen unterteilt, beginnend mit den am einfachsten zur Marktreife zu bringenden Elementen (Abb. 3.5).

In der Praxis lässt sich allerdings häufig feststellen, dass Unternehmen trotz guter Ideen und erfolgreicher Herangehensweise an die Definition des relevanten

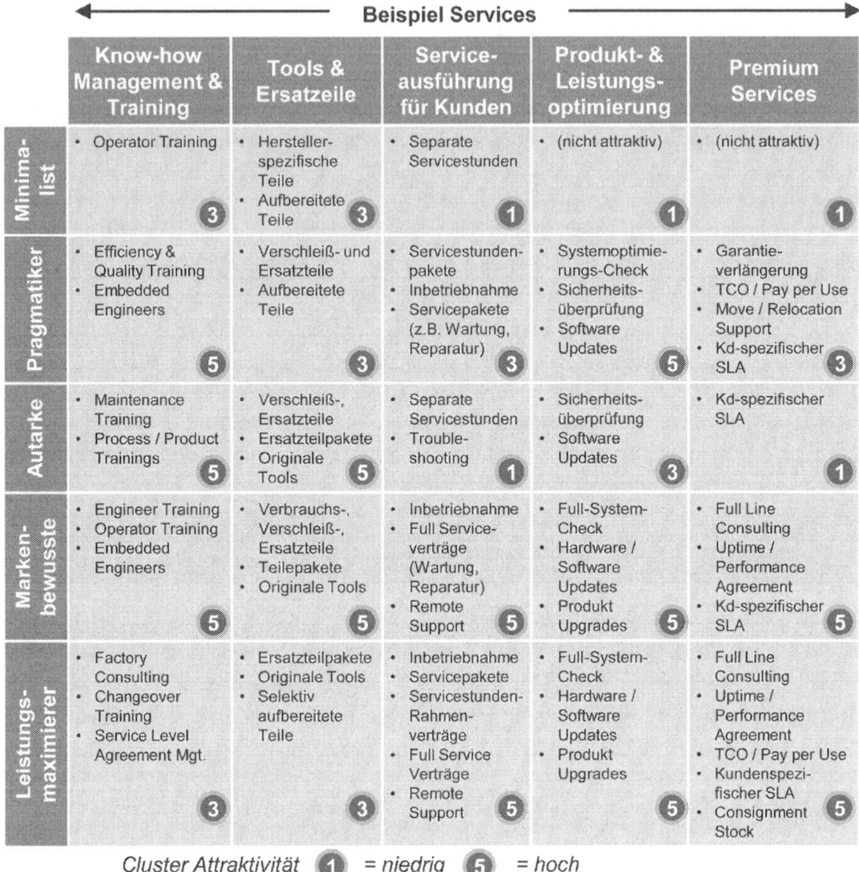

	Know-how Management & Training	Tools & Ersatzeile	Service-ausführung für Kunden	Produkt- & Leistungs-optimierung	Premium Services
Minima-list	• Operator Training ③	• Hersteller-spezifische Teile • Aufbereitete Teile ③	• Separate Servicestunden ①	• (nicht attraktiv) ①	• (nicht attraktiv) ①
Pragmatiker	• Efficiency & Quality Training • Embedded Engineers ⑤	• Verschleiß- und Ersatzteile • Aufbereitete Teile ③	• Servicestunden-pakete • Inbetriebnahme • Servicepakete (z.B. Wartung, Reparatur) ③	• Systemoptimie-rungs-Check • Sicherheits-überprüfung • Software Updates ⑤	• Garantie-verlängerung • TCO / Pay per Use • Move / Relocation Support • Kd-spezifischer SLA ③
Autarke	• Maintenance Training • Process / Product Trainings ⑤	• Verschleiß-, Ersatzteile • Ersatzteilpakete • Originale Tools ⑤	• Separate Servicestunden • Trouble-shooting ①	• Sicherheits-überprüfung • Software Updates ③	• Kd-spezifischer SLA ①
Marken-bewusste	• Engineer Training • Operator Training • Embedded Engineers ⑤	• Verbrauchs-, Verschleiß-, Ersatzteile • Teilepakete • Originale Tools ⑤	• Inbetriebnahme • Full Service-verträge (Wartung, Reparatur) • Remote Support ⑤	• Full-System-Check • Hardware / Software Updates • Produkt Upgrades ⑤	• Full Line Consulting • Uptime / Performance Agreement • Kd-spezifischer SLA ⑤
Leistungs-maximierer	• Factory Consulting • Changeover Training • Service Level Agreement Mgt. ③	• Ersatzteilpakete • Originale Tools • Selektiv aufbereitete Teile ③	• Inbetriebnahme • Servicepakete • Servicestunden-Rahmen-verträge • Full Service Verträge • Remote Support ⑤	• Full-System-Check • Hardware / Software Updates • Produkt Upgrades ⑤	• Full Line Consulting • Uptime / Performance Agreement • TCO / Pay per Use • Kundenspezi-fischer SLA • Consignment Stock ⑤

Abb. 3.4 Clusterattraktivität einzelner Serviceelemente für unterschiedliche Kundensegmente

Serviceportfolios die eigentliche Realisierung der Elemente als sehr komplex und langwierig empfinden und in der Folge teilweise damit scheitern noch bevor ein Service überhaupt am Markt platziert ist.

Zentraler Auslöser für dieses Defizit ist die ungenügende Fokussierung auf einzelne, für das Unternehmen zentrale Elemente, da keine klare, mit allen beteiligten Unternehmensbereichen abgestimmte Planung erfolgt, oder sich keine einzelne Stelle dediziert um die erfolgreiche Einführung und Pflege der Services kümmert. Es stellt sich die Frage, wie eine umsetzbare Aufplanung eines Serviceportfolios in der Realität aussehen kann. Erfolgreiche Firmen verankern bereits hier die Bedeutung des Service für das Gesamtunternehmen, indem sie eine eigenständige, strategische Serviceportfolio-Roadmap entwickeln. Gemeinsam diskutiert und zwischen allen Fachabteilungen von Einkauf über Entwicklung bis hin zum

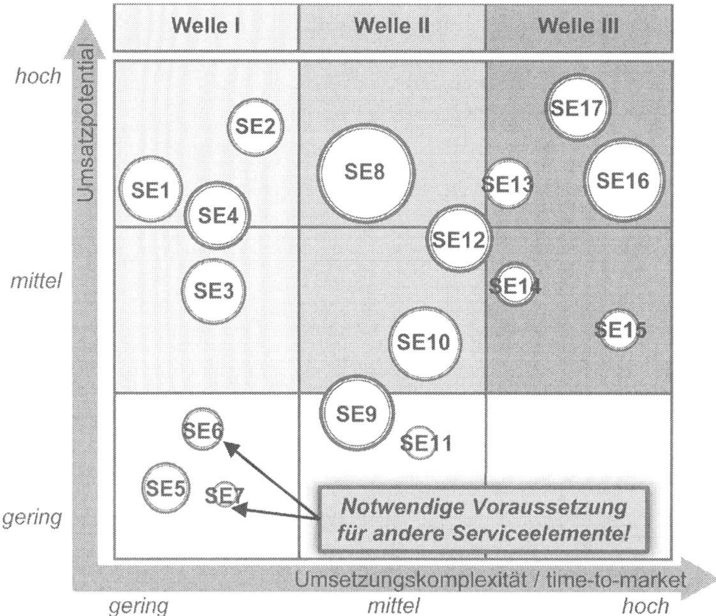

Abb. 3.5 Determinierung relevanter Serviceelemente und Realisierungswellen

Service abgestimmt, nimmt sie eine gleichberechtigte Stellung mit Produkt- oder Marktentwicklungs-Roadmaps im Unternehmen ein.

Gemäß dem Prinzip „einen Elefanten in Scheiben zu schneiden" ist beim Aufbau der Roadmap die intensive Fokussierung und Modularisierung von Themen zu beachten. Abgeleitet von einer Unternehmensvision, wo und für was der Service in einer definierten Zeitspanne stehen soll, werden die einzelnen Serviceelemente der drei Realisierungswellen auf einer Zeitachse von kurz- bis langfristig allokiert. Langfristig sollte dabei ein Zeitraum von maximal fünf Jahren bedeuten, um Motivation zu erzeugen und sie aufrecht zu halten, sowie das Vertrauen der Mitarbeiter an den tatsächlichen Umsetzungswillen des Unternehmens zu stärken.

An vorderster Stelle bei der Planung des Serviceportfolios stehen die „Basisservices". Als potentiell geschäftsgefährdende Lücke im Serviceangebot müssen diese umgehend adressiert werden, bevor sich das Unternehmen überhaupt dem Auf- und Ausbau des weiteren Serviceportfolios widmen kann. Hier spiegelt sich auch der jeweilige Servicereifegrad des Unternehmens wider. Während einige hauptsächlich noch mit „Basisservices" operieren, beinhaltet die Roadmap anderer Unternehmen bereits „erweiterte" und „differenzierende" Services.

Die Serviceportfolio-Roadmap von Service-Gestaltern unterscheidet zwischen Kundensegmenten und spezifischen Themenclustern, um sich noch stärker auf die Kernelemente fokussieren zu können.

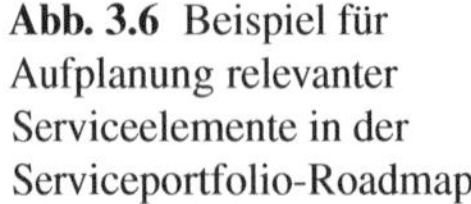

Abb. 3.6 Beispiel für Aufplanung relevanter Serviceelemente in der Serviceportfolio-Roadmap

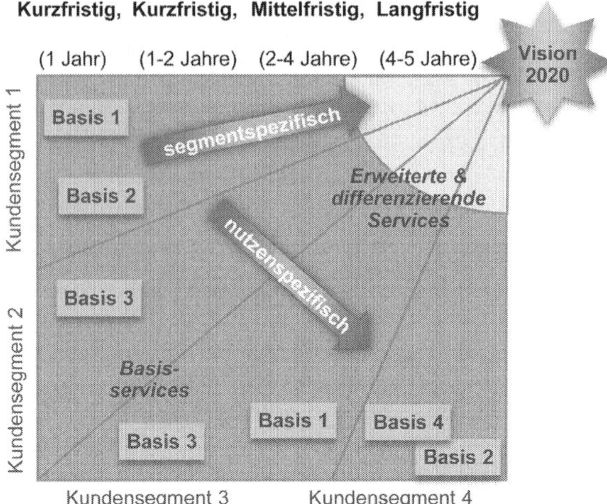

Bekannte Kundensegmente werden einzeln betrachtet und eine individuelle Roadmap je Segment erstellt, die die Bedeutung des jeweiligen Segments bei Kundenwert (Deckungsbeitragspotential) und Multiplikatoreffekt durch Empfehlungen und Referenzkunden reflektiert: wichtigste Kundengruppen zuerst. Bei der zeitlichen Aufplanung sollten hierbei auch Synergieeffekte mit Serviceprodukten aus anderen Kundensegmenten berücksichtigt werden. Diese Herangehensweise ist insbesondere sinnvoll bei Unternehmen, die eine sehr homogene Kundenbasis aufweisen.

Bei der zweiten Herangehensweise werden einzelne Themencluster aus den Serviceelementen gebildet, welche für alle Kunden aktuell und relevant sind. Beispiele hierfür sind Finanzierungspakete, Wissens-/Schulungspakete, Kostenoptimierungspakete oder Technologiepakete. Allen Paketen ist gemein, dass sie Serviceelemente zwar themenspezifisch, aber kundensegmentübergreifend bündeln, um eine Kundenanforderung gezielt zu adressieren.

Beide Herangehensweisen können auch kombiniert werden. Doch bedarf es hier einer besonderen Vorsicht:

- Muss ein Serviceelement unbedingt angeboten werden? – Dann muss dies zuerst in Angriff genommen werden.
- Kann ein Serviceelement angeboten werden? Sind die erforderlichen Ressourcen und Kompetenzen vorhanden?
- Soll ein Serviceelement angeboten werden? Ist das Ergebnispotential groß genug?

Unter Berücksichtigung der Realisierungswellen wird sodann abschließend entschieden, ob attraktive Serviceelemente in der Roadmap auf einen späteren Zeitpunkt verschoben werden müssen, da die Internalisierung des Serviceangebots umfangreichere organisatorische und prozessuale Konsequenzen erfordert als zunächst erwartet, oder ob die Elemente sogar auch gänzlich wieder gestrichen werden (Abb. 3.6).

Für jede Serviceportfolio-Roadmap wird abschließend eine individuelle Markteintrittsstrategie für die Einführung und Vermarktung der Services festgelegt.

Aufgrund der zwei Herangehensweisen (segment- und nutzenspezifisch) wird diesem Prozess viel Komplexität genommen. Die Marktstrategie eines Segments oder Themenclusters kann bei Kunden in allen globalen Märkten zur Anwendung kommen, ohne groß abgewandelt werden zu müssen.

Das Ergebnis dieses Prozesses der systematischen Aufplanung ist ein evolutionärer, realistischer Pfad für die zukünftige Ausgestaltung des Serviceangebotes entlang der gesamten Unternehmens- und Kunden-Wertschöpfungskette, kurz: die Serviceportfolio-Roadmap.

3.3 Design und Ausprägung ausgewählter Serviceelemente

Das Angebotsportfolio von Service-Gestaltern wird kontinuierlich um neue Serviceelemente ergänzt. Dabei ist in manchen Branchen bereits heute die ausgeprägte Tendenz feststellbar, das Neuproduktgeschäft durch innovative Service- und Nutzenmodelle wie „Pay per Use", also Bezahlung nur noch für die Leistungserstellung und nicht mehr für das Produkt, zu substituieren. Aus der Vielzahl an potentiellen innovativen Serviceelementen sind nachfolgend fünf interessante Beispiele exemplarisch kurz dargestellt und dem jeweiligen Servicereifegrad eines Unternehmens zugeordnet:

1. **Uptime Agreements/Performance Based Contracts**
   (Servicereifegrad Stufe 4)
   Uptime Agreements zielen auf den Bedarf eines jeden Kunden, eine möglichst hohe Maschinenleistung und Ausbringung bei minimalen Stillstandszeiten zu erreichen. Der Serviceanbieter garantiert für eine vereinbarte Verfügbarkeit oder Leistungsausbeute des Produktes und leistet für eventuelle Minderleistung finanziellen Ausgleich.
   Da Stillstandszeiten dabei als alle nicht-planbaren Stillstände definiert sind (= Ausfälle/Defekte), werden an die Vereinbarung seitens des Serviceanbieters zwangsweise alle regulären Servicedienstleistungen an den Produkten während der Vertragslaufzeit gekoppelt. So kann die regelmäßige und sachgemäße Wartung und Instandhaltung des Produktes sichergestellt werden. Nur auf diese Weise sind im Bedarfsfall sofort vollständige Informationen über den Produktstatus beim Serviceanbieter verfügbar, um schnelle und korrekte Korrekturmaßnahmen zu ergreifen.
   Mit dieser Vertragsart binden Serviceanbieter den Kunden langfristig und mit konstanten Umsätzen an das Unternehmen und sind zudem jederzeit über den Produktstatus im Bilde. Für den Verkauf weiterer Services oder auch neuer Produkte ist das ein unschätzbarer Fundus an Kundeninformationen.
   Für den Kunden ist ein Uptime Vertrag/Performance Agreement eine zusätzliche Absicherung der Produktionsleistung, die kundenseitig häufig auch aus Mangel an eigenen Ressourcen und/oder Kompetenzen getrieben ist. Die Planbarkeit

der Produktionsleistung wird signifikant erhöht und von einer variablen in eine praktisch fixe Größe überführt.

Die Win-win-Situation zwischen Serviceanbieter und Kunde stellt sich ein, wenn der Serviceanbieter ein gutes Wissen über die Leistungsfähigkeit des eigenen Produktes vorweisen kann und mögliche Schwachstellen von vornherein klar identifiziert hat. Gute präventive Wartung und schnelle Reaktionsfähigkeit bei Ausfällen sind der Schlüssel zum Erfolg. Hier bedarf es einer stringenten Vorbereitung des richtigen Notfallplans und eines exzellenten Kundenmanagements.

2. **Werkzeugmiete plus Training und Zertifizierung**
   (Servicereifegrad Stufe 3)

   Dieser differenzierende Service zielt darauf ab, dem Kunden hohe Investitionen in Spezialwerkzeuge zur Wartung des Produkts zu ersparen, und gleichzeitig die kundeneigenen Servicetechniker auf den bestmöglichen Einsatz der Spezialwerkzeuge auszubilden.

   Beim Kunden werden zwei Nutzendimensionen durch diesen Service angesprochen: Investitionskostenersparnis und Hilfe zur Selbsthilfe. Kunden besitzen die volle Kontrolle und das Wissen über das Produkt, verbunden mit dem Vorteil, die notwendigen substantiellen Werkzeugkosten über einzelne Zeitpunkte der tatsächlichen Nutzungsdauer des Produktes variabilisieren zu können.

   Die Ausgestaltung des Teilaspektes „Werkzeugmiete" für den Serviceanbieter kann abhängig vom Produkt in zwei Varianten erfolgen.

   Extremvariante: Kein Verkauf von proprietären Werkzeugen. Im Fall, dass spezielle Werkzeuge während Betrieb, Diagnose, Wartung und Instandhaltung eines Produktes essentiell notwendig sind, um eine effiziente und qualitativ hochwertige Durchführung sicherzustellen, werden Kunden diese Werkzeuge nicht zum Kauf, sondern lediglich zur Nutzung im Einsatzfall angeboten. Dieser faktische Zwang zur Miete der Werkzeuge führt auf lange Sicht jedoch häufig zur Frustration beim Kunden. Das Risiko eines Wechsels zu alternativen Anbietern oder der Versuch, sich insbesondere in monopolistisch geprägten Anbietermärkten einen Drittlieferanten „heranzuziehen", der funktionsanaloge Werkzeuge herstellen kann, ist sehr groß.

   Normalvariante: Auswahlmöglichkeit zwischen Kauf oder Miete produktspezifischer Werkzeuge durch Kunden. Der Kauf teurer Werkzeuge für eine nicht permanent durchgeführte Aktion ist allerdings nicht für jede Kundengruppe ökonomisch sinnvoll, zumal wenn deren Einsatz häufig besondere Fachkenntnisse erfordert.

   Der Zugang zu den Spezialwerkzeugen ist nur ein Aspekt, zielgerichtetes Training am Gerät der andere. Jede Werkzeugleihe wird daher mit einem Onsite-Trainingsprogramm über Aufbau und Nutzung des jeweiligen Werkzeugs kombiniert. Im Falle von Diagnosewerkzeugen umfasst dies alle Schritte von der Einstellung des Gerätes bis hin zur korrekten Interpretation der Ergebnisse.

   Um Kunden dauerhaft zu binden, werden im Rahmen der Folgemieten Coachings, Weiterbildungen und Zertifizierungen angeboten. Dadurch wird nach Training des Basiswissens der jeweils aktuellste Wissensstand vermittelt. Kunden verlassen sich darauf, so stets die Leistungsfähigkeit ihrer eigenen Servicekräfte und somit optimale Qualität des Produkts sicherstellen zu können.

Service-Gestalter nutzen also die günstige Konstellation aus Cashflow optimierten Werkzeuginvestitionen und dem Wunsch nach kundeninternen Serviceteams, um in den Zielgruppen der zumeist kleineren und mittelständischen Unternehmen eine Kombination aus Werkzeugverleih, Anwendungstraining und -überwachung sowie Zertifizierung auf den Spezialwerkzeugen anzubieten. Best Practice ist eine Kombination aus fixen Einsatz-/Trainingspauschalen sowie der zeitabhängigen, variablen Vergütung für Werkzeugnutzung und Servicestunden.

3. **Line Consulting/Total Performance Improvement**
   (Servicereifegrad Stufe 4–5)
   Service-Gestalter erkennen eine Chance zur signifikanten Erlös- und Gewinnsteigerung in der Ausweitung des Serviceangebotes entlang der gesamten Wertschöpfungskette des Kunden. Dies beinhaltet weitere Produktkomponenten, die sich im Fertigungsablauf vor oder nach dem eigenen Produkt befinden. Die Einbeziehung vor- und nachgelagerter Wertschöpfungsstufen in die Servicebetrachtung schafft dabei für den Anbieter drei wesentliche Vorteile:

   – Möglichkeit zur Optimierung des eigenen Outputs durch die Sicherstellung optimaler Inputs aus vorgelagerten Prozessen. Hersteller wissen am besten, unter welchen Bedingungen die eigene Anlage oder Maschine am leistungsfähigsten ist und können dieses Wissen gezielt einsetzen, um die Kundenzufriedenheit zu steigern. Zugleich können sie Kundenunzufriedenheit mit dem eigenen Produkt vermeiden, die in Wahrheit aus minderer Qualität des Inputs vorgelagerter Prozesse herrührt.
   – Möglichkeit zum Aufbau eines „Frühwarnsystems" zur kontinuierlichen Produktverbesserung: durch die Möglichkeit, die eigenen Produkte unter realen Einsatzbedingungen beim Kunden zu evaluieren, können proaktiv qualitative oder leistungsseitige Verbesserungen vorgenommen und Kundenfehlbedienungen korrigiert werden. Auch eigene Schwächen können beseitigt werden, und dies, noch bevor sie beim Kunden transparent werden.
   – Möglichkeit zur intensiven Kundenbetreuung: Service-Gestalter haben hier das „Ohr am Kunden", und sind bei wesentlichen Kundenentscheidungen von Produktveränderungen bis Neuanschaffungsabsichten meist direkt involviert.

Die Realisierung der genannten Vorteile in der Praxis funktioniert in der Regel dann am besten, wenn das eigene Produkt das Herzstück der Wertschöpfung des Kunden darstellt. Der Servicemitarbeiter fungiert dabei als eine Art „Technischer Key Account" beim Kunden. Er ist als Berater ständig vor Ort verfügbar. Kunde und Servicetechniker diskutieren Verbesserungsideen und Lösungsansätze und probieren sie gemeinsam aus.

Hierin liegt auch die ganz besondere Komplexität dieses Serviceelements. Es bedarf absoluter Spezialisten auf ihrem Gebiet, die gleichzeitig mit hoher technischer und sozialer Kompetenz ausgestattet sind, um technischer Vertrauensmann des Kunden zu werden und zu bleiben. Dafür müssen sie jedoch nicht unbedingt über ausgeprägte Verkäuferqualitäten verfügen. Funktioniert dieses, wird ein Kunde auf lange Zeit seinem Serviceanbieter treu bleiben.

Für die eigentlichen Veränderungen und Servicetätigkeiten, die auf Basis der vom Line Consulter empfohlenen Beauftragungen implementiert werden, wird das Serviceteam des Anbieters herangezogen. Ein Blick über den Tellerrand in Richtung Motorsport lohnt sich für einen Vergleich: stellt der Line Consulter den Rennleiter dar, der die Strecke analysiert und veränderte Parameter vorschlägt, so sind die Servicetechniker das Boxenteam, welches die abgesegneten Veränderungen am Produkt implementiert.

In der ultimativen Ausbaustufe wird der Service dann nicht mehr nur für die eigenen Produkte durchgeführt. Service-Gestalter sind dann in der Lage, auch für Fremdprodukte in der Wertschöpfungskette des Kunden qualitativ hochwertige Servicedienstleistungen im Sinne der Gesamtoptimierung des Systems selbst vorzunehmen oder durch einen integrierten Servicepartner abzubilden.

Auch aus Kundensicht stellt sich das Angebot des Line Consultings damit als ergebnisoptimal dar. Zur zumeist signifikanten Optimierung des Gesamtproduktionsergebnisses in Bezug auf Ausbringung und Kosten kommen weitere Vorteile wie die Reduktion von Transaktionskosten, da die gesamte Wertschöpfungskette mit einem einzigen Kontakt adressiert werden kann – kompletter Service aus einer Hand.

Bei den gebotenen Kunden-Mehrwerten kann auch die Preisstellung des Line Consulting/Total Performance Improvement entsprechend selbstbewusst ausfallen. Abhängig von Branche, Produkt und Kundenstatus kann diese Leistung für kurze Einsätze auch als vertrauensbildende Maßnahme kostenfrei angeboten werden, allerdings nur, um einen ersten Kompetenz- und Erfolgsbeweis anzutreten. Die klare Aussage, dass zusätzlich zu den physischen Umbauarbeiten und sonstigen Servicedienstleistungen alle weiteren Line Consulting-Tätigkeiten von nun an kostenpflichtig sind, ist dann jedoch eine absolute Grundvoraussetzung.

4. **Full Service Agreements und TCO Services**
(Servicereifegrad Stufe 4)
In zahlreichen Branchen, wie z. B. Automobil, Transport und Logistik, Luftfahrt, Bergbau oder Maschinenbau, hat sich ein Trend zur Flexibilisierung der Produkt-Gesamtkosten für den Kunden bei gleichzeitig deutlich besserer Kalkulierbarkeit durchgesetzt, sogenannte Full Service Agreements und TCO-Services. Hierunter werden neue, innovative Serviceelemente subsumiert, die die Optimierung der Gesamtkosten eines Produkts und seine Nutzung über den Lebenszyklus in den Vordergrund stellen (Total Cost of Ownership, TCO). Total Cost of Ownership bezeichnet die gesamtheitliche Berücksichtigung von Kosten, die bei Betrieb, Instandhaltung und Pflege eines Produktes anfallen, d. h. Anschaffungs-, Betriebs- und Entsorgungskosten, im wesentlichen Kaufpreis, Abschreibungen, Verbrauchsmaterialien, Versicherung, Wartung, Reparaturen, Ersatz- und Verschleißteile.

Professionelle Kunden beziehen die laufenden Betriebskosten während der Produktnutzungsdauer heute deutlich stärker als bisher in ihre Kaufentscheidung ein, um sich gegenüber starken Kostenschwankungen und unberechenbaren Kostenrisiken abzusichern. Produkthersteller reagieren darauf, indem sie diese Schwankungen und Risiken übernehmen und ihren Kunden das Produkt zu einem Fixwert je Leistungseinheit überlassen. In der Praxis werden drei Full-Servicemodelle eingesetzt:

- **Einsatz-basiert:**
  Der Kunde erwirbt eine Maschine oder System vollständig als sein Eigentum und zahlt sodann einen fixen, leistungsbezogenen Betrag, der zu einem Großteil oder vollständig die weiteren Betriebskosten über eine vereinbarte Laufzeit pauschal abdeckt. In diesem Pauschalbetrag sind dann beispielsweise alle Unterhaltskosten (z. B. Verschleiß, Wartungen, Reparaturen, Teile und Materialien) enthalten. Der Produkteinsatz durch den Kunden (Nutzungsart, -dauer und -intensität) dient dabei als Kalkulationsgrundlage für die Nutzungsgebühr seitens des Serviceanbieters: Wo und wie wird das Produkt eingesetzt? Wie lange möchte der Kunde das Produkt nutzen? Welche Risikofaktoren existieren durch den jeweiligen spezifischen Kundeneinsatz? Aus dem hierdurch ermittelten Full-Servicekosteinsatz müssen alle Leistungen seitens des Anbieters abgedeckt werden. Für den Kunden sind hierdurch die Gesamtkosten über die Laufzeit der Vereinbarung transparent und gemäß den vorher vertraglich fixierten Nutzungsparametern gedeckelt. Dieses Modell findet z. B. in der Luftfahrtindustrie Anwendung, indem Full-Servicewartungsverträge basierend auf einem kalkulierten fixen Pauschalbetrag je Flugstunde vereinbart werden.
- **Output-basiert:**
  Der Kunde erwirbt kein Eigentum an dem Produkt, sondern bezahlt lediglich für dessen Einsatz im Verhältnis zur erbrachten Leistung. So werden seitens des Anbieters die Maschinen über einen definierten Zeitraum kostenfrei zur Verfügung gestellt und die für den Kunden erbrachten Output-Einheiten individuell abgerechnet. Manche Variante Output-basierter Modelle sieht vor, das Produkt an den Kunden zu „verschenken", um danach an jeder durch den Kunden erbrachten Output-Einheit finanziell zu partizipieren. Diese Variante des Full-Serviceangebots ist klarerweise an die Vorgabe der ausschließlichen Nutzung definierter Einsatzmaterialien wie Input- und Verbrauchsmaterialien des Serviceanbieters gekoppelt.
  Der Kunde zahlt pro Einheit erbrachter Leistung, daher wird diese Variante der Full Service/TCO-Dienstleistungen auch als „Power-by-the-X" bezeichnet. Das Modell findet sich beispielsweise im Bergbau unter der Bezeichnung „Power-by-the-Meter", also in Form eines fixen Nutzungsentgeltes pro gebohrtem Meter, welches sämtliche produktbezogenen Kosten abdeckt.
- **Hybrid-Modelle:**
  Als Mischform zwischen den beiden Extrempunkten Einsatz-basierte und Output-basierte Full-Services existiert ein Modell, welches temporäres Produkteigentum mit der Abdeckung aller nutzungsbezogenen Kosten kombiniert. Liegen im Falle der Output-basierten Full-Services die Schadensrisiken am Produkt noch vollumfänglich beim Anbieter, so erwirbt der Kunde beim

Hybrid-Modell durch einen Sockelbetrag das temporäre Eigentum über das Produkt und haftet somit für eventuell auftretende eigenverursachte Schäden. Alle nutzungsbezogenen Kosten während des Produkteinsatzes, im wesentlichen Verschleiß und Wartung, sind zusätzlich durch die Zahlung vereinbarter einsatzbedingter Beträge abgedeckt.

Führende Serviceanbieter variabilisieren also die Produktkosten und brechen hohe Einmalaufwände für den Kunden in eine Reihe von Teilzahlungen auf, die nutzungsabhängig und während der regelmäßigen Instandhaltung und Wartung des Produktes anfallen. Kunden erwerben, insbesondere im Fall der Output-basierten Full-Services, ein „Rundum-Sorglos-Paket" mit Uptime-Garantie bei der Leistungserbringung. Somit stehen nicht die anfänglichen Investitionen (CapEx), sondern die operativen Unterhaltskosten (OpEx) im Vordergrund. Dies führt zu einer Win-win-Situation zwischen beiden Vertragspartnern: Entlastung der Bilanz, Cashflow-Optimierung und transparente und verlässliche Leistungs- und Kostenplanung beim Kunden sowie langfristige Kundenbindung und dauerhafte, transparente, und besser planbare Umsätze beim Anbieter.

3.4 Einführung kundenspezifische Service Level Agreements

Wie bei allen anderen Produkten gibt es auch bei Serviceleistungen einzelne Kunden, die nach besonderen Lösungen und Angeboten suchen und für diese auch ein Preispremium akzeptieren. Die Ursachen hierfür sind vielfältig und reichen vom Wunsch, sich um möglichst wenige Dinge Sorgen machen zu müssen; von mangelnden Kompetenzen im eigenen Unternehmen bis hin zur Notwendigkeit, Stillstandzeiten zu minimieren. Diese speziellen Herausforderungen treffen aber nur auf wenige Kunden zu und sind daher nicht über Angebote im regulären Serviceportfolio abzudecken. Sie finden jedoch bei den Service-Gestaltern als kundenspezifische Service Level Agreements individuelle Berücksichtigung, um etwa besonders guten und wichtigen Kunden wie A-Kunden, Referenzkunden und Meinungsbildnern die beste und intensivste Servicebetreuung zuteilwerden zu lassen.

Ein Service Level Agreement (SLA) bezeichnet dabei eine Vereinbarung zwischen zwei Parteien über die Art der Ausführung einer Leistung und die damit verbundenen Rechte und Pflichten der Vertragspartner. Die Nicht-Erfüllung einzelner Vertragsparameter ist an ein Sanktionierungssystem gekoppelt, um etwaige Schäden abzudecken. Für Anbieter von Servicedienstleistungen stellen dieser Art Vereinbarungen eine attraktive Chance zur Umsatz- und Gewinnsteigerung dar. Einzelne Serviceelemente werden gebündelt und mit optimierten Reaktions- und Betreuungshorizonten über einen längeren Zeitraum hinterlegt, zu entsprechend angepassten preislichen Konditionen. Aus Kundensicht sind separat zu erwerbende SLAs extrem interessant, erhalten Interessenten doch die Garantie auf eine nochmals verbesserte Servicebetreuung aus einer Hand und zu einem Systempreis, sofern ein spezifischer Bedarf vorliegt.

	GOLD	SILBER	BRONZE
Verfügbarkeit	24 / 7 Servicehelpdesk, mit Notfallnummer	12 / 7 Servicehelpdesk, mit Notfallnummer	12 / 5 Servicehelpdesk
	Alle Ersatzteile innerhalb von 12 Stunden	Kritische Ersatzteile innerhalb von 24 Stunden	Kritische Ersatzteile innerhalb von 48 Stunden
Regionalität	Alle Helpdesk-Gespräche in Landessprache	Wochentags Helpdesk in Landessprache, Wochenende Englisch	Helpdesk in englischer Sprache
	Zugriff auf lokale Service Task Force & Mitarbeiter	Zugriff auf globale Service Task Force, regionale Mitarbeiter	Regionale Servicemitarbeiter nach Verfügbarkeit
Innovation	Remote-Zugriff für Diagnose und Wartung kostenfrei	Remote-Diagnose kostenfrei, Remote-Wartung nach Aufwand berechnet	Remote-Dienste kostenpflichtig (nach Aufwand berechnet)
Geschwindigkeit	Priorisierung von Gold-Kundenaufträgen vor allen anderen	Priorisierung von Silber-Kundenaufträgen vor Bronze	Keine Priorisierung
	Sofortige Unterstützung durch Service Task Force innerhalb von 6 Stunden	Unterstützung durch Task Force innerhalb von 12 Stunden	Standardservice innerhalb regulärer Geschäftszeiten
Kosten	Preisnachlass auf alle Services und Teile (Verbrauch, Verschleiß, Ersatz) von 10%	Preisnachlass auf Verschleiß- und Ersatzteile von 7%	Preisnachlass auf Ersatzteile von 5%

Abb. 3.7 Beispielhafte Ausgestaltung kundenspezifischer Service Level Agreements

Im Unterschied zu Kundenbindungsprogrammen und Servicesonderpreisaktionen stellen SLAs eine bewusste Entscheidung des Kunden für bessere Servicebetreuung gemäß dem eigenen Bedarf dar. Es findet ein dedizierter Zukauf an Leistungen statt, der mit einem Preispremium gegenüber den Standardleistungen versehen ist. SLAs stärken somit die Positionierung des Service als Umsatzpfeiler eines Unternehmens und in der Kundenwahrnehmung: höhere Servicelevel sind durchaus etwas wert!

Typischerweise werden SLAs seitens der Serviceanbieter in ihrer inhaltlichen Leistung abgestuft, z. B. in „Gold-", „Silber-" und „Bronze"-Klassifizierung. Gegenüber den „Standard-Services" und untereinander lassen sich SLAs auf fünf unterschiedlichen Ebenen differenzieren (Abb. 3.7):

1. Verfügbarkeit (z. B. von Ansprechpartnern, Ersatzteilen, Serviceleistungen)
2. Regionalität (z. B. Landesprache, mit lokalen Serviceteams)
3. Innovation (z. B. zusätzliche fortgeschrittene Serviceelemente wie Ferndiagnose und -reparatur)

4. Geschwindigkeit (z. B. Wiederbeschaffungszeiten, Reaktionszeiten)
5. Kosten (z. B. zusätzliche Nachlässe auf Servicebestellungen)

Besondere Vorsicht ist jedoch geboten: SLAs beinhalten eine Komplexität, die höchste Anforderungen an eine Serviceorganisation stellt und dauerhaft reibungslos bewältigt werden muss. So sehr wie bei keinem anderen Serviceelement ist das Versprechen an den Kunden hier unbedingt einzuhalten und wenn möglich über zu erfüllen, da die Erwartungshaltung der Kunden aufgrund des bezahlten Preispremiums sehr hoch ist und erfahrungsgemäß überproportional zu den eigentlichen Ausgaben ansteigt. Serviceanbieter müssen deshalb sechs zentralen Fragen spezielle Beachtung schenken:

1. Ist die Serviceorganisation in der Lage, alle versprochenen Leistungen konstant und mit hoher Qualität zu erfüllen?
2. Ist die Gesamtorganisation in der Lage, die unterstützenden Tätigkeiten und Prozesse konstant und mit hoher Qualität zu erfüllen?
3. Sind die eigenen Lieferanten in der Lage, das an den Endkunden gegebene Versprechen für ihren Teil konstant und mit hoher Qualität zu erfüllen?
4. Sind weitere Rahmenbedingungen (z. B. Importkonditionen, länderspezifische Regularien) bekannt, die ggf. ein Ausschlusskriterium für ein Service Level Agreement darstellen?
5. Reflektiert die Preissetzung die zusätzlichen Komplexitätskosten in ausreichendem Maße?
6. Besteht ausreichende Risikoabsicherung im Falle einer durch Nicht-Erfüllung des Service Level Agreements begründeten Kompensations- oder Schadenersatzzahlung?

Auch wenn sie besondere Umsicht erfordern, gehören Service Level Agreements ohne Zweifel in jedes gute Serviceportfolio. Die tatsächliche Ausgestaltung ist branchen- und unternehmensspezifisch auszurichten. In vielen Branchen, wie der Nutzfahrzeugindustrie oder dem Maschinen- und Anlagenbau, werden Service Level Agreements bereits seit vielen Jahren mit großem Erfolg vermarktet und spielen für viele Anbieter eine wichtige Rolle als differenzierender Faktor in stark umkämpften Märkten.

3.5 Entwicklung einer Preislogik für Serviceelemente, und Preisbildung für Servicestunden und -pakete

3.5.1 Die drei preisbildenden Faktoren der Servicepreislogik

Die Preisstellung eines Serviceportfolios war in der Vergangenheit häufig noch nicht der intensiven Kundenbeobachtung und -verhandlung unterworfen. Zu gering war die Vergleichbarkeit zwischen den Anbietern, zu wenig relevant der Anteil der Serviceleistung im Verhältnis zu den Kosten des Gesamtprodukts. Auch spielten

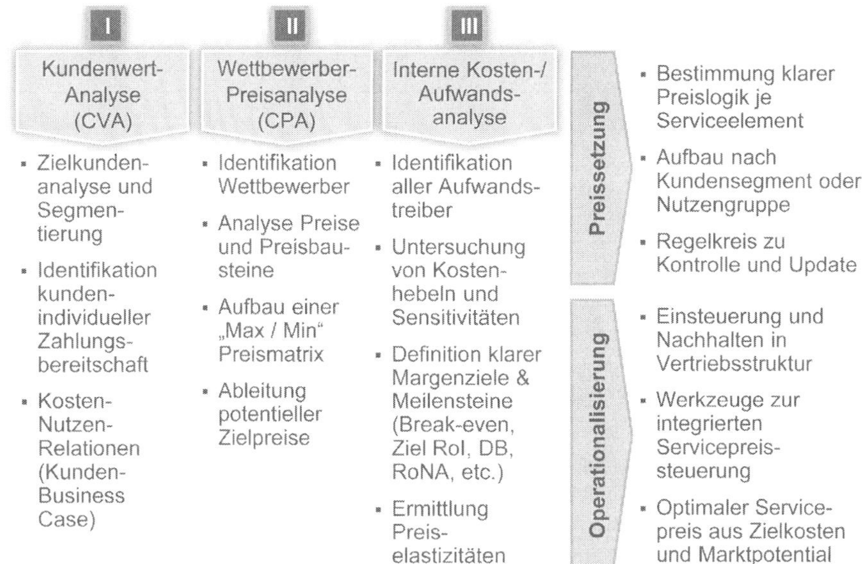

Abb. 3.8 Elemente einer nachhaltigen und erfolgreichen Servicepreislogik

Abhängigkeiten des Kunden vom einzelnen Hersteller eine Rolle, sodass sich die Frage, ob Service von einem anderen als dem OEM bezogen werden sollte, oft nicht stellte.

Diese Situation hat sich gerade in den letzten Jahren grundlegend geändert. Die Preissensitivität von Servicekunden ist nicht zuletzt durch die zunehmende globale Transparenz und Vergleichbarkeit sowie die größere Anzahl an Marktteilnehmern signifikant gestiegen. Kunden sind deutlich informierter auch über Serviceleistungen und ihre Preise. Serviceanbieter müssen aggressiver an den Markt gehen. Alternative und differenzierende Angebote sind vermehrt gefragt, doch in der Folge besteht für viele Serviceanbieter das Risiko einer schleichenden Margenerosion, da häufig die internen Kosten eines Service nicht vollumfänglich bekannt sind und folglich keine korrekte Berücksichtigung in der Preissetzung finden.

Service-Gestalter verfolgen eine nachhaltige und erfolgreiche Servicepreislogik auf Basis dreier preisbildender Faktoren, die in einer zielgerichteten Preissetzung münden und im Gesamtunternehmen operationalisiert werden (Abb. 3.8).

Die drei Preisfaktoren spiegeln dabei die preisbildenden Bestandteile eines Serviceelements wider, die in der Preissetzung aggregiert werden. Die Operationalisierung hingegen beinhaltet das institutionalisierte Nachhalten und die Pflege des Servicepreises auf Gesamtunternehmensebene. Diese Aktivität ist unternehmensspezifisch auszugestalten und wird daher an dieser Stelle nicht en détail betrachtet. Sie beinhaltet als wesentliche Zielsetzungen jedoch immer:

• das Einsteuern global vereinheitlichter bzw. harmonisierter Servicepreise und Anreizsysteme sowie das Nachhalten auf den globalen Vertriebsebenen („Vertriebshandbuch Serviceportfolio")

- die systemseitige Unterstützung des Preis- und Wettbewerbscontrollings
- die enge Integration der Servicepreissetzung mit anderen Preis- und Kostenoptimierungsgremien des Unternehmens
- die optimale Servicepreisbildung zwischen Kostenvorgaben (Bottom-up) und Zielpreisvorgaben (Top-down) aus dem Markt.

Anhand der folgenden drei preisbildenden Faktoren der Servicepreislogik lassen sich die optimalen Preise ermitteln:

- **Der „Kundenwert"-Faktor: Wie hoch ist die individuelle Zahlungsbereitschaft?**
  Analog zur Serviceproduktgestaltung basiert die Ermittlung des Kundenwert-Faktors (Customer Value Analysis, CVA) auch bei der Preisgestaltung auf der Kunden-Nutzen-Relation als zentralem Ausgangspunkt aller Überlegungen. Welche Arbeitserleichterung ermöglicht dem Kunden ein bestimmtes Serviceelement? Welchen Effizienzvorteil kann er dadurch erzielen? Welche Servicenotwendigkeiten sind dadurch abgedeckt? Diese Überlegungen müssen sodann in der quantitativen Abschätzung des Kundennutzens im Kunden-Business Case münden und geben an, wie viel Ersparnis oder zusätzlicher Cashflow dem Kunden ermöglicht wird und binnen welchen Zeitraums sich die Investition in den Service für ihn zurückgezahlt hat.
  Ein stringenter, kundenwert-getriebener Ansatz bezieht zur Ermittlung der Kundenzielpreise ebenso die valide und zielgerichtete Kundensegmentierung ein. Zielkundenprofile, Zahlungsbereitschaften, segmentspezifische Besonderheiten und weitere relevante Preiskriterien sollten dabei regelmäßig überprüft werden. Einmal definiert und spezifiziert erfordert der gewählte Preisansatz danach meist nur eine kontinuierliche Verfeinerung.
  Ein wesentlicher Unterschied in der Kundenwahrnehmung ist dabei zwischen Basisservices, erweiterten- und differenzierenden Services zu beachten. So ist mit den Basisservices (z. B. Garantie- und Reklamationsabwicklung, Kundenhotline) häufig kundenseitig die Erwartung verbunden, diese Leistungen kostenfrei in Anspruch nehmen zu können. Serviceanbieter müssen daher gut abwägen, ob einzelne Serviceelemente separat bepreist oder auf eigene Kosten und eigenem Risiko angeboten werden.
- **Der „Wettbewerbs"-Faktor: welches Maximum/Minimum erlaubt der Markt?**
  Die Kosten-Nutzen-Relation eines Basis- oder erweiterten Serviceelements muss sich dem Wettbewerb stellen und wird von Kunden verglichen. Im Rahmen der Competitive Pricing Analysis (CPA) wird dieser Anbietervergleichswert ermittelt, wobei sowohl zu niedrige als auch zu hohe Preise prohibitiv wirken können. Während zu hohe Preise ganz einfach die Kosten-Nutzen-Relation des Kunden überschreiten, vermuten Kunden bei zu niedrigen Preisen mitunter implizit einen schlechteren Service oder einen versteckten geringeren Leistungsumfang als bei der Konkurrenz. In diesem Fall kann es sinnvoll sein, das Basispaket um die niedrig bepreisten Serviceelemente zu erweitern.
  Die präzise Ermittlung eines Preiskorridors im Wettbewerbsumfeld erfordert die Identifizierung aller relevanten globalen und lokalen Anbieter je Serviceelement

sowie eine penible Analyse ihrer Preispositionen bis auf die Ebene der Einzel-
preiskomponenten wie Vertragsdauer, Stundeneinsatz, Produktalter, Zinssätze,
Steuern, Logistik, und Personalkosten. Auch Alleinstellungsmerkmale gegenüber
dem Wettbewerb in einzelnen erweiterten Serviceelementen sollten identifiziert
und in der Preissetzung berücksichtigt werden. Auf diese Weise kann eine eindeutige Vergleichbarkeit der eigenen Leistung mit der des Wettbewerbs erreicht und
die Preisbildung intern aber auch gegenüber dem Kunden rationalisiert werden.
Bietet die eigene Preissetzung eines Serviceelements also hinsichtlich Kosten,
Zeit, und/oder Aufwand im Vergleich zum Wettbewerb eine wahrnehmbare Verbesserung für den Kunden, so besteht ein Kaufanreiz. Der Wettbewerbs-Faktor
indiziert somit die Maximal- und Minimal-Schwelle des eigenen Produktpreises
für Basisservices und erweiterte Services und definiert den Handlungsspielraum
des Unternehmens.

Differenzierende Services sind per definitionem keinem Wettbewerb unterlegen
und können daher allein auf Basis der Faktoren Kundenwert und interne Kosten
bepreist werden.

- **Der „interne Kosten"-Faktor: Wann werden die minimalen Umsatz- und
  Profitabilitätsziele erfüllt?**
  Wie für alle anderen Produkte müssen auch Serviceanbieter zu jeder Zeit sicher-
  stellen, dass die Preise ihrer Elemente über die Servicelaufzeit die Gesamtkosten
  decken und Unternehmensziele in puncto Rentabilität, Deckungsbeitrag oder ähn-
  lichen Messgrößen erfüllen. Doch es ist sehr diffizil, alle relevanten Kosten über
  die Laufzeit eines Serviceelements adäquat nachzuverfolgen und zu beziffern.
  Abseits der schieren Systemanforderungen an die Datenverarbeitung reicht die
  Bandbreite der Angebotskomplexität von der einfacheren Form eines Einmal-
  Einsatzes bis hin zu längerfristigen Serviceverträgen, Service Level Agreements
  oder Produkt-Bündeln, teilweise gar über die Lebensdauer eines Produkts ge-
  streckt. Am Ende sind es genau diese Gesamtaufwendungen, die die tatsächlichen
  Kosten eines Service determinieren, und zwar für den Kunden ebenso wie für den
  Hersteller.
  Die Schwierigkeit liegt im signifikanten Unterschied zwischen näherungsweiser
  Abschätzung und exakter Bestimmung der realen Kosten in statistisch relevanter
  Form. Die interne Kostenanalyse ist daher als holistischer Ansatz zu verstehen,
  der ein unbedingtes organisatorisches Commitment und die nahtlose Verbindung
  aller Elemente der Wertschöpfungskette erfordert, um realistisch und konsequent
  erfolgreich zu sein. Es ist entscheidend zur Ableitung margenoptimaler Preislogi-
  ken, alle Aufwandskomponenten und ihren Einfluss als Kostenhebel im Detail zu
  verstehen. Erfolgreiche Service-Gestalter kennen die Sensitivität jeder einzelnen
  Aufwandskomponente, ihren potentiellen Margeneffekt und den Grad, in dem sie
  abhängig oder beeinflussbar ist. Für jedes Serviceelement werden so die jeweiligen Fixkosten, proportionalen Aufwendungen und Profitabilitätsziele einzeln
  abgestimmt und für die Preislogik festgelegt.
  Auf dieser Kostenbasis werden gemeinsam mit den im Rahmen der Kun-
  denwertanalyse ermittelten Zahlungsbereitschaften Preis-Absatz-Funktionen
  je Serviceelement und Kundengruppe gebildet, um die Preiselastizitäten

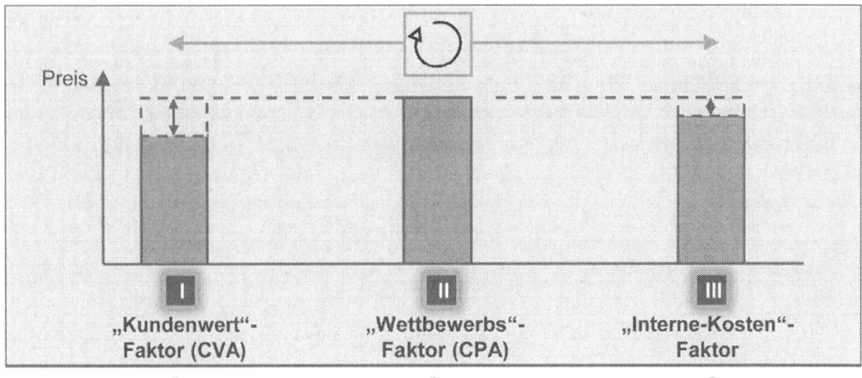

Abb. 3.9 Servicepreisbildung auf Basis der drei Kernfaktoren der Servicepreislogik

festzustellen. Zwei Themen sind bei der Szenariobildung dabei im Wesentlichen zu betrachten:

- Existenz von Prohibitivpreisen: Wo liegen diese? Ist die Preis-Absatz-Funktion dabei sprungfix?
- Abwägung von Umsatz- vs. Profitabilitätszielen im Sinne des Gesamtunternehmens. Auf diese Weise kann bei angespannter Ressourcensituation entweder der Profitabilität oder den Umsatzzielen zum Zwecke besserer Personalauslastung der Vorrang eingeräumt werden.

3.5.2   Die Servicepreissetzung: Markt- und Margenoptimalität

Der finale Schritt zur Erschließung der Potentiale liegt in der Konsolidierung der ersten drei Faktoren der Servicepreislogik in ein homogenes Serviceportfolio. Je Element werden die Ergebnisse aus der Zahlungsbereitschaft der Kunden, kompetitiven Preis-Caps und klar definierten Profitabilitätszielen kombiniert und in einen individuellen Marktpreis je Kundensegment oder Nutzengruppe übergeführt (Abb. 3.9).

Einzelne unternehmensstrategische Überlegungen werden einbezogen und finden im Gesamtergebnis Berücksichtigung, wie z. B.:

- Markenwerte und -anspruch
- Marktpositionierung von Produkten (Premium vs. Standard)
- Geschäftsziele für Service (Cost- oder Profit-Center?)
- Aktueller Marktanteil
- Markteintritts- und Wettbewerbsstrategien in einzelnen Ländern und Regionen
- Anforderungen der regionalen Key Accounts
- Einzel- vs. Gesamtprofitabilitätsziele (Quersubventionierung) Integration einzelner Serviceelemente in das Neuverkaufsangebot als versteckte Rabattierungsmöglichkeit

Auf die Servicereifegrade einzelner Unternehmen übertragen, findet in Stufe 2 eine Servicepreissetzung im Wesentlichen auf Basis kompetitiver Analysen (CPA) statt. Der Gedanke, hierdurch keinen Fehler machen zu können, überwiegt mögliche verpasste Umsatzchancen oder Profitabilitätsrisiken durch nicht kostendeckende Preise. Die reine Orientierung am Wettbewerb ist jedoch nur in Branchen sinnvoll, in denen sich bereits eine Professionalität des Servicegeschäftes bei den meisten Wettbewerbern etabliert hat.

Der Einbezug des Kundenwert-Faktors stellt eine Ergänzung ab Servicereifegrad 3 dar. Auch in diesem Stadium sind erst rudimentäre, noch nicht ausreichend zuverlässige und regelmäßige Kostendaten vorhanden, sodass sich eine Abwägung zwischen Kundenanspruch und Preispremium-Potentialen sowie der individuellen Wettbewerbssituation als durchaus zielführend erweist.

Mit der fortschreitenden Institutionalisierung des Servicegeschäftes im Gesamtunternehmen werden ab Servicereifegrad 4 ausreichend Aufwandsparameter und Kostendaten verfügbar. Diese können für eine kontinuierliche interne Preisvalidierung auf Basis von Profitabilitätszielen herangezogen werden. Allerdings zeigen Erfahrungen, dass mit vielen der aktuell eingesetzten Costing-Verfahren die relevanten Kostentreiber nicht immer adäquat ermittelt werden. Die Folgen sind:

- Annahme falscher Kostenverläufe hinsichtlich Höhe und Steigerung über die Vertragslaufzeit
- Zu niedrige Preisstellung und damit sukzessiver Aufbau von Gewinnrisiken über Jahre hinweg
- Unterlassung notwendiger Preissteigerungen in den Folgejahren
- Kein Wettbewerbsbezug auf der Kostenseite
- Keine systematische Analyse der Kostentreiber und im Folgenden nur unzureichende Ausnutzung von Kostensenkungspotenzialen
- Keine Berücksichtigung der Kostengesichtspunkte bei Kontrolle und Steuerung des Kundenportfolios

Mit der Vernetzung von Daten und Systemen im Gesamtunternehmen steigt auch die Zuverlässigkeit der internen Kostendaten. Service-Gestalter in Reifegrad 4 sind daher meist sogar in der Lage, ihre Serviceelemente an den Aspekten des „Total Cost of Ownership" (TCO) auszurichten. Sie kalkulieren Preise basierend auf kunden-

oder nutzenspezifischen Risiko- und Einsatzbedingungen und minimieren dadurch Preisrisiken bei gleichzeitiger Margensicherung.

3.5.3 Preisbildung für Servicestunden

Die notwendige Ausgangsbasis für die Preissetzung von Serviceelementen stellen Servicestundensätze dar, die als Personalleistung beim Kunden entweder als separate Stunden beauftragt oder nach Aufwandsstunden in die Gesamtkosten einzelner Serviceelemente eingerechnet werden können. Die Festlegung der empfohlenen regionalen Servicestundensätze (Recommended Sales Price, RSP) folgt dabei zumeist der „Cost-Plus"-Methodik als klassische Zuschlagskalkulation, bei der interne Kostenverrechnungssätze für einzelne Servicetechniker in ihrer Region mit spezifischen Aufschlägen für Administration, Margen, Rabattmöglichkeiten, Sonderkosten (z. B. Nacht- oder Feiertagseinsätze), Reisezeit und Reisekosten versehen werden, um den Zielpreis zu determinieren. Es hat sich dabei in der Praxis bewährt, die Reisezeit nur anteilig zu veranschlagen, z. B. 50 % des Servicestundensatzes, und die Reisekosten dem Kunden nach tatsächlichem Anfall in Rechnung zu stellen. Diese Kostentransparenz sollte jeder Serviceanbieter seinem Kunden im Sinne einer vertrauensvollen Beziehung ermöglichen. Weiterhin hat es sich als in der Kundenwahrnehmung vorteilhaft erwiesen, keine Differenzierung mehr zwischen einzelnen Erfahrungsstufen der Servicetechniker vorzunehmen (etwa „Lehrling" vs. „Meister"). Die einfache Kommunikation „Bei uns bekommen Sie zu einem Stundensatz immer hochqualifizierten Service" vermittelt Vertrauen, und entlastet den Kunden von der Qual der Abwägung zwischen höheren Kosten und vermeintlich schlechterer Qualität für die gleiche beauftragte Arbeit. Sollten Kunden an einer deutlichen Differenzierung der für sie erbrachten Serviceleistung interessiert sein, so stellen die oben beschriebenen kundenspezifischen Service Level Agreements die für alle Seiten deutlich vorteilhaftere Variante dar.

Bei allen Zuschlägen sollte von den fünf zuvor genannten preisbildenden Faktoren aber insbesondere der Blick in Richtung Konkurrenz nicht ausbleiben, und das in zweierlei Hinsicht: Vermeidung von Prohibitivpreisen aus Kundensicht, und Ableitung möglicher Kostenoptimierungsnotwendigkeiten bei einzelnen Aufwandspositionen aus interner Sicht (Abb. 3.10).

3.5.4 Erweiterung der Preislogik: Servicepakete, Anreiz- und Kundenbindungsprogramme

Die vorhergehend beschriebene konsistente Servicepreislogik kann nun herangezogen werden, um gezielt einzelne Serviceelemente als Paket zu offerieren oder sie mit Anreiz- und Kundenbindungsprogrammen zu hinterlegen.

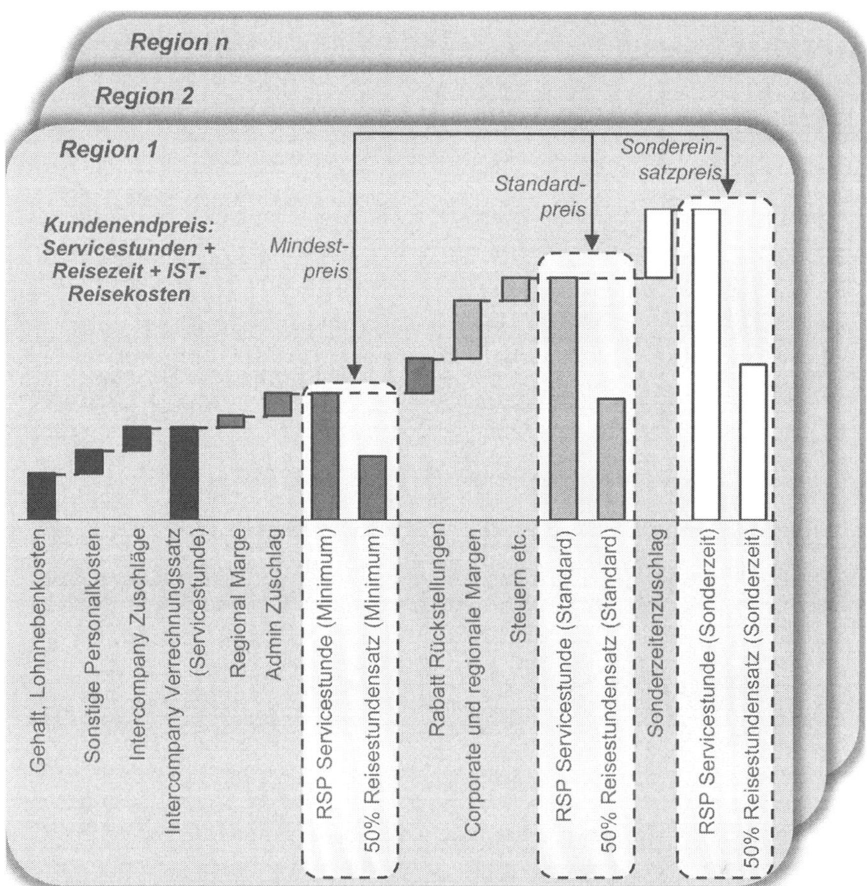

Abb. 3.10 Wesentliche Elemente der Zuschlagskalkulation für Servicestunden

Die wesentlichen Ziele dieser Aktivitäten für Serviceanbieter lassen sich in fünf Dimensionen zusammenfassen:

- **Umsatzsteigerung:** Höherer Gesamtumsatz bei Paketbildung, auch wenn die Individualmarge des Produktes geringer ausfallen kann; Möglichkeit des zusätzlichen Verkaufs anderer Services sowie von „Original-Ersatzteilen" (Cross-Selling)
- **Preisverschleierung:** geringere Preistransparenz einzelner Serviceelemente für Kunden, insbesondere bei denjenigen Services, die in dieser Form nur im Paket angeboten werden
- **Beidseitig reduzierte Transaktionskosten:** Gezielte Ansprache eines speziellen Bedarfs mit einem Servicebundle, das alle Kundenanforderungen gesamt-heitlich abdeckt und nicht einzeln bei mehreren Anbietern zusammengekauft werden muss. Langfristige Kundenbindung durch „Service aus einer Hand"-Prinzip und attraktive Vorteilsprogramme für treue Servicekunden

Kundenbindungs-Instrument	Beschreibung
Kundenstatus	• Unterscheidung von Kundengruppen und ihrer Relevanz für Serviceumsätze gemäß Kundensegmentierung • Einheitliche Nachlässe je Kundensegment (z. B. A- / B- / C-Kunden) pro Einzelkauf im Service • Auf alle Produkte (Teile, Stunden, Serviceelemente, Servicepakete) – Ausnahme Sonderaktionen
Bonus-System (Customer Retention Program)	• Gleichbehandlung aller Kundengruppen • Bonuspunkte je Einheit des getätigten Serviceumsatzes – Basis: Kundenendpreis inkl. möglicher erfolgter Nachlässe • Konsolidierung und Auszahlung / Gutschrift des monetären Äquivalents der gesammelten Bonuspunkte am Jahresende • Auf alle Produkte, Teile, Stunden, Serviceelemente, Servicepakete – Ausnahme Sonderaktionen
Vertragskonditionen	• Gleichbehandlung aller Kundengruppen • Einräumung von Nachlässen beim Erwerb von Serviceelementen oder Teilen bei Vorliegen einer bestimmten Vertragsbeziehung (z.B. Wartungsvertrag) • Möglich: Aufrechterhaltung der Werksgarantie nur bei Nutzung des zertifizierten Herstellerservices oder von Originalteilen
Anreizinstrument	Beschreibung
Volumenrabatt	• Rabattierung eines Serviceerwerbs bei Mehrmengenbestellung oder längerfristiger Bindung oder Kostenübernahme einzelner Teilleistungen • Möglicherweise Preisnachlässe für Teile
Sonderaktion	• Spezielle Preiskonditionen als Einmalaktion, z. B. „Wintercheck", „Elektronik-Check" • Teile-Lagerabverkauf, Modellwechsel, etc.

Abb. 3.11 Überblick wesentlicher Kundenbindungs- und Anreizinstrumente im Service

- **Wettbewerbsausschluß-Strategie:** Reduktion des Risikos eines Wettbewerbseintritts durch Abdeckung eines breiteren Servicebedarfs beim Kunden. Der Konkurrenz werden mögliche einzelne Serviceangebotsfelder beim Kunden vorweggenommen
- **Auslastungssteuerung:** Möglichkeit des Schnürens verschieden großer Servicepakete sowie des Mitverkaufs von weniger nachgefragten Serviceelementen im Bundle mit stark nachgefragten Dienstleistungen

Während Servicepakete dabei unternehmensindividuelle, auf kunden- oder nutzenspezifische Anforderungen abstellende Bündelungen einzelner Serviceelemente darstellen, bemühen sich Kundenbindungsprogramme um langfristige Kundenanreize zum wiederkehrenden Kauf. In Abgrenzung hierzu sind Anreizprogramme für die Einzelkaufentscheidung zumeist reine Rabatt-Aktionen (Abb. 3.11).

Eine weitere Möglichkeit zur längerfristigen Bindung des Kunden an die eigenen Serviceangebote ist die Koppelung einzelner Serviceelemente oder -pakete mit einem Neuprodukt. Dies kann auf zweierlei Wegen geschehen mit unterschiedlichen Risiken für den Anbieter.

Zum einen können Servicepakete zu vergünstigten Konditionen gegenüber dem Einzelkauf zum Zeitpunkt des Produkterwerbs angeboten werden. Wer später kauft, erhält das Paket zum „Normalpreis" oder nur in Form einzelner, in Summe aber teurerer, Elemente.

Zum anderen kann eine kostenlose Zugabe von Services auf den Neuprodukt-verkauf als „versteckte Rabattierung" helfen, den Verkaufspreis des Neuproduktes stabil zu halten und die Profitabilitätseinbußen beim Verkauf durch die Serviceum-sätze abzumildern. Allerdings ist diese Variante nur in absoluten Ausnahmefällen empfehlenswert, da sie inhärente Risiken aufweist:

- Dauerhafte Abschwächung des Marktwertes von Serviceleistungen aus Kunden-perspektive, wenn der Eindruck entsteht der Service würde „verschenkt"
- Aufbau von Hemmschwellen beim Kunden für den Abschluss weiterer Service-verträge (großer Preissprung von der Basis „Null")
- Nicht gesamtunternehmensoptimaler Umgang des Neuproduktvertriebs mit „Ser-vicebeigaben" und Demotivation des Servicebereiches, sofern Bonus-/Malus-Systeme nicht optimal eingestellt sind

Zusammenfassend betrachtet sind die Vorteile von Servicepaketen, Anreiz- und Kundenbindungsprogrammen auf Basis einer soliden Servicepreislogik sowohl für Anbieter als auch für Kunden klar argumentierbar. Während der Kunde Preis-, Komplexitäts- und Qualitätsvorteile erzielen kann, erzielen die Service-Gestalter unter den Anbietern bei Kundenbindung, Umsatz und Marktanteilen klare Vorteile.

3.6 Verantwortung für innovative Serviceentwicklung

Die Implementierung eines kundenorientierten, qualitativ hochwertigen und profita-blen Serviceportfolios stellt eine komplexe Aufgabe dar, die funktionsübergreifend gezielte und koordinierte Aktivitäten des Gesamtunternehmens erfordert und regel-mäßiger Pflege bedarf. Wie bei allen cross-funktionalen Aufgaben stellt sich auch im Service die Frage, wer für die Entwicklung und Weiterentwicklung des innovativen Serviceportfolios im Unternehmen verantwortlich zeichnet.

Service-Gestalter etablieren zu diesem Zweck eine Matrix-Funktion, welche drei Kernfunktionen der Serviceportfoliogestaltung miteinander vereint:

1. Den Sales/After Sales Bereich inklusive Produktmanagement als „Kundenken-ner" und Markt-/Wettbewerbsexperten
2. Den Qualitäts- und Servicebereich als „Prozessexperten" und Bindeglied zwi-schen Produkt und Kunde
3. Den Entwicklungsbereich (F&E), inklusive Konstruktion und Produktion als Technologie- und Kostenexperten

Abb. 3.12 Spannungsdreieck der Verantwortung für Serviceinnovation

Im Spannungsdreieck dieser Funktionen werden Serviceelemente auf ihre Markt- und Markenadäquanz, die Ausgestaltung von Technologie und implizierten Kosten sowie die operative Ausführung hin skizziert, evaluiert, und validiert (Abb. 3.12).

Jeder Partei werden dabei unterschiedliche Aufgaben zuteil, die optimalerweise auf der Operationsebene des Gesamtunternehmens (Chief Operating Officer, COO), in der zumeist auch die Servicefunktion etabliert ist, zusammengeführt und mit finaler Entscheidungsmacht hinterlegt werden.

3.6.1 Sales/After Sales als Serviceoptimierungsfunktion

Sales bzw. After Sales sind das „One Face to the Customer", das Gesicht des Unternehmens zum Kunden. Hier stehen Fragen im Vordergrund wie „Was müssen wir im Markt anbieten? Welche Serviceelemente würden uns durch erweiterten Kundennutzen Umsätze generieren und uns vom Wettbewerb differenzieren? Was ist der

Business Case des Kunden?". Von der validen Planung des Serviceproduktportfolios bis hin zur Preisgestaltung für Serviceelemente auf Basis der Kunden- und Nutzensegmentierungen wird im Bereich Sales/After Sales die eindeutige Verbindung zum Markt sichergestellt.

Wiederholte Rückkopplungen in Richtung Technologie, Kosten, Qualität und Service sind elementar, um die einzelnen Elemente eines existierenden Serviceportfolios und neue, innovative Serviceansätze mit den unternehmensseitigen Realitäten in Einklang zu bringen, z. B.:

- Sind die Voraussetzungen gegeben, um einen Service qualifiziert und mit ausreichend Ressourcen versehen am Markt anzubieten, und wenn ja, wann?
- Was sind markt- und wettbewerbsseitige Notwendigkeiten, die zwingend in der eigenen Organisation realisiert werden müssen?
- Was sind Kundenanforderungen hinsichtlich Services, der Produktnutzung und Servicefreundlichkeit?
- Ist ein Serviceelement in Anbetracht seiner Gesamtkostensituation und kundenseitigen Preiselastizitäten profitabel?
- Wie kann dem Qualitätsanspruch des Kunden entsprochen werden, ohne ihn zu unter- oder übererfüllen und dadurch Unzufriedenheit oder vermeidbare zusätzliche Kostenbelastung zu erzeugen?

3.6.2   *Qualitätswesen und Service als Serviceoptimierungsfunktion*

Die Qualitäts- und Servicefunktionen des Unternehmens nehmen die Rolle des Advocatus Diaboli bei der Entwicklung innovativer Services ein:

- Stimmen die Kundenanforderungen seitens Sales/After Sales mit der Realität überein, die dem Service täglich vor Ort begegnet?
- Welche weiteren Feedbacks aus dem Feld sind in die Entwicklung neuer Services einzubeziehen?
- Wie ist die Qualität der Serviceerbringung, und nimmt der Kunde (gewünschte) Qualitäts- und Nutzenunterschiede zwischen den einzelnen Serviceangeboten wahr?
- Können Produkte servicefreundlicher für die eigene Mannschaft gestaltet werden (Kosten, Zeit, Qualität)?
- Ist das Unternehmen organisatorisch (d. h. in Bezug auf Ressourcen und Qualifikation) in der Lage, die erwünschten Serviceelemente qualitativ hochwertig und zu den gewünschten Zeitpunkten zu erbringen?
- Ist das Unternehmen prozessual in der Lage, die Serviceerbringung im Gesamtunternehmen klar und effizient zu steuern?
- Welche Qualitätsthemen sollten in serviceinduzierten Produktentwicklungen adressiert werden?
- Welche qualitativen Themenstellungen haben sich im Feld als problematisch erwiesen und bedürfen einer Anpassung oder Neuetablierung?

Von Kundenreklamationen bis hin zu internem Feedback der Servicemitarbeiter etabliert sich das Qualitätswesen von Service-Gestaltern als zentrales Sammelbecken der Servicerückmeldungen und wird so zum Dreh- und Angelpunkt eines schlagkräftigen Serviceinnovations-Teams sowie der Servicestrategie als Ganzes. Das gesammelte Wissen aus dem Feld ermöglicht durch systematische Feedbackschleifen in die Produkt- und Serviceentwicklung, aktuelle Schwächen und Defizite gezielt aufzudecken und zu beseitigen und wird so zu einer unschätzbaren Ressource.

3.6.3 *Produktentwicklung als Serviceoptimierungsfunktion*

Durch die Brille der Produktentwicklung betrachtet dreht sich alles um die Frage der technischen und kostenseitigen Realisierbarkeit eines Serviceelements:

- Wie lassen sich spezifische Kundenanforderungen produktseitig abbilden?
- Welche Komplexität innerhalb der Produktlinien werden dabei etabliert und wie können Engineering, Produktion und Einkauf damit umgehen?
- Welches Produktdesign und welche Teileauslegungen ermöglichen einen optimierten Service bei höchster Qualität?
- Soll bereits heute die Fähigkeit auf das nächste Upgrade oder Leistungssteigerung des Produkts sichergestellt werden?
- Welches Produktions- und Partnernetzwerk ist serviceoptimal?
- Wie stellt sich das Gesamtkosten- und Profitabilitätsmodell (TCO) von optimiertem Produkt- und Produktionsdesign gegenüber optimiertem Servicedesign dar?
- Was sind Zielkosten für Teile, Baugruppen und das Gesamtprodukt und wie lassen sich diese realisieren?

Eine zentrale Herausforderung der Engineering Tätigkeit ist dabei das „Design-for-Service" in der Produktentwicklung. „Design-for-Service", also die Ausrichtung eines Produktes auf Anforderungen beim Service, prägt sich äußerst unterschiedlich aus und reicht von extremen Anforderungen an die Robustheit und Kosteneffizienz für die Ermöglichung von „Full Service Agreements/TCO-Services" bis hin zu produktinhärenten Eigenschaftsauslegungen zur Sicherstellung regelmäßigen Servicebedarfs beim Kunden. Darunter fallen zum Beispiel Lebensdauerlimitierungen von Bauteilen.

Service-Gestalter verstehen es hierbei, durch gezieltes Engineering einen regelmäßigen Serviceumsatz bei gleichzeitig hoher Servicefreundlichkeit sicherzustellen, und dies wenn möglich nur für die unternehmenseigenen Spezialisten. Ausgewählte Beispiele für diese Vorgehensweise sind:

- **Modularisierung von Kernbauteilen des Service:**
  Bei der Modularisierung werden einzelne Produktbauteile in einem Element zusammengefasst. Diese Strategie erweist sich zumeist in doppelter Hinsicht als vorteilhaft. Zum einen ist eine höhere, konstante Qualität der Serviceleistung bei

gleichzeitig schnellerer Ausführung gewährleistet, wenn statt zahlreicher Einzelteile einfach ein vorkonfiguriertes und getestetes Modul ausgetauscht werden kann. Zum anderen können Bauteile des Produkts nur noch in Verbindung mit anderen Bauteilen ausgetauscht werden, was einen größeren Gesamtumsatz und einen weiteren Volumenhebel bei den eigenen Lieferanten ermöglicht.

- **Produkt-/Teilelebensdauer und gezielter Verschleiß:**
  Immer bessere Simulationsmöglichkeiten eröffnen Unternehmen die Gelegenheit, ihre Produkte bereits in der Design-Phase auf eine bestimmte Haltbarkeit und Belastbarkeit auszulegen. So sind Solllaufzeiten für Teile und Sollbruchstellen nach zuvor definierten Laufzeiten und Nutzungskonditionen in vielen Industrien bereits lange Realität.

- **Produktkomplexität und Serviceeinzigartigkeit:**
  Zur Wahrung des eigenen Serviceumsatzes sowie zur Vermeidung von Produktpiraterie wird eine Komplexität in Form proprietärer Komponenten in das Produkt integriert, die den Einsatz von Servicespezialisten des Originalproduktherstellers zwingend erfordern. Bei Software handelt es sich in der Regel um solche „Black Box"-Komponenten, doch auch vordergründig einfache Dinge wie Werkzeuge können etwa durch spezielle Schrauben einzigartig werden.

Die Erfahrung zeigt, dass Service-Gestalter für die sehr schwierige Aufgabe des „Design-for-Service" dedizierte Ingenieurskapazitäten vorhalten müssen. Eine spezielles „Service- und Entwicklungsmindset" muss vorhanden sein. Auch die räumliche Trennung von der restlichen Entwicklungsmannschaft im Serviceinnovationsteam kann dabei sinnvoll sein.

3.7   Praxisbeispiel: Notfall- und Lebenszyklus-Services bei Siemens Factory Automation

Siemens Factory Automation Engineering Ltd. (SFAE) mit Hauptsitz in Beijing ist die erste operative Gesellschaft, die Siemens in China im Bereich der Automatisierungstechnologie gegründet hat. Seit 1993 ist das Unternehmen unter anderem auf After-Sales-Services für die Industrieautomatisierung und für Antriebstechnologien spezialisiert. SFAE besitzt 25 regionale Niederlassungen, rund 4.000 Kunden und wurde als eines der 100 besten Unternehmen in der chinesischen Elektroindustrie ausgezeichnet. Das Leitmotto von SFAE lautet: „Professional Services, Anytime, Anywhere." Zum Leistungsspektrum von SFAE gehören beispielsweise Inhouse- und Fieldservices, das Ersatzteilgeschäft sowie Instandhaltung, Wartungen und Reparaturen.

Im Laufe der Jahre hat SFAE die Erfahrung gemacht, dass die Bedürfnisse seiner Kunden immer umfassender und komplexer wurden. Als Reaktion auf diese Nachfrage wurde das Servicegeschäft mit weiteren Portfolioelementen ergänzt. Dieser Ansatz wird aktuell aufgrund des großen Erfolgs im Markt und der Kundenakzeptanz weiter ausgebaut.

Ein Beispiel aus der Stahlbranche veranschaulicht, welchen Mehrwert solche Dienstleistungen bringen und wie davon sowohl Siemens als auch seine Kunden profitieren: Am 8. Mai 2010 brach im Kontrollzentrum für den Hochofen Nr. 2 des Stahlherstellers Shou Steel Jingtang Iron and Steel Co. Ltd. ein Feuer aus – gerade einmal einen Monat nach der Inbetriebnahme. Knapp 120 Frequenzumrichter standen in Flammen und wurden dabei mehr oder weniger stark beschädigt. Der Hochofen Nr. 2 ist mit einem Fassungsvermögen von 5.500 Kubikmetern der größte Asiens und damit für Shou Steel von erheblicher wirtschaftlicher Bedeutung. Aufgrund des entstandenen Feuerschadens musste der Ofen außer Betrieb genommen werden. Jeder Tag Produktionsausfall kostete den Stahlbauer Millionen. Umso schlimmer wog in dieser prekären Situation, dass die Ersatzteilbeschaffung mindestens vier Monate dauern würde.

Shou Steel besaß also ein sehr ernstes Problem. Was tun? Ein Notfallplan existierte nicht – zu außergewöhnlich und unwahrscheinlich war der nun eingetretene Fall. Das Krisenmanagement-Team überlegte, ob und wie sich die defekten Einheiten in kurzer Zeit würden reparieren lassen, statt monatelang auf Ersatz warten zu müssen.

Noch nie war eine Reparatur in einem derart komplexen Umfang durchgeführt worden. Das Risiko des Scheiterns war hoch – sowohl in technischer als auch in finanzieller Hinsicht. Denn im schlimmsten Fall würden nicht nur erhebliche Reparaturkosten anfallen sondern – schlimmer noch – am Ende müssten dann doch Ersatzteile bestellt werden und wertvolle Zeit wäre verloren gegangen.

An diesem Punkt kam SFAE Services als langjähriger Partner von Shou Steel ins Spiel: Zunächst analysierte ein kleines Task-Force-Team vor Ort zwischen Bergen verkohlter Kabel und Schränke die Schäden. Nach wenigen Tagen stand fest: Die Reparatur schien machbar, doch ein Risiko blieb. Das Management von Shou Steel entschloss sich, das Wagnis einzugehen – zu hoch wären die finanziellen Verluste eines monatelangen Produktionsstillstands.

Der Auftrag an SFAE lautete, die Anlage innerhalb nur eines Monates wieder instand zu setzen. Dieser vorgegebene Zeitplan umfasste nicht nur die eigentliche Reparatur sondern auch Testläufe und Abnahmen bis hin zum reibungslosen Normalbetrieb. Eine gewaltige Herausforderung, die manche für unmöglich hielten. Denn nicht nur der Brand hatte verheerende Schäden hinterlassen. Erschwerend kam hinzu, dass der Kunde bereits vor Eintreffen der SFAE-Experten jede Menge Kabel durchtrennt hatte, um verbrannte Teile der Anlagen zu entsorgen. Dadurch hatte sich die Komplexität der notwendigen Reparatur noch weiter erhöht. Und: Vor Ort existierten bei weitem nicht genug Materialien und Ersatzteile für die Reparatur.

In enger Abstimmung mit dem Kunden arbeiteten Antriebsexperten von SFAE Services einen Reparaturplan aus und versuchten dabei, so viele Eventualitäten wie möglich zu antizipieren und in ihr Konzept einzubeziehen. Dieses weitsichtige Vorgehen sollte sich später als ein entscheidender Erfolgsfaktor erweisen und zwar nicht nur für die Planung, sondern auch während der Reparatur selbst: Von den benötigten Werkzeugen, über Testgeräte bis hin zu technischen Einheiten und Wartungsgeräten wie Ultraschall-Reinigungsgeräte oder Netzwerkanalyseeinheiten wurde sämtliches Equipment nicht erst bei aktuellem Bedarf angefordert sondern stand meist sofort und ohne zeitlichen Verzug zur Verfügung, wenn es gebraucht wurde.

Um Zeit zu sparen, verlegten Mitarbeiter von SFAE ihr Büro kurzerhand auf das Gelände von Shou Steel. Eine große Aufgabe bestand für alle Beteiligten darin, die verschiedenen Mitarbeiter, Teams und Kompetenzen des Kunden und von SFAE zu koordinieren, Zuständigkeiten festzulegen und so in kürzester Zeit eine schlagkräftige und gut kooperierende Einheit zu formen. Da am Anfang die Reparaturkosten kaum abzuschätzen waren, mussten zudem parallel Kosten und Vertragsdetails ausgehandelt werden – ein Vorgang, der in so kurzer Zeit nur funktionieren kann, wenn zwischen den Vertragspartnern großes gegenseitiges Vertrauen herrscht.

Die gesamte Operation wurde von Beginn an als eigenes Projekt mit einem selbstständig arbeitenden Projektteam aufgesetzt. Ein wichtiger Ansatz dieses Teams bestand etwa darin, die betroffenen Bereiche sofort abzusperren und bewachen zu lassen. Ab diesem Zeitpunkt hatten nur noch autorisierte Personen Zugang zum Schadensbereich. Die Experten kümmerten sich zum Beispiel strukturiert und nach einem klar vorgegebenen Plan um die Entsorgung zerstörter Teile und Materialien, um die Aufteilung der Arbeitsbereiche, um die Lagerung von Materialien und Werkzeugen sowie um die Erfassung und Beschaffung von benötigten Ersatzteilen. Außerdem wurden von Anfang an Ansprechpartner für den Kunden bestimmt und die internen Zuständigkeiten für erforderliche Ausrüstung, für die Testverfahren und fürs Reporting festgelegt.

Die Arbeiten fanden unter stark erschwerten Umständen statt: Eine hohe Schadstoffbelastung erforderte das Tragen von Mundschutz-Masken. Selten konnten die Arbeiten vor 22.00 Uhr eingestellt werden, und Mittagspausen mussten wegen des hohen Zeitdrucks häufig ausfallen. Nach getaner Arbeit und zurück in den Appartements wurden oft auch noch nachts Meetings abgehalten, um aufgetretene Schwierigkeiten zu besprechen, Lösungen zu erarbeiten, einen Projektstand festzuhalten und um den kommenden Arbeitstag vorzubereiten. Der persönliche Einsatz und der Teamspirit waren enorm: Ein Mitarbeiter nahm beispielsweise gerade einmal einen einzigen Tag für seine lang geplante eigene Hochzeit frei, ein anderer nicht viel länger wegen eines Todesfalls in der Familie. Ansonsten wurde nahezu rund um die Uhr gearbeitet.

24 der insgesamt 120 beschädigten Frequenzumrichter erwiesen sich praktisch als Totalschaden. Von manchen war nach dem Feuer nur noch der Rahmen übrig geblieben. Im gesamten Schadensbereich wurde fast jedes Einzelteil mit penibelster Sorgfalt Stück für Stück und Kabel für Kabel auseinander genommen, gereinigt, wieder zusammengesetzt oder gegebenenfalls ausgetauscht und neu verbunden. Als Vorlage dienten existierende, unbeschädigte Einheiten, da es keine Zeichnungen gab.

Am 4. Juli 2010 war es dann soweit: Eine Woche vor dem Zeitplan war die scheinbar unmögliche Aufgabe gelöst. Insgesamt wurden in nur rund drei Wochen 1.600 Einzelteile ausgetauscht, 120 Frequenzumrichter repariert – und es kam zu keiner einzigen Fehlermeldung in den Testläufen. Auch in den kommenden Monaten sollte nicht ein einziger Fehler auftreten.

In der Nachbetrachtung hat sich das Beispiel dieses Notfall-Services für SFAE und für Shou Steel als ein überaus erfolgreiches und lehrreiches Projekt erwiesen. Shou Steel konnte:

- seine Produktion innerhalb von weniger als vier Wochen wieder aufnehmen
- millionenschwere Verluste durch einen längeren Produktionsausfall verhindern
- großes Vertrauen in ein externes und technisch versiertes Team gewinnen, das in der Lage ist, auch bei außergewöhnlichen Notfällen schwerwiegende Probleme zu lösen.

SFAE konnte:

- den Stolz und das Zusammengehörigkeitsgefühl seiner Mitarbeiter stärken
- zusätzliche Erfahrungen und Kompetenzen aufbauen, etwa im Bereich des Projektmanagements
- einen Umsatz von rund einer Million Euro durch den Auftrag generieren.

Als Konsequenz aus den gemachten Erfahrungen hat SFAE zusätzliche Ausrüstung für vor Ort Services angeschafft. Außerdem wurde das Servicemodell weiter verbessert und die Kapazitäten für Notfall-Einsätze ausgebaut. SFAE bietet jetzt ein standardisiertes Produkt an, dass derartige Einsätze nach Unglücken aber auch Instandhaltungsmaßnahmen und Wartungsarbeiten sowohl als Lifecycle Services als auch als „on demand" Service umfasst. Dies dürfte erheblich zum wirtschaftlichen Erfolg von SFAE beitragen und Produkten von Siemens einen zusätzlichen Wettbewerbsvorteil verschaffen.

Kapitel 4
Best in Class-Ersatzteilmanagement

Jede Maschine und technisches Produkt benötigt Inputs zur Leistungserstellung und langfristigen Verfügbarkeit. Zur Sicherstellung der Arbeits- und Leistungsfähigkeit sind Kunden unmittelbar an die Verfügbarkeit von Ersatz-, Verschleiß- und Verbrauchsteilen gebunden, die im Folgenden als „Ersatzteile" subsumiert werden. Nach dem Neuproduktverkauf stellt der Verkauf von Ersatzteilen den logischen ersten Schritt eines Unternehmens dar, um im Rahmen des Servicegeschäfts zu neuen Erlösquellen zu kommen. Ersatzteile sind ein elementares Geschäft zur Kundenbindung und bieten immense Margenpotentiale für produktspezifische Teile. Zudem kann durch die Möglichkeit des Brandings selbst bei scheinbar profanen Einkaufs- und Durchlaufteilen wie Ölfiltern, Dichtungen etc. ein signifikanter Preis-Mark-up und somit Ergebnisbeitrag erreicht werden.

Die Theorie lässt ein leichtes Spiel für Hersteller vermuten, da die für den Aftermarket anzubietenden Teile ja bereits in der Materialstückliste des Neuprodukts vorhanden sind und keiner weiteren aufwendigen Analyse-, Design- und Realisierungsphasen mehr bedürfen. Zudem ist der konkrete Kundennutzen klar, die Kostenseite eindeutig über Einkaufs- oder Herstellkosten zu definieren und die Nachfrage relativ einfach zu bedienen – Teile sind im Gegensatz zu Personal eben lagerfähig. Doch ist es bei weitem nicht so einfach, die Umsatzpotentiale aus dem Teilegeschäft zu heben und durch professionelle Planung und Abwicklung hohe Kundenzufriedenheit zu erreichen.

Erfahrungen der letzten Jahre zeigen, dass vielen Unternehmen nicht bewusst ist, welche bedeutenden Umsatzpotentiale durch ein inadäquat aufgestelltes und nicht aktiv betriebenes Teilegeschäft vergeben, die stattdessen von den eigenen Lieferanten sowie Drittanbietern aufgenommen werden. Die Unterschiede zwischen Service-Verwaltern und Service-Gestaltern manifestieren sich in der Unternehmenspraxis an fünf elementaren Bestandteilen eines Best in Class-Ersatzteilmanagements:

1. Eindeutige Identifikation von Ersatzteilen aus dem Gesamtteilestamm über alle Produktlinien und eindeutige Klassifizierung als Basis für ein Standard-Ersatzteilangebot; Gesamtkostentransparenz und klar differenzierte, marktgerechte Preisgestaltung anhand dieser Klassifizierung
2. Umfangreiches Produkt Know-how für Servicezwecke und Maßnahmen zur Absicherung des Teilestamms gegenüber potentiellem Nachbau durch Dritte;

R. Geissbauer et al., *Serviceinnovation,*
DOI 10.1007/978-3-642-21239-0_4, © Springer-Verlag Berlin Heidelberg 2012

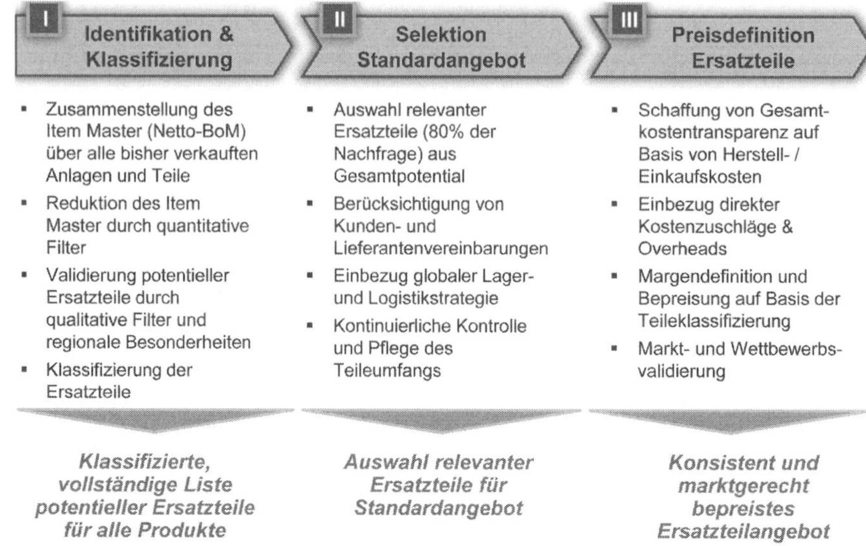

Abb. 4.1 Dreistufige Vorgehensweise zur Definition und Bepreisung des Ersatzteilangebots

Service-Gestalter investieren auch in die Entwicklung eigenständiger Ersatzteilmodule oder Kits, die den schnellen Austausch kompletter Systeme ermöglichen
3. Optimale Gestaltung der lokalen und internationalen Supply Chain, vom Lieferantenmanagement über externe und interne Priorisierungen bis zur Distribution an den Endkunden
4. Berücksichtigung des Produkt- und Teilelebenszyklus sowie eine klare Strategie bezüglich des End of Life Managements von Ersatzteilen
5. Etablierung stringenter Verantwortung für das Ersatzteilmanagement

4.1 Definition des Ersatzteilangebots

Zur Schaffung von Transparenz und Auswahl eines dedizierten, konsistent bepreisten Standard-Ersatzteilangebots hat sich in der Praxis eine dreistufige Vorgehensweise bewährt. Aufbauend auf einer klaren Differenzierung zwischen potentiellen Ersatzteilen und weiteren Produktbauteilen wird ein Standardangebot definiert, welches die am häufigsten nachgefragten Ersatzteile beinhaltet und gemäß einer einheitlichen Methode bepreist (Abb. 4.1).

4.1.1 Identifikation von Ersatzteilen und Klassifizierung nach Kritikalität, Exklusivität und Modularisierungsgrad

Nicht jedes Bauteil kann als potenzielles Ersatzteil betrachtet werden. Ausgangsbasis für den Aufbau eines erfolgreichen Ersatzteilmanagements ist somit die Definition

Abb. 4.2 Filter zur Identifikation des potentiellen Ersatzteilangebotes

des relevanten Teileumfangs, der das globale Ersatzteilangebot darstellen soll. Im ersten Schritt werden hierbei die potentiellen Ersatzteile von allen weiteren Produktbestandteilen der Stückliste (Bill of Material – BoM) getrennt. Ausschlaggebend hierfür ist der Item Master des Unternehmens, also die Dokumentation aller bisher, aktuell und in naher Zukunft verbauten Produktbestandteile. Diese Dokumentation wird auch als „Netto-BoM" bezeichnet, da sie Redundanzen vermeidet, indem Gleichteile über die Produktpalette angezeigt und als nur ein Item ausgewiesen werden. Die so erhaltene Gesamtstückliste des Unternehmens durchläuft im Folgenden mehrere Filterstufen zur Ermittlung der tatsächlichen potentiellen Ersatzteile, angefangen mit der Reduktion auf Basis quantitativer Daten wie unter anderem:

- Welche Bauteile sind nicht austauschbar?
- Welche Bauteile wurden bereits als Ersatzteile an Kunden verkauft?
- Welche Bauteile sind im Rahmen von Garantie- und Gewährleistungsfällen eingesetzt worden?
- Welche sind Verschleiß- und Verbrauchsmaterialien?
- Welche Bauteile sind nicht mehr ersatzteilrelevant da z. B. bereits vor langer Zeit ausgelaufen und im Markt nicht mehr oder nur unterkritisch vorhanden?

Die zweite Filterstufe dient der Validierung der gewonnenen Stückliste auf Basis qualitativer Daten wie u. a. (Abb. 4.2):

- Erfahrungswissen von Entwicklung und Konstruktion, z. B. über notwendige und mögliche Bestandteile von Ersatzteilpaketen

- Standardlebensdauern und Ausfallwahrscheinlichkeiten von Bauteilen
- Regionale Besonderheiten der Produktnutzung, z. B. klimatische Bedingungen, Abnutzungsprofile, Kundenanforderungen.

Die so gewonnene umfassende Liste an potentiellen Ersatzteilen eines Unternehmens klassifizieren Service-Gestalter im Rahmen einer dritten Filterstufe anschließend anhand der Kriterien Kritikalität, Exklusivität und Modularisierungsgrad um sowohl die Preis- als auch die Supply Chain-Gestaltung zu optimieren und die Ergebnispotentiale im Ersatzteilgeschäft zu maximieren.

- **Ersatzteilklassifizierung gemäß Kritikalität**
  Die Kritikalität bildet die Dimension des Kundenbedarfs eines Ersatzteils ab und beantwortet somit die Frage, welche Bedeutung eine umgehende Verfügbarkeit des Teils für den Kunden aufweist. So weisen Ersatzteile, die zwingend zum Betrieb des Produktes notwendig sind, den höchsten Grad an Kritikalität auf. Dieser Grad wirkt sich dergestalt auf die Supply Chain, Lager-, Logistik- und Preisgestaltung aus, als für die aus Kundenperspektive hochkritischen Ersatzteile eine hohe Verfügbarkeit zu garantieren ist, der Verkaufspreis aber ebenso in oberen Regionen angesetzt werden kann.
- **Ersatzteilklassifizierung gemäß Exklusivität**
  Die Exklusivität bildet die Dimension der Lieferantenalternativen für ein Ersatzteil ab und folglich die Frage, welche weiteren Bezugsmöglichkeiten für ein Teil dem Kunden zur Verfügung stehen. So weisen Ersatzteile, die exklusiv vom eigenen Unternehmen gefertigt werden und nicht funktionsgleich beim Wettbewerb oder bei Drittanbietern verfügbar sind, den höchsten Grad an Exklusivität auf. Für diese Ersatzteile können die höchsten Preise erzielt werden. Die Bandbreite an Exklusivität reicht dabei von eigengefertigten oder eigenveredelten Ersatzteilen, über Lizenzvergaben an Lieferanten und das preisliche Weiterreichen von Einkaufs-Skaleneffekten an Kunden bis hinunter zu einfachen Me-too-Produkten oder gar Durchlaufposten im Sinne von ubiquitär verfügbaren Katalogteilen, die ohne das Beifügen von eigenem Know-how einfach weiterverkauft werden.
- **Ersatzteilklassifizierung gemäß Modularisierungsgrad**
  Die Modularisierung bildet die Dimension der Bandbreite an verfügbaren Ersatzteilen ab und folglich die Frage, inwieweit Ersatzteile für den Kunden auf Einzelteilebene oder lediglich auf Modulebene zur Verfügung stehen. So wirken sich Ersatzteile, die ein Modul aus mehreren Einzelteilen sind und dadurch einen Mehrwert für den Kunden darstellen, deutlich positiv auf den Preisgestaltungsspielraum sowie die Komplexität der Lieferkette, Lagerhaltung und Logistik aus. Für den Kunden können dabei eine Herstellergarantie für Funktion und Haltbarkeit sowie ein vereinfachter Austausch anstelle der Notwendigkeit zur komplexen und zeitaufwändigen Reparatur Mehrwerte darstellen. Ersatzteilmodule oder Kits reduzieren auch die für den Kunden wahrnehmbaren Bezugsalternativen, etablieren Wechselbarrieren (Hersteller „Lock-in") und dienen der Preisverschleierung durch die individuelle Kombination exklusiver und allgemein verfügbarer Bauteile.

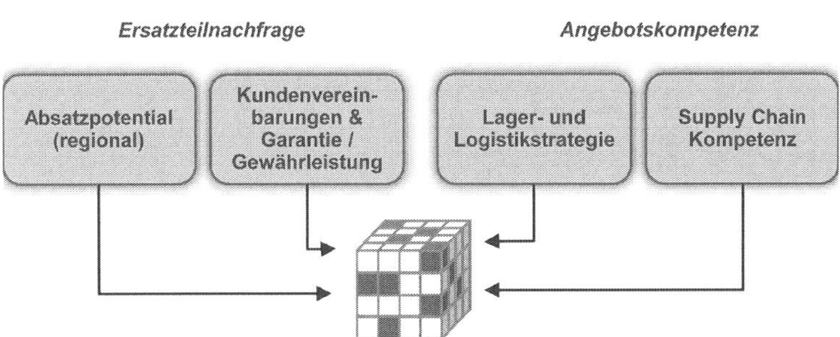

Abb. 4.3 Stellgrößen zur Selektion des relevanten Standard-Ersatzteilangebotes

4.1.2 Selektion relevanter Inhalte eines Standard-Ersatzteilangebotes

Aus der in Stufe I ermittelten vollständigen Liste potentieller Ersatzteile wird in Stufe II die Auswahl des Standardangebots getroffen, welches unter der Zielsetzung der umgehenden Verfügbarkeit optimiert wird. Bei dieser Auswahl werden daher die Stellgrößen der Ersatzteilnachfrage, wie z. B. Absatzpotential des einzelnen Ersatzteils und Kundenvereinbarungen, den Stellgrößen der eigenen Angebotskompetenz, wie z. B. Lager- und Logistikkonzepte oder Kompetenz der Lieferkette, gegenübergestellt (Abb. 4.3).

Das Absatzpotential je Ersatzteil ist die zentrale Stellgröße des Standardangebotes. Es reflektiert den Kundenbedarf und bildet die aggregierte Gesamtnachfrage aus historischer und prognostizierter Nachfrage nach den einzelnen Ersatzteilen ab. Hierzu werden tatsächliche Verkaufszahlen, Ersatzteillieferungen während der Garantie- und Gewährleistungsphase sowie Abschätzungen anhand der installierten Basis konsolidiert. Die so gewonnenen Daten müssen in den einzelnen Vertriebsregionen und Key Accounts des Unternehmens validiert und bei Bedarf angepasst werden, um durch Veränderung des Ersatzteilangebotes auf mögliche regionale Nachfrageunterschiede adäquat zu reagieren.

Zusätzlich zu dieser „klassischen" Nachfrage müssen bei der Bestimmung des Standardangebotes auch kundenindividuelle Ersatzteilvereinbarungen berücksichtigt werden. Existieren Garantie- und Gewährleistungsansprüche, sind bei Abschluss des Kaufvertrags Zusagen hinsichtlich der Verfügbarkeit von Ersatzteilen gemacht worden, oder wurden kundespezifische Service Level Agreements vereinbart, so sind einzelne Ersatzteile zwingend in das Standardangebot aufzunehmen, um die getroffenen Vereinbarungen in puncto Verfügbarkeit und Lieferzeit einhalten zu können und nicht das Risiko von Kundenunzufriedenheit oder gar von Vertragsstrafen einzugehen.

Der so ermittelten Nachfrageseite muss nun die Angebotskompetenz des Unternehmens gegenübergestellt werden. Vor dem Hintergrund der Lager- und Logistikstrategie wird dazu die aggregierte Gesamtnachfrage in regionale Dimensionen heruntergebrochen und im Abgleich mit den Fähigkeiten und Kapazitäten der Lieferkette evaluiert, welche potentiellen Ersatzteile in welcher Menge und an welchem Ort verfügbar sein sollten. Lieferzeiten, Lagerbestände (Stock Keeping Units, SKU) und Logistikaufwände sind dabei die Stellgrößen, anhand derer das Standardangebot weiter eingegrenzt wird.

Das Ergebnis des Vorgehens in dieser zweiten Stufe ist ein klar definiertes Standardangebot, mit welchem die Deckung des überwiegenden Anteils aller Kundennachfragen sowie des Service-, Garantie- und Gewährleistungsbedarfs je Verkaufsregion sichergestellt ist. Dieses Standardangebot deckt bei Service-Gestaltern ca. 80 % des jeweiligen regionalen Ersatzteilbedarfs ab und ist dementsprechend kosten- und lieferzeiteffizient ausgestaltet.

4.1.3 Konsistente und marktgerechte Preisdefinition für Ersatzteile entsprechend ihrer Klassifizierung

Die dritte Stufe der Erstellung eines optimalen Ersatzteilangebotes definiert die Preissetzung sowohl für die ausgewählten Standardersatzteile als auch für alle weiteren Ersatzteile, die in Stufe I definiert wurden, aber nicht zu den Teilen des Standardangebotes zählen.

Die Preisgestaltung vieler Unternehmen ist dabei umso mehr von Bedeutung, je globaler die eigenen Produkte vertrieben werden und je globaler zugleich die Kunden ihre Einkaufsorganisation aufgestellt haben. So kommt es immer wieder vor, dass international uneinheitliche Preise globaler Kunden dazu genutzt werden, sich bei einem Anbieter in dem Land mit den geringsten Preisen einzudecken, weil sie trotz erhöhten Logistikaufwandes dennoch eine Einsparung erzielen. Diese Einsparung auf Kundenseite mag zwar über den Eindruck der Unprofessionalität eines Herstellers hinwegtrösten, ist aber auf Dauer einem guten Gesamteindruck des Service sicher nicht zuträglich. Auch dem schon beim Serviceportfolio angesprochenen Verschenken von Serviceumsätzen, hier den Ersatzteilen, wird durch mangelnde Preissetzung kein Einhalt geboten – den wahren Wert von Teilen und Services realisiert der Vertrieb erst dann, wenn klare interne Verrechnungspreise etabliert sind.

Das Finden des richtigen konsistenten, marktgerechten und auch margenoptimalen Preises ist eine komplexe Aufgabe. Service-Gestalter orientieren sich daher zur Bemessung des Margenaufschlags je Ersatzteil („Mark-up") zuallererst an der vorher getroffenen Klassifizierung hinsichtlich Kritikalität, Exklusivität und Modularisierungsgrad. Dabei werden Preiskategorien gebildet, die die Ausprägung der drei Klassifizierungskriterien widerspiegeln. Eine hohe Ausprägung bedeutet dabei die Möglichkeit eines hohen Mark-ups auf das jeweilige Ersatzteil. Auch Kombinationen sind möglich. So stellt das obere Ende des Preiskontinuums ein eigengefertigtes,

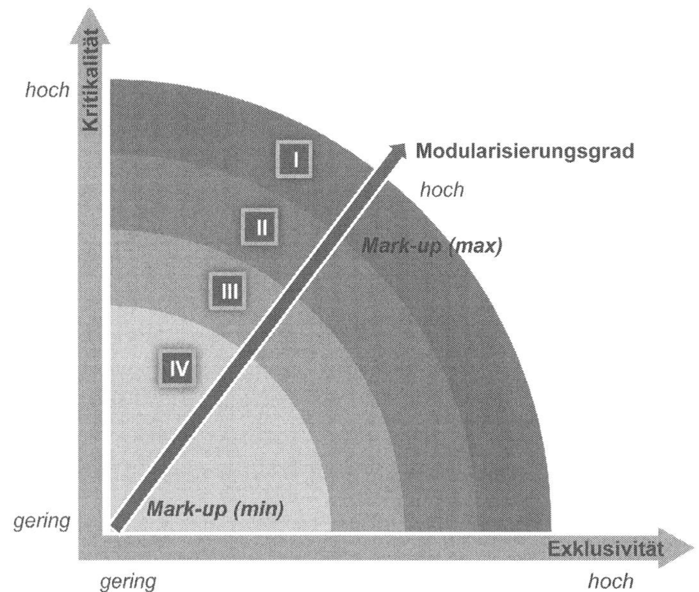

Preiskategorie	Ersatzteilcharakteristik (Beispiel)	Mark-up
I	Exklusive Eigenfertigung als Modul	100 %
II	Leistungskritisches Bauteil, Lizenzfertigung	70%
III	Alternative Bauteile und Lieferanten vorhanden	30%
IV	Externe Katalogteile, lediglich Weiterverkauf	10%

Abb. 4.4 Prinzip der Preiskategorisierung von Ersatzteilen gemäß ihrer Klassifizierung

produktkritisches Modul dar. Für jede einzelne Preiskategorie, die auf diese Weise ermittelt wird, werden nun die Margenaufschläge definiert und unisono auf die Gruppe an Ersatzteilen in der Preiskategorie angewendet. Die Wirksamkeit dieser Vorgehensweise lässt sich am Beispiel Apple und seines iPhones Version 1 und 2 verdeutlichen: im Rahmen der Zusicherung exklusiver Vertriebsrechte an die Deutsche Telekom gelang es Apple, den Produktpreis zu bestimmen und zusätzlich noch an dem Umsatz jeder von iPhone-Kunden getätigten Gesprächsminute prozentual beteiligt zu werden (Abb. 4.4).

Die so definierten Mark-ups müssen nun auf die Gesamtkostenbasis der einzelnen Teile angewendet werden. Je nachdem, ob es sich um eine Eigenfertigung oder ein Zukaufteil handelt, werden die Herstell- bzw. Einkaufskosten inklusive aller direkten und indirekten Zuschläge ermittelt und wird der prozentuale Aufschlag der einzelnen Preiskategorien angewendet. Als finalen Schritt zu einem Best in

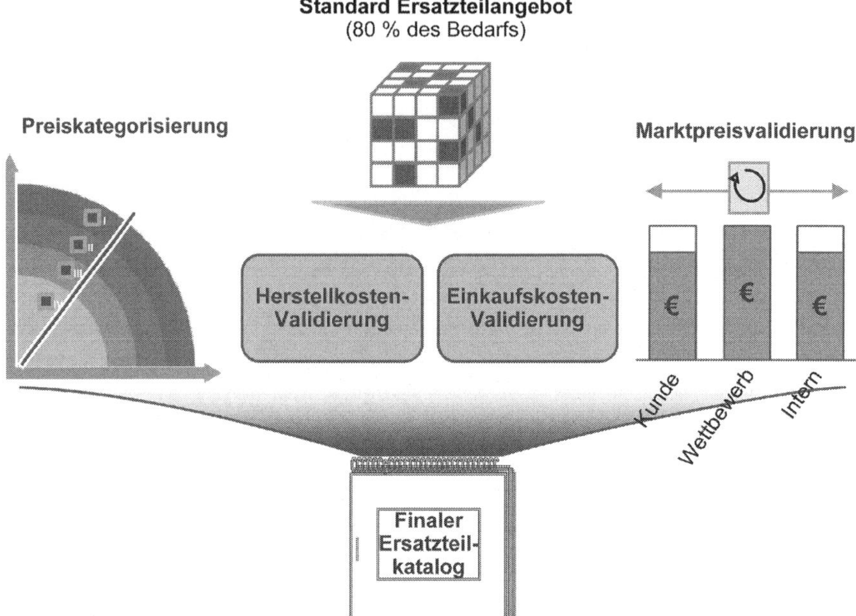

Abb. 4.5 Zusammenstellung eines bepreisten Standard-Ersatzteilkatalogs

Class- Ersatzteilkatalog führen Service-Gestalter analog zur Preisfindung bei Serviceelementen danach eine Marktpreisvalidierung durch, bevor der bepreiste Ersatzteilkatalog an die Kunden kommuniziert wird (Abb. 4.5).

Bei der Preissetzung mögen Preissensitivitäten bei den Kunden für kritische, exklusive oder modulare Ersatzteile gering ausfallen. Doch spätestens bei der nächsten Kaufentscheidung für eine neue Maschine oder ein Neuprodukt stehen Kunden gemäß des Total Cost of Ownership-Ansatzes wieder vor der Option, sich für ein Alternativprodukt mit günstigeren Folgekosten und ganzheitlich geringeren Aufwendungen entscheiden zu können.

Ausgehend von einer so vorgenommenen Preissetzung des Ersatzteilumfangs etablieren Service-Gestalter Maßnahmen zur regelmäßigen Kosten- und der damit verbundenen Margenkontrolle. In enger Abstimmung mit der Einkaufsorganisation des Unternehmens werden definierte Kostenwarnschwellen systemgängig etabliert, die ein Frühwarnsystem für potentielle Margenerosion bei den Ersatzteilen darstellen. Verteuern sich die Einkaufs- oder Herstellkosten eines Teils über einen vordefinierten Schwellenwert, ermöglicht die umgehende Information an die Ersatzteilverantwortlichen im Unternehmen ein schnelles Eingreifen und gegebenenfalls die umgehende Preiskorrektur von Standard-Ersatzteilen. Preisbindungszusagen für den Ersatzteilkatalog sollten aus diesem Grund möglichst gering gehalten werden und Teile, die extremen Marktschwankungen unterliegen (wie einige Roh- und Verbrauchsmaterialien), auch in einem Standardkatalog wenn möglich nur als „auf Anfrage" bepreist sein.

Die Möglichkeit der Preisverschleierung durch Bündelung existiert natürlich auch und gerade bei den Ersatzteilen. Indem sie nicht nur die Ersatzteile als einsatzzweckorientiertes Bündel zusammenfassen und paketieren (z. B. alle Verschleißteile für eine turnusgemäße Inspektion), sondern das Paket im Sinne eines vorkommissionierten „Total Care"-Angebotes auch um alle Dinge erweitern, die zur Servicedurchführung kundenseitig benötigt werden (z. B. Werkzeuge, Handschuhe), schöpfen führende Unternehmen noch deutlich mehr Umsatzpotenzial ab als nur die Marge für die eigenen Ersatzteile.

Im Allgemeinen lassen sich Ersatzteilpakete in sechs Kategorien einordnen:

1. **Start-up-Kits für Neumaschinen**, z. B. Verbrauchsmaterialien, wichtige Ersatzteile
2. **Lebenszyklus-/Produktstatus-Kits** für Bedarfe je nach Alter der Anlage, z. B. alle Ersatzteile für Regelinspektion nach definierter Anzahl von Monaten
3. **Notfall-Kits für Produktausfälle**, z. B. hochkritische Ersatzteile zur Minimierung der Stillstandszeiten
4. **Upgrade-Kits zur Anlagenoptimierung**, z. B. Software oder Nachfolgegeneration von Teilen
5. **Required-Exchange-Kits** für den Austausch eines defekten Teils muss zwangsweise ein anderes ebenso ersetzt werden, selbst wenn nicht defekt, z. B. Bildschirm und Tastatur eines Telefons
6. **Total Care-Kits** für die Rundumversorgung inklusive aller Nicht-Ersatzteile, die zur Durchführung des Service benötigt werden, z. B. Spezialwerkzeuge, detaillierte Arbeitsanweisungen, Reinigungsmaterial.

4.2   Ersatzteilkompetenz und -kennzeichnung zur optimierten Marktausschöpfung und Kundenbindung

Anders als bei spezifischen Services ist es im Ersatzteilgeschäft schwieriger, dauerhafte Kundenbindung und kontinuierliches Umsatzwachstum zu erzielen. Insbesondere in osteuropäischen und asiatischen Märkten tauchen häufig Plagiate eigener Ersatzteile auf, Wettbewerber entwickeln analoge Technologien und Kunden weisen hohe Wechselbereitschaften auf, sofern sie nicht einen klaren Kosten-, Nutzen- oder Komfortvorteil im Ersatzteilbezug beim OEM erkennen können. Ein detailliertes Produktwissen sowie die klare Kennzeichnung von Ersatzteilen durch geeignete Methoden sind somit in zweierlei Hinsicht relevant für ein Best in Class-Ersatzteilmanagement. Zum einen ermöglichen sie den Schutz des eigenen Produkts und Wettbewerbsvorteils, zum anderen sind sie eine exzellente Grundlage zur Optimierung der Kundenbindung. Der Umsatz im Ersatzteilgeschäft lässt sich dadurch nachhaltig erhöhen.

Eine systematische und durchgängig einheitliche Ersatzteilkennzeichnung sowie spezifische Ersatzteilkompetenz sind eine elementare Notwendigkeit zur Sicherung des Wettbewerbsvorsprungs und Erlangung einer optimalen Marktausschöpfung über den Produktlebenszyklus. Während der Garantiezeit bestehen noch genügend

Kundenanreize, die originalen Ersatzteile des OEM zu verwenden. Nach Ablauf der Garantiezeit lassen sich Wettbewerbsdruck und Piraterie jedoch nicht mehr vollständig eliminieren. Die Kombination aus schwer kopierbarer Kennzeichnung und der Schaffung ersatzteilspezifischer, komplexer Produktauslegungen ermöglicht dann einen weitreichenden und langanhaltenden Schutz des geistigen Eigentums und damit der Umsätze im Ersatzteilgeschäft.

Solch umfangreiche Maßnahmen sind sicherlich nicht für alle Teile sinnvoll und es bedarf auch nicht dem gleichen Maß an Schutzmaßnahmen für alle relevanten Ersatzteile. Vor allem die Kernbestandteile und Innovationen des eigenen Produktes müssen aber geschützt werden. Die Patentierung zur Sicherung geistigen Eigentums ist sehr aufwendig und daher nur für einen sehr kleinen Anteil des Ersatzteilportfolios erstrebenswert. Das Erschweren der Kopierfähigkeit beginnt aber bereits bei der eindeutigen Markierung der Teile („Branding"), beispielsweise durch eingeätzte Logos, Hologramme oder kodierte Seriennummern zur eindeutigen Nachvollziehbarkeit der Ersatzteilherkunft und -originalität.

Eine nächste Stufe der schwer kopierbaren Ersatzteileigenschaften lässt sich durch RFID-Technologie erreichen, die sinnvoll eingesetzt nicht nur die präzise Nachverfolgung des Teils während des Transports für Kunde und Unternehmen ermöglicht, sondern auch die Nutzbarkeit eines Gesamtprodukts auf die Verwendung eines spezifischen Original-Ersatzteils limitieren kann. So ließe sich beispielsweise eine Beladeöffnung so konzipieren, dass sie sich nur schließen und verriegeln lässt, wenn eine Originaltür verwendet wird.

Die sicherlich komplexeste Variante des Kopierschutzes stellt die Verwendung besonderer Materialien oder die Kreation eines komplexen Systems aus mehreren Einzelkomponenten dar, dessen Zusammenstellung einen hohen Grad spezifischen Produktwissens erfordert, wie:

- Oberflächengüten/Verarbeitungspräzision/spezielle Formgebung
- Materialzusammensetzungen und Legierungen
- Komplexe (Fein-)Mechaniken
- Proprietäre Elektronik/Steuereinheiten
- Entwicklung kompletter Ersatzteilmodule oder Kits zum Komplettaustausch von Systemen

Service-Gestalter kreieren in dedizierten „Design-for-Spares"-Ansätzen individuelle Ersatzteilsysteme, deren einzelne Bestandteile nicht separat austauschbar und nur mit großem Aufwand von Wettbewerbern und Produktpiraten zu kopieren sind.

Kundenbindung beginnt mit dem klaren Branding der Ersatzteile. Dieses fängt bei der Verpackung an, die nur das Markenzeichen des OEM als Inhaber des originären Gesamtprodukts aufweisen sollte und klar vermittelt, dass es sich um ein Originalersatzteil des OEM handelt, womit ein entsprechendes Qualitätsversprechen verbunden ist. Konsequenterweise würde sich auch der Markenname des Lieferanten, von dem ein Ersatzteil bezogen wird, nicht auf dem Teil selbst wiederfinden. Diese Forderung kann zumeist nur bei eigenentwickelten und in exklusiver Lizenz gefertigten Teilen bei Lieferanten durchgesetzt werden.

Eine klare Kennzeichnung von Ersatzteilen anhand von Seriennummern, Chargen etc. ist weiterhin ausschlaggebend für die schnelle und konfliktfreie Handhabung von

Kundenreklamationen während und nach der Garantiephase. Die Kennzeichnung erlaubt eine eineindeutige Zuordnung des Bauteils zu Maschinen und Laufzeiten und schafft daher sofortige Klarheit, ob reklamierte Teile als Garantiefall gehandhabt werden können. Während im Hintergrund Fehlersuche und Ursachenforschung betrieben und Lieferantenregresspflichten geprüft werden können, erhält der Kunde schnell und kompetent ein neues Teil, welches optimal auf die Anforderungen seiner Anlage abgestimmt ist.

Kundenbindung bedeutet aber auch, dem Kunden den Erwerb von Ersatzteilen so einfach und komfortabel wie möglich zu gestalten. Virtuelle Standardeinkaufskörbe, die ein Kunde im Kundenportal für sich anlegen kann, ermöglichen ein „One-stop-shopping" des immer Gleichen benötigten Ersatzteilumfangs. Der Kunde muss nur noch die Bestellmengen aktualisieren. Eine Ausbaustufe stellen produktbezogene Empfehlungen dar. Dabei werden dem Kunden auf Basis der dem Hersteller bekannten Produkthistorie (Produkttyp, Alter, Nutzungsprofil etc.) Empfehlungen ausgesprochen, welches Ersatzteil zu diesem Zeitpunkt für ihn in Frage käme, und ob es bereits Nachfolgebauteile und -produkte gibt, die die Leistung des in seinem Besitz befindlichen Produkts verbessern.

Auch kann die Ersatzteilkennzeichnung so vorgenommen werden, dass ein Kunde zum Beispiel einen RFID- oder Barcode am defekten Bauteil einfach abfotografiert oder einscannt und das benötigte Ersatzteil, seine Beschreibung und Preisstellung automatisch online identifiziert und angezeigt wird. Es reicht die Mengenangabe im Bestellformular, und schon ist das richtige Teil schnell und unkompliziert geordert.

Das gleiche Prinzip des höchsten Kundenkomforts bei der Nachbestellung von Ersatzteilen greift bei „mitdenkenden" Teilen, insbesondere im Rahmen von Verschleiß- und Verbrauchsmaterialien. So kann bei Erreichen eines vordefinierten Abnutzungs- bzw. Verbrauchswertes oder eines Defekts beim klassischen Ersatzteil ein Trigger ausgelöst werden, der dem Kunden automatisch einen Vorschlag zur Nachbestellung unterbreitet. Das korrekte Ersatzteil würde danach online definiert. Dieses Vorgehen ist gelebte Praxis bei Herstellern von Tintenstrahl- und Laserdruckern. Sobald eine Farbpatrone ein kritisches Tonerniveau erreicht hat, erscheint online automatisch der Vorschlag zur Nachbestellung.

Quasi als positiver Nebeneffekt erhöhen klare Kennzeichnung und detaillierte Produktdokumentation auch signifikant die unternehmensinterne Effizienz in der Abwicklung des Ersatzteilgeschäftes. Mitunter langwierige Klärungen entfallen somit, z. B. ob das durch den Kunden bestellte Teil das korrekte darstellt und in seinem Produkt auch tatsächlich funktionsfähig ist.

4.3   Verfügbarkeit und effiziente Distribution von Ersatzteilen

Die Existenz eines umfangreichen Ersatzteilkataloges setzen Kunden als Hygienefaktor für jedes technische Unternehmen voraus. Die Komplexität der Realisierung eines Best in Class-Ersatzteilmanagements zeigt sich jedoch erst in der Sicherstellung ausreichender Verfügbarkeit und effizienter Distribution dieser Teile – und stellt somit

Abb. 4.6 Fünf Stellhebel der Verfügbarkeit und der effizienten Distribution von Ersatzteilen

den zentralen wettbewerbsdifferenzierenden Faktor dar. Service-Gestalter etablieren sich dabei durch die optimale Ausgestaltung von fünf Stellhebeln (Abb. 4.6).

Ausgangspunkt für die Optimierung der Versorgungskette ist ein robuster Absatz- und Produktionsplanungsprozess (Sales & Operations Planning – S&OP). S&OP stellt dabei den Entscheidungsprozess dar, mit dessen Hilfe Nachfrage und Angebot ausbalanciert werden. Auf Basis der aktuellen und erwarteten Nachfrage werden eine optimierte Kapazitätsplanung und Beschaffungslogistik für die interne Produktion und die externen Lieferanten sowie für die kosten- und zeitoptimale Balance zwischen Lägern, notwendigen Vorbereitungsaktivitäten und Logistikkapazitäten ermöglicht.

Insgesamt ist eine Vielzahl von Einflussfaktoren zu berücksichtigen. Zusätzlich zu den Standardschätzungen des Absatzpotentials anhand der Anzahl verkaufter Produkte fließen weitere zentrale Parameter ein, im Wesentlichen ist dies:

- Grad der Kritikalität je Ersatzteil
- Lebenszyklusstatus des Produktes oder einzelnen Ersatzteils, z. B. End of Life-Versorgung, Länge des Produktlebenszyklus, Anzahl der Produkte innerhalb und außerhalb der Garantiezeit
- Ausfallwahrscheinlichkeiten, z. B. Planung höheren Bedarfs im Zeitraum der höchsten Ausfallwahrscheinlichkeit oder in Regionen mit größeren Ausfallrisiken
- Differenzierung zwischen Ersatz-, Verschleiß- und Verbrauchsteil
- Bestellverhalten einzelner Kunden je Verkaufsregion
- Berücksichtigung der Teilekomplexität bzw. Modularität im Sinne der benötigten Produktionszeit/internen Lieferzeit

- Anzahl und Inhalte der verkauften Service- bzw. Ersatzteilverträge, z. B. kundenindividuelle Vereinbarungen über Ersatzteilversorgung
- Struktur des Lagernetzwerks, z. B. Anzahl und Kapazitäten
- Lagerfähigkeit von Ersatzteilen und Modulen
- Lagerhaltungskosten im Vergleich zu Logistikkosten
- Kompetenz und Integrationsgrad von Teilelieferanten, z. B. lokaler Teilebezug und Logistikdienstleistern, z. B. Nutzung von Lägern, die durch Logistikdienstleister betrieben werden (Vendor Managed Inventories)
- Aufwand und Dauer vorbereitender Tätigkeiten vor Kundenversand, z. B. umpacken, bündeln, Versandfertigkeit herstellen
- Zölle und weitere Kosten von internationalen Standorten
- Priorisierungsregeln bei Ressourcenknappheit zwischen dem Teilebedarf für die Produktion von Neuprodukten versus dem Bedarf im Ersatzteilgeschäft.

Service-Gestalter berücksichtigen zudem weitere Optionen bei der Lagerung und Logistik von Ersatzteilen. So werden durch Logistikdienstleister geführte Konsignationsläger bei wichtigen Kunden eingerichtet, kleinere Ersatzteilläger im Fachhandel und bei Vertriebspartnern etabliert sowie externe Teilelieferanten als Direktlager für die Kundenauslieferung auf globaler Basis genutzt.

Auch die Rolle des Logistikdienstleisters verändert sich zunehmend und wandelt sich auf Ebene der weltweiten Ersatzteilversorgung vom fokussierten Nischenanbieter hin zu einem integrierten Partner im Supply Chain Planungsprozess des Unternehmens. Führende Serviceunternehmen unterhalten strategische Partnerschaften mit ihren Logistikdienstleistern und teilen Informationen, Technologien, und Risiken.

Es ist eindeutig, dass die intelligente Ausgestaltung aller fünf Stellhebel eine stetige Abwägung von zwei gegenläufigen Interessen erfordert: Lieferfähigkeit (Servicelevel für Ersatzteile) contra Kosten der Versorgung (Kapitalbindung und Logistik). Eine Optimierung von Kosten und Leistung der Ersatzteilversorgung findet somit immer im Spannungsfeld des Managements von Teilebeschaffung, Lagernetzwerk, Beständen, Logistik und Partnern statt (Abb. 4.7).

Zusätzlich zum kundengerichteten Ersatzteilversorgungsprozess (Stellhebel 1 bis 4) ist der Rücknahmeprozess von Ersatzteilen (Stellhebel 5) zu betrachten, z. B. im Falle von Garantieansprüchen oder Reparaturanfragen des Kunden. So rentiert sich die Rücknahme eines Ersatzteils nicht nur dann, wenn Regressansprüche an den eigenen Unterlieferanten zu erwarten sind oder die Wiederaufbereitung des Bauteils und ein erneuter Verkauf realistisch erscheinen. Die Rücknahme eines Ersatzteils ist hingegen immer empfehlenswert, sobald hieraus Qualitätsmaßnahmen für zukünftige Produktgenerationen abgeleitet werden können – auch wenn dadurch für eine eventuelle Entsorgung zusätzliche Kosten beim Anbieter anfielen.

Eine effiziente und effektive Ersatzteilversorgung kann folglich nicht durch eine autarke Betrachtung der fünf Stellhebel erreicht werden. Um zielgerichtete Maßnahmen zur Differenzierung und Optimierung des Ersatzteilgeschäftes ableiten zu können, sind klare Leistungsindikatoren notwendig. Service-Gestalter überführen

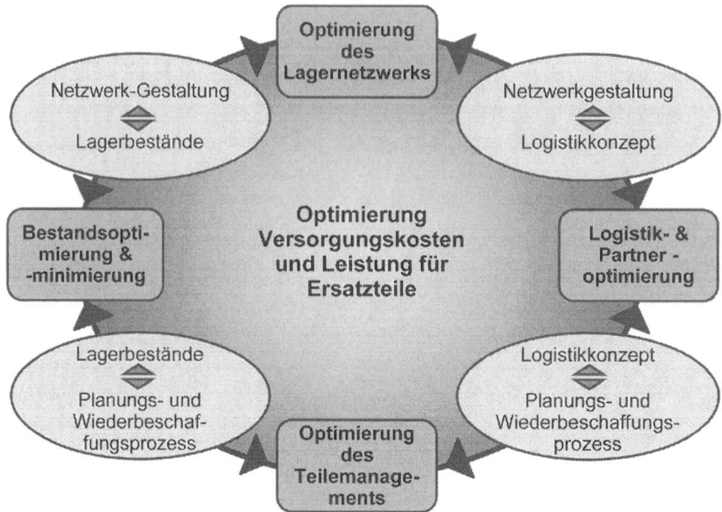

Abb. 4.7 Spannungsfeld der Optimierung von Versorgungskosten und -leistung im Ersatzteilmanagement

die aus Kundensicht relevanten Faktoren wie z. B. Reaktionszeit, Lieferzeit und Zuverlässigkeit in wesentliche interne Messgrößen und überprüfen sie konsequent:

- Lieferperformance, z. B. im Vergleich zu Standardzeiten, Erfüllungsrate
- Flexibilität und Reaktionszeit, z. B. Antwortzeiten, Transparenz über Verfügbarkeiten und Lieferstatus, Erfüllungsgrad von Sonderanforderungen
- Lieferzeit von Auftragseingang bis Auslieferung an Kunden
- Gesamtkosten der Lieferung
- Kapitalbindungskosten, z. B. für Rohmaterial, Work in Progress, Fertigprodukte, Vertragskosten mit Partnern, Lagerhaltungskosten
- Liquiditätsflüsse von Materialinvestition bis Zahlungseingang Kunde (Cash-to-Cash-Zyklus)

Um diese Parameter nachhalten und somit die Gesamtleistung der Ersatzteilversorgung zielgerichtet verbessern zu können, müssen die fünf Stellhebel der Ersatzteilverfügbarkeit und -distribution in einem einheitlichen Gesamtsystem geplant, harmonisiert und kontrolliert werden (Abb. 4.8).

Nur in einem solchen Gesamtsystem können die zentralen Erfolgsfaktoren der Best in Class-Ersatzteilversorgung adressiert werden:

- Konsistente, durchgängige und funktionsübergreifende Planung (End-to-End Supply Chain Planung)
- Kundenfokussierter Bestell-, Liefer- und Abwicklungsprozess
- Transparenter und zuverlässiger Auftragssteuerungs- und Erfüllungsprozess
- Bedarfs- und ressourcenorientiertes Wiederbeschaffungs-, Fertigungs- und Einkaufskonzept
- Klare Definition von An- und Auslauf einzelner Ersatzteile

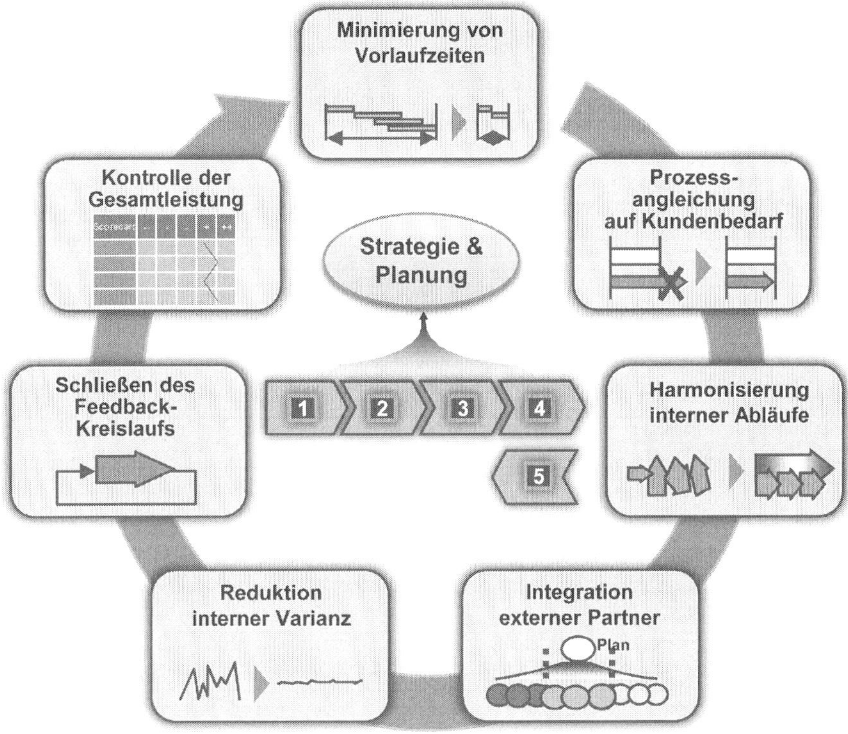

Abb. 4.8 Aktivitäten eines effizienten Ersatzteilversorgungs-Managements

- Kundendifferenzierte Versorgungsmodelle
- Kollaborationsorientiertes Lieferanten- und Logistikdienstleister-Management
- Effektive Organisation und klare Verantwortlichkeiten
- Maßnahmendefinition auf Basis relevanter Kenngrößen und Ziele
- Exzellenz in Datenaufnahme und -verarbeitung

Für viele Unternehmen ist unserer Erfahrung nach ein Paradigmenwechsel im Ersatzteilversorgungs-Management gefordert, um aktuelle und zukünftige Serviceanforderungen globaler Kunden erfüllen zu können. Aktivitäten müssen weg von der intern ausgerichteten „Eine Lösung für Alle"-Variante, hin zu einer kundenorientierten und flexiblen Servicelösung ausgerichtet werden (Abb. 4.9).

4.4 Lebenszyklusmanagement und End of Life-Versorgung von Ersatzteilen

Wie beim Gesamtprodukt ist die Berücksichtigung des Lebenszyklus auch beim einzelnen Ersatzteil ein wesentliches Element, dessen sich Service-Gestalter bedienen, um Umsätze zu maximieren, Gesamtkosten zu minimieren, und das Neuproduktge-

Abb. 4.9 Paradigmenwechsel im Ersatzteilversorgungsmanagement

schäft zu unterstützen. Der Lebenszyklus von Ersatzteilen besteht aus drei zentralen Phasen, die sich am Lebenszyklus des Gesamtproduktes orientieren:

1. Anlaufphase bzw. Ramp-up
2. Volumenphase und Kommerzialisierung
3. End of Life-Phase sowie weiterführendes Produktmanagement

Über diese Phasen hinweg müssen kontinuierlich Entscheidungen hinsichtlich Volumina und Preisen getroffen werden. Diese Entscheidungen korrelieren mit dem Alter des Ersatzteils bzw. seiner Lebenszyklusphase. Für ein Best in Class-Ersatzteilmanagement ist daher die enge Verzahnung und Abstimmung der folgenden strategischen Parameter elementar (Abb. 4.10):

• Produktstrategie: Wann und für wie lange soll ein Ersatzteil angeboten werden?
• Preisstrategie: Welcher Mark-up ist am Markt durchsetzbar?
• Fertigungsstrategie: Eigen- oder Fremdfertigung, an welchen Standorten?
• Supply Chain Strategie: Welche Verfügbarkeit muss garantiert werden?

Abb. 4.10 Entscheidungs-
kontinuum im
Lebenszyklusmanagement
von Ersatzteilen

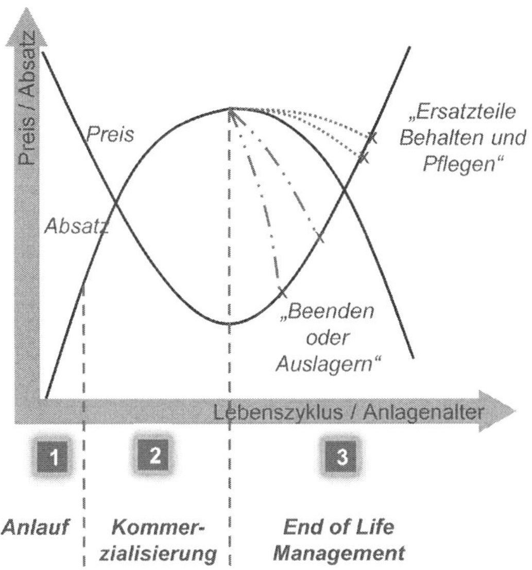

In der Anlaufphase 1) des Produktes steht zunächst die Entscheidung über den Zeitpunkt des Ramp-up für das Ersatzteil an. Wann soll das Ersatzteil verfügbar sein,
in welcher Menge, und zu welchem Preis? Einige Ersatzteile, beispielsweise für
kundenspezifische Anpassungen in Produkten, kommen dabei über das Stadium
der Anlaufphase gar nicht heraus und verbleiben in puncto Preis und Volumen im
Kleinserien- bzw. Prototypenstadium. Für klassische Ersatzteile können typischerweise zu Beginn des Ersatzteillebenszyklus aufgrund der Exklusivität höhere Preise
erzielt werden. Service-Gestalter versuchen daher, auf Basis von Abschätzungen der
Verbrauchs- und Verschleißmaterialbedarfe sowie entsprechend der Lebensdaueraus-
legung von Ersatzteilen einen schnellen Aufbau des Servicegeschäftes zu realisieren,
möglichst parallel zum Marktanlauf des Neuprodukts.

Während der anschließenden Kommerzialisierungsphase 2) stellt sich die stetige
Frage der richtigen Volumendimensionierung des Produktes in Einkauf, Produktion
und Supply Chain. Auch die Frage einer Standortverlagerung in ausländische Ferti-
gungsstätten oder Ausweitung des Einkaufs auf globale Anbieter gerät in den Fokus.
Die Preisstrategie wird durch volumenbedingte Kostendegression sowie steigenden
Wettbewerbsdruck bestimmt, was typischerweise sinkende Preise des Ersatzteils
zur Folge hat, auf Umsatz- oder Margenstruktur aber bestenfalls keinen Einfluss
nimmt. Je nach Gestaltung des Ersatzteils gemäß der vorgestellten Klassifizierung
nach Kritikalität, Exklusivität und Modularisierungsgrad wird die Preiskurve dabei
verschoben.

Ist ein Ersatzteil zu Beginn seines Lebenszyklus noch linear an den Lebenszyklus
des Gesamtproduktes gebunden, so entkoppelt es sich mit der Zeit. Ein Ersatzteil
muss ab einem bestimmten Zeitpunkt gleichzeitig mehrere Lebensphasen des
Gesamtproduktes bedienen, abhängig davon, wie lange dieses bereits im Markt ist,
und sich innerhalb der Garantiephase, außerhalb der Garantiephase, oder bereits
in der Überführungsphase in ein „Second Life" befindet. Diese Charakteristik hat

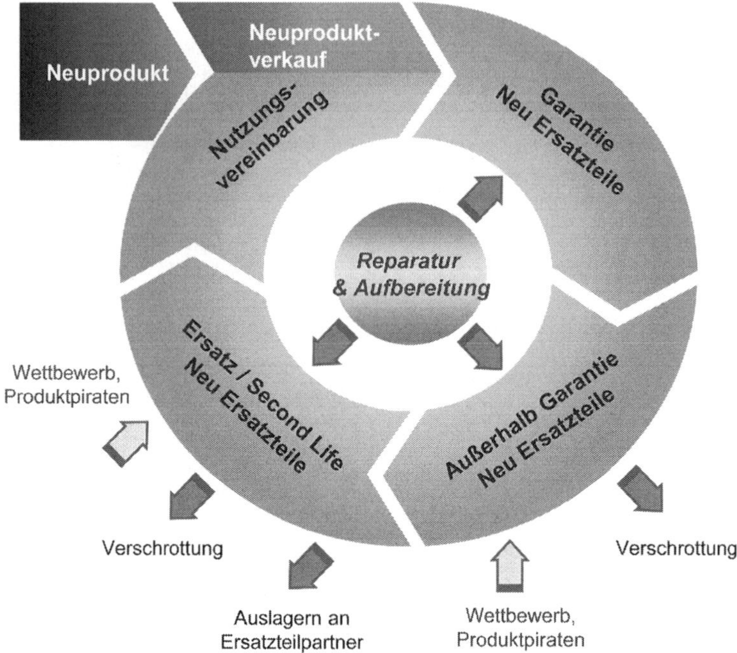

Abb. 4.11 Entkopplung des Ersatzteillebenszyklus vom Neuprodukt und optimale Ausgestaltung

anfangs Einfluss auf Volumensteuerung und Reichweite des Ersatzteils. Nähert sich ein Gesamtprodukt dem Ende seines Lebenszyklus, so sollten zuerst relevante Ersatzteile in höherer Anzahl vorgehalten werden, um den nachlaufenden Ersatzteilbedarf bedienen zu können. Die interne Abschätzung bezieht hierfür sechs Bedarfsparameter ein:

- Anzahl neu verkaufter Gesamtprodukte der installierten Basis
- Anzahl neu verkaufter Ersatzteile bisher
- Anzahl aufbereiteter Ersatzteile im Umlauf oder Bestand
- Durchschnittliche Ausfallrate
- Ungefährer Anteil an verschrotteten Ersatzteilen
- Ungefähre Volumina der Wettbewerber und/oder von Produktpiraten

Je länger das Gesamtprodukt jedoch schon ausgesteuert und ersetzt wurde, desto öfter stellen sich Service-Gestalter die Frage, ob nicht auch das Ersatzteil ausgesteuert werden muss. Diese kritischste Phase des Ersatzteillebenszyklus wird mit dem „Phaseout"-Zeitpunkt eingeleitet, ab dem ein Ersatzteil in das End of Life-Management 3) übergeht. Der Phase-out-Zeitpunkt des Ersatzteils kennzeichnet dabei nicht den Moment der Ablösung des korrespondierenden Gesamtproduktes im Neuverkauf, sondern jenen Zeitpunkt, ab dem für ein Ersatzteil keinerlei gesetzliche oder freiwillige Garantieverpflichtungen oder sonstige spezifische Kundenvereinbarungen mehr bestehen (Abb. 4.11).

Der richtige Zeitpunkt zur Aussteuerung eines Ersatzteils wird von Unternehmen mit Best in Class-Ersatzteilmanagement anhand zahlreicher „Markttests" determiniert. Ab Erreichen des Phase-out-Zeitpunkts werden selektiv Preisveränderungen vorgenommen und wird die Volumenreaktion am Markt beobachtet. Folgt beispielsweise einer Preiserhöhung eine deutliche Umsatzreduktion (als Ergebnis aus Preis × Menge), so ist dies ein gutes Indiz für die baldige Aussteuerung eines Ersatzteils (Kill or Outsource). Bricht die Kundennachfrage massiv ein, so bestehen für Kunden offensichtlich ausreichend Substitutionsmöglichkeiten auf Gesamtprodukt- oder Ersatzteilebene. Stößt eine Preiserhöhung jedoch auf einen unterproportional zurückgehenden Absatz, so versuchen sich Service-Gestalter in der gezielten Pflege dieser Ersatzteile bis hin zu Manufakturfertigung und entsprechend höheren Preisen.

Einigen Unternehmen ist diese Art der stetigen Marktkontrolle allerdings deutlich zu aufwendig. Wie kann eine alternative End of Life-Versorgung von Ersatzteilen aussehen? Eine Möglichkeit der Aussteuerung ist die Weitergabe der Ersatzteilfertigung an Fremdfertiger nach Ablauf der Garantie- und Ersatzteilversorgungsfristen. In diesem Modell werden Lizenzen oder, im Falle der Eigenfertigung, ganze Maschinen an externe Firmen verkauft, die dann das Ersatzteilgeschäft weiter betreiben. Service-Gestalter sichern sich auch nach Auslagerung an Drittfertiger einen Umsatzanteil auf jedes verkaufte Ersatzteil.

Auf längere Sicht ist jedoch der aufwendigere Weg der eigenen Kontrolle von Ersatzteilen gewinnbringender. Ein intelligentes Lebenszyklusmanagement von Ersatzteilen ist für Servicedienstleistungen und das Neuproduktgeschäft ein Umsatzgenerator, denn zusätzliches Kundenwissen durch Ersatzteilanfragen von Kunden über alte Produkte eröffnet signifikante Umsatzpotentiale auf gleich mehreren Ebenen:

- Serviceumsatz: Realisierung von Upgrade-Geschäften für alte Produkte
- Neuproduktumsatz: Eintausch alter gegen neue Produkte
- Kontrolle des Second Lifecycle: Wie kompatibel gestalte ich Ersatzteile für Nachfolgeprodukte mit denen der alten Generation und generiere so den Kundenbedarf für ein Neuprodukt oder Upgrade?

4.5   Verantwortung für Best in Class-Ersatzteilentwicklung und -optimierung

Analog zur Verantwortung für das innovative Serviceportfolio reicht es auch bei Ersatzteilen nicht aus, die Entwicklung und Optimierung nur als passive und im Unternehmen nicht verankerte Aktivität zu betreiben. Viele Unternehmen erkennen keinen intuitiven Handlungsbedarf zur dedizierten Ausgestaltung des Ersatzteilgeschäftes. Oft wird es daher reaktiv auf Kundenwunsch abgewickelt. Service-Gestalter hingegen wissen um die wesentlichen Anforderungen einer Best in Class-Ersatzteilentwicklung und -optimierung:

- Cross-funktionale Verankerung im Unternehmen
- Steuerung durch After Sales, mit gleichberechtigter Einbindung von Engineering und Service

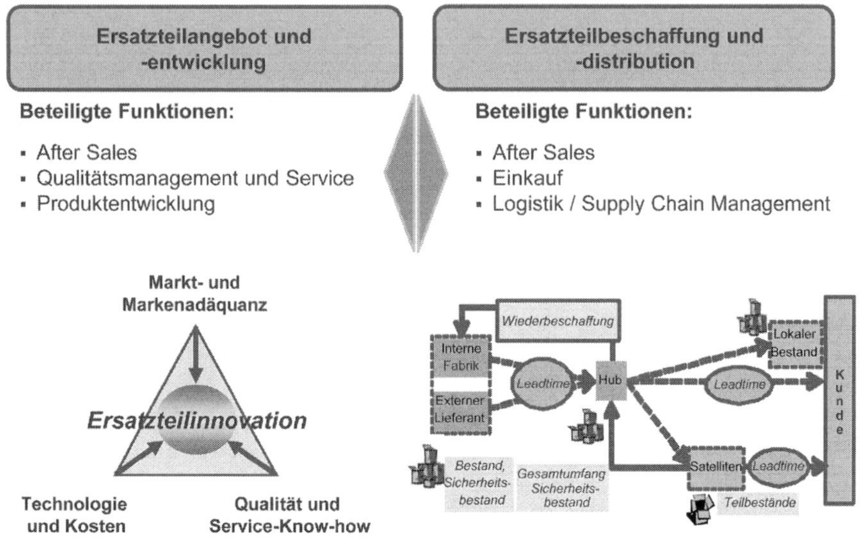

Abb. 4.12 Verantwortung für die zwei Kernaufgaben des Ersatzteilmanagements

- Einbindung des Einkaufs zur Sicherstellung schneller Verfügbarkeit und zuverlässiger Lieferinformationen
- Einbindung der Logistik- und Supply Chain-Funktion zur Sicherstellung optimaler Distributionseffizienz und -effektivität
- Klare und bedarfsgerechte Teilestrukturen und Preise
- Abwägung zwischen margen- und kundenzufriedenheitsoptimaler Teile- und Preisgestaltung
- Unterstützung durch stringente und effektive Methoden und Systeme

Wie beim Serviceportfolio steht auch beim Ersatzteilwesen das Spannungsdreieck aus Sales/After Sales, Qualitätswesen und Produktentwicklung im Zentrum der Herausforderung und hierbei, die Ersatzteile markt- und markenadäquat, service- und qualitätsgerecht sowie kosten- und technologieoptimal zu gestalten. Zusätzlich zu der reinen produktgestalterischen Aufgabe ist bei den Ersatzteilen jedoch auch die Herausforderung der optimalen globalen Beschaffung und Distribution zu bewältigen, die das koordinierte Zusammenspiel zwischen den After Sales, Beschaffungs-, und Logistik-/Supply Chain-Funktionen im Unternehmen erfordert.

Es ist ein stringentes, methoden- und systemgestütztes Vorgehen notwendig, um die zwei Kernaufgaben des Best in Class-Ersatzteilmanagements dauerhaft erfolgreich im Unternehmen zu verankern und durch das Zusammenspiel der Kräfte das Optimum herauszuholen (Abb. 4.12):

1. Optimierung, Aktualisierung, und Entwicklung des Ersatzteilangebots
2. Effizienz und Effektivität bei der Beschaffung und Distribution von Ersatzteilen auf globaler Basis.

4.5.1 Verantwortung für Best in Class-Ersatzteilentwicklung und -optimierung

Ersatzteildefinitionen und deren Preissetzungen sind in einem regelmäßigen Zyklus auf ihre Aktualität zu überprüfen und bei Bedarf anzupassen. Sobald von Seiten des Engineering ein neues Teil im System angelegt wird, gilt dies als Startschuss zum Durchlaufen des Ersatzteil-Filterprozesses durch die After Sales-Funktion. Stellt sich am Ende des strukturierten Diskurses mit anderen beteiligten Fachabteilungen das neu angelegte Teil als Ersatzteil heraus, so muss über die Dringlichkeit eines Updates des Standard-Ersatzteilkatalogs entschieden werden: Ist das neue Teil kritisch für den Betrieb? Wie hoch ist die mit dem Teil verbundene Gewinnerwartung? Ist eine schnelle Versorgung mit diesem Ersatzteil notwendig oder ermöglicht eine ausreichend hoch bemessene Lebenserwartung des Teils eine langsamere Markteinführung?

Ebenso wie der Katalog um neu angelegte und vorhandene, stark nachgefragte Ersatzteile ergänzt wird, müssen auch nicht mehr aktuelle oder umsatzschwache Ersatzteile zielgerichtet und am Lebenszyklusmodell orientiert aus dem Katalog ausgesteuert werden. Daher ist es elementar, einen festen Turnus einzurichten, der Ersatzteildefinition, Klassifizierung, Bepreisung und Paketbildung als klaren und gelebten Prozess im Unternehmen etabliert und eine regelmäßige Aktualisierung des Standard-Ersatzteilkatalogs als Ergebnis hat.

Ein zweiter Aspekt des Ersatzteilangebots und seiner Weiterentwicklung beschäftigt sich mit der Frage nach dem „Design-for-Service" im Ersatzteilgeschäft. Liegt im Spannungsdreieck für Serviceangebote der Fokus im Wesentlichen auf einer möglichst hohen Konformität der Serviceausführung sowie der Erzielung höchsten Kundennutzens, so existieren bei der Entwicklung neuer Bauteile – und somit neuer potentieller Ersatzteile – noch weitere Optimierungsparameter. Die Produktentwicklung muss gemeinsam mit Vertrieb, Qualitätswesen und Service das Ersatzteil umsatzoptimal ausgestalten. Umsatzoptimal bedeutet, dass nicht nur der Kundenbedarf gedeckt und ein Ersatz qualitativ gleichmäßig hochwertig ablaufen kann, sondern auch, dass ein Ersatzteil gegen Kopie und Piraterie geschützt ist und einen Grad an Exklusivität (Lock-in) aufweist, der für Kunden noch akzeptabel ist. Allerdings akzeptieren Kunden exklusive Ersatzteile nur in einem geringen Umfang. Diese sollten folglich einen dauerhaften Margenbringer für das Unternehmen darstellen und am besten Kernbestandteile des Gesamtprodukts darstellen, bei denen Kunden Verständnis für die Exklusivität aufbringen können, z. B. Displaytausch bei einem Mobiltelefon oder zentrale Antriebseinheit einer Maschine.

Neben der Konstruktion exklusiver und modularisierter Teile gilt es, Anstrengungen zur Teilestandardisierung und Komplexitätsreduktion im Unternehmen vorzunehmen und dabei zu entscheiden, welche Plattformen einheitlich nutzbar, welche Technologien in anderen Produkten verwendbar sind und welche Skaleneffekte in Produktion und bei Lieferanten erzielt werden können. Auch die Frage nach der beherrschbaren Variantenvielfalt durch die eigene Organisation spielt hier eine wichtige Rolle.

Für den bestmöglichen Lösungsweg stellen Service-Gestalter die Ziele des Neuproduktes denen des Ersatzteilgeschäfts gegenüber. Fünf Kriterien helfen, über den optimalen Grad an „Design-for-Spares" zu bestimmen:

1. Vergleich der Umsatz- und Margenpotentiale im Neuprodukt- vs. Ersatzteilgeschäft
2. Kompetenzen und Kapazitäten der Eigenfertigung
3. Durchsetzbarkeit von Lizenzen, Brandings etc. bei Lieferanten
4. Akzeptanz eines „Lock-in" auf Kundenseite
5. Voraussichtliche Lebenszyklusdauer des Ersatzteils am Markt

4.5.2　Verantwortung für Ersatzteilbeschaffung und -distribution

In Ergänzung zu den Produktthemen ist die kontinuierliche Optimierung der Lieferkette von Ersatzteilen als zentrale Verantwortung im Unternehmen zu etablieren. Umfragen belegen immer wieder, dass für Kunden die Liefergeschwindigkeit und -qualität von überragender Bedeutung sind und spürbar höhere Zahlungsbereitschaften begründen.

Wie oben beschrieben obliegt die Realisierung einer effizienten und effektiven Lieferkette drei Parteien. Der Vertrieb ist „Kundenspiegel und Übersetzer von Marktanforderungen", der Einkauf fungiert als „Sichersteller ausreichender Verfügbarkeiten intern und bei Lieferanten", und die Lager- und Logistikfunktion der „Optimierer der Lieferkette zum Kunden".

Unter der koordinierenden Führung des Vertriebs als Gesamtverantwortlichen für Ersatzteile werden zuerst Beschaffungsoptionen, Lieferantenstrategien und mögliche Lieferantenabhängigkeiten evaluiert. Auch die potentielle Einbindung von Lieferanten in das eigene Distributionsnetz, wie beispielsweise über Direktlieferungen an den Kunden, findet Berücksichtigung. Diese Versorgungsparameter werden gemeinsam mit der Lager- und Logistikfunktion des Unternehmens an den Fähigkeiten der Lieferkette zu Kunden und deren Anforderungen gespiegelt, um Wiederbeschaffungsmechanismen in puncto Zeit und Volumen sowie Integrationsanforderungen in die Supply Chain klar zu definieren.

Aufgrund dieses erfolgskritischen Beitrags von Beschaffung und Logistik verfügen Service-Gestalter in der Regel über eine Supply Chain-Funktion mit durchgängiger Verantwortung über die Lieferkette.

Kapitel 5
Strukturierung und Optimierung von Serviceprozessen

In Zeiten zunehmenden Konkurrenzdrucks werden industrielle Dienstleistungen für den anhaltenden Betriebserfolg immer wichtiger: Exzellente Services, die verlässlich und in konstanter Qualität geliefert werden, bilden mithin die Grundlage für langfristige Wettbewerbsvorteile. Im Gegensatz zu Produkten, die sich häufig mit geringem zeitlichem, materiellem und finanziellem Aufwand kopieren lassen, lassen sich den Services zugrunde liegende Prozesse in der Gesamtheit ihrer organisatorischen Verankerung und der notwendigen Ressourcen nur schwer nachahmen.

Als Grundlage der Unternehmensstrategie bergen Services aber gerade für im Dienstleistungsgeschäft unerfahrene Industriegüterhersteller auch Risiken. Die Bereitstellung und die Nutzung ganzheitlicher Services bewirkt, dass Wertschöpfungsketten von Anbieter und Kunde stärker miteinander verzahnt sind. Die Interaktionen zwischen Kunde und Hersteller erfolgen wesentlich häufiger und vielschichtiger, als es bei Herstellung und Vertrieb selbst hochwertiger und komplexer Produkte der Fall ist. Anhaltenden Erfolg im Servicegeschäft erzielen nur Unternehmen, die es verstehen, alle für die Serviceerstellung notwendigen, kooperierenden Aktivitäten von Produktentwicklung, Vertrieb, kaufmännischer Auftragsabwicklung und Dienstleistungserbringung in kohärente Serviceprozesse zu integrieren.

5.1 Institutionalisierung der Serviceaufgaben im Serviceprozesshaus

Grundlage der Differenzierung vom Wettbewerb bilden also die unternehmerischen Prozesse. Sie vereinen personelle, maschinelle, und informatorische Ressourcen zu einem einzigartigen Netzwerk der betrieblichen Leistungserstellung. Untersuchungen zeigen, dass Service-Gestalter ihre internationalen Serviceaktivitäten auf ein belastbares Fundament klar definierter, umfassend dokumentierter, offen kommunizierter und kontinuierlich angepasster Prozesse stellen. Sie erreichen damit eine planbare, verlässliche, und belastbare Abwicklung ihrer Serviceaktivitäten.

Service-Gestalter nutzen die Struktur des Serviceprozesshauses, um ihre Serviceprozesse ganzheitlich zu erfassen und Maßnahmen zur Prozesstransformation

R. Geissbauer et al., *Serviceinnovation,*
DOI 10.1007/978-3-642-21239-0_5, © Springer-Verlag Berlin Heidelberg 2012

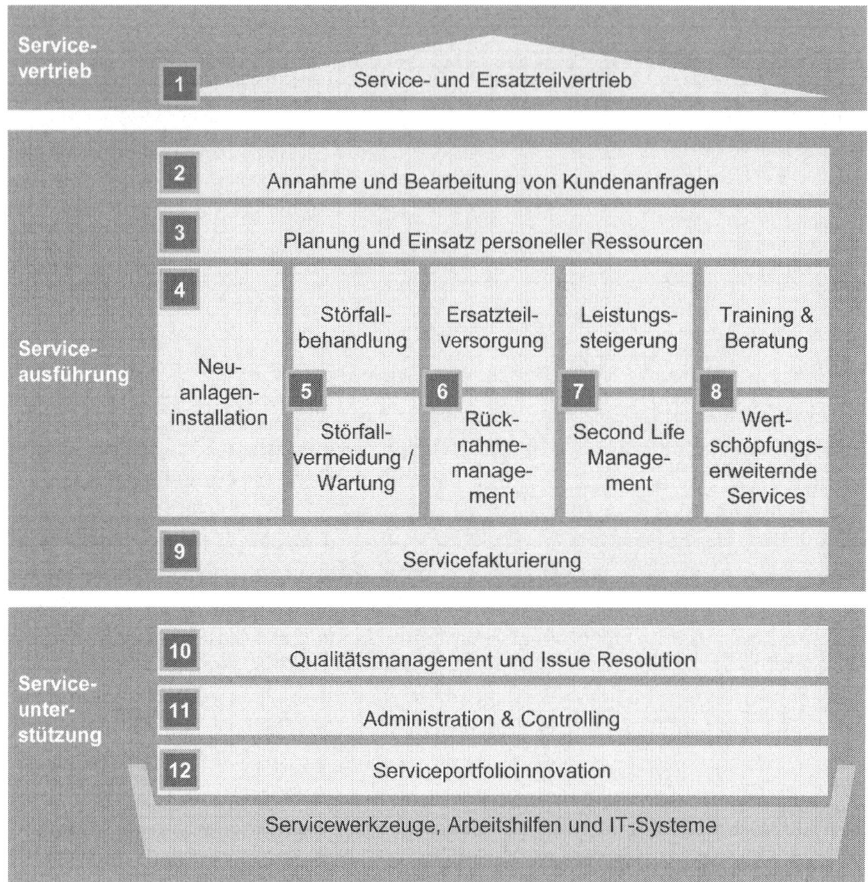

Abb. 5.1 Die drei Ebenen der Serviceaktivitäten im Serviceprozesshaus

zu priorisieren. Die im Serviceprozesshaus in drei Ebenen zusammengefassten Serviceprozesse beschreiben alle Aktivitäten zwischen Kunde und Dienstleister:

- vom Vertrieb der Serviceleistung und von der Entwicklung neuer Services (Service Products)
- über die Ausführung der diversen Services (Service Operations)
- bis hin zu ihrer Steuerung aller Serviceprozesse (Servicemanagement).

Diese drei Ebenen bilden damit das Spielfeld für die Gestaltung neuer und für die Optimierung bestehender Serviceprozesse (Abb. 5.1).

1. **Servicevertrieb:** Service-Gestalter legen besonderen Augenmerk auf die Prozesse des Vertriebs von Services, da deren Qualität ausschlaggebend für den Geschäftserfolg des Serviceangebotes ist. Die im Servicevertrieb institutionalisierten Prozesse bilden daher das Dach des Serviceprozesshauses. Eine wichtige

Voraussetzung für den Erfolg des Servicevertriebs liegt in der prozessualen Verankerung der Zusammenarbeit mit dem Produktvertrieb. Zu regeln sind dabei vor allem die Übergabe des Kundenkontakts vom Produktvertrieb an den Servicevertrieb, die Integration des Serviceangebotes in die Vertragsangebote für Neuprodukte und die gegenseitige Abstimmung der Verkaufsförderungsmaßnahmen, um einen fragmentierten Kundenkontakt und gegenseitige Kannibalisierung des Produkt- und Servicegeschäftes zu verhindern. Daneben sind klare Prozesse für die Durchführung der Vertriebsplanung und die Festlegung der Absatzziele notwendig. Gerade für komplexe Services müssen darüber hinaus Mechanismen zur Identifikation lohnender Kundenanfragen und zur effizienten Erstellung von Angeboten implementiert werden. Auch unterstützende Aktivitäten im Rahmen des Servicemarketing, wie die Kundensegmentierung, die Bepreisung von Services und Ersatzteilen, die Erarbeitung von Rabattstaffeln, das Zusammenfassen von Servicekomponenten zu Paketen („Bundling"), und die Entwicklung von Anreiz- und Kundenbindungsprogrammen, müssen prozessual abgebildet sein.

2. **Service Portfolio Innovation:** Service-Gestalter haben erkannt, dass sie einen Prozess zur konsequenten Weiterentwicklung des bestehenden Serviceportfolios etablieren müssen, um Kunden kontinuierlich bedürfnisgerechte Services anbieten zu können. Im gleichen Maße, in dem die Vertrautheit der Kunden mit dem (qualitativ hochwertigen) Serviceangebot steigt, wächst auch ihre Offenheit für erweiterte Kooperationen. Weil der Betrieb des Investitionsguts, beispielsweise einer Produktionsmaschine, in den wenigsten Fällen zu den Kernkompetenzen des Kunden zählt, erhält der Serviceanbieter im Laufe des Kundenlebenszyklus die Gelegenheit, weitere Teile dessen Wertschöpfungskette bedienen zu können. Um diese Chancen wahrnehmen zu können nutzen Service-Gestalter einen dedizierten Serviceentwicklungsprozess, mit dem sie aus dem Basisportfolio um Services wie Neumaschineninstallationen und Reparaturen fortgeschrittene Angebote wie Beratungsdienstleistungen oder Betreiberkonzepte kreieren. Dieser Prozess bildet auch die kundenindividuelle Bündelung und Bepreisung mehrerer Serviceangebot in ein bedürfnisgerechtes Serviceprodukt ab.

3. **Annahme und Bearbeitung von Kundenanfragen:** Nach dem Vertrieb der Services konzentrieren sich Best in Class-Unternehmen darauf, einen singulären Eintrittskanal für alle Kundenanfragen zu schaffen; dazu integrieren sie die Hotlines einzelner Serviceregionen in ein weltweites Customer Service Center. Das Customer Service Center klassifiziert alle eingehenden Anfragen, eröffnet ein Serviceticket, und leitet dieses an die für die Bearbeitung zuständige Stelle im Unternehmen weiter. Durch die Trennung der Anfragebearbeitung in mehrere Stufen, nämlich der vorgelagerten Anfragefilterung und Weiterleitung, der Bearbeitung von Standardanfragen, der Hilfestellung bei technisch komplexen Problemen bis hin zur Fernwartung durch Hardware und Software-Experten, erzielen Service-Gestalter eine effiziente und kostengünstige Bearbeitung der Kundenanfragen. Sie bündeln die Interaktionen zwischen dem Kunden und dem Unternehmen. So garantieren sie, dass Kundenanfragen nicht verloren gehen und in minimaler Zeit beantwortet werden.

4. **Planung und Einsatz personeller Ressourcen:** Aufgrund des hohen personellen Anteils an der Leistungserbringung ist der Erfolg einer Serviceeinheit zu einem wesentlichen Teil von der Zusammensetzung der Servicemannschaft determiniert. Mit einer automatisierten Ressourcenzuteilung auf Servicejobs müssen die richtigen Servicetechniker mit den richtigen Kompetenzen zur geforderten Zeit an den Einsatzort gebracht werden. Voraussetzung für den Aufbau einer anforderungsgerecht dimensionierten Servicemannschaft ist, die wesentlichen Treiber der notwendigen Kompetenzen und Mannschaftsstärke zu identifizieren. Service-Gestalter nutzen nachfrage- und angebotsintegrierende „Service Demand and Supply"-Pläne, um aus der Größe der installierten Basis und der geplanten Absatzentwicklung im Produkt- und Servicegeschäft die notwendigen Kompetenzprofile und Ressourcenpläne für die Servicemannschaft abzuleiten.

5. **Neuproduktinstallation:** Die Installation neuer Produkte in der Betriebsstätte des Kunden hat als erster der operativen Serviceprozesse im Serviceprozesshaus eine besondere Bedeutung. Erfolgen Aufbau und Inbetriebnahme zur Zufriedenheit des Kunden, hat nicht nur das Unternehmen, sondern auch der Service die erste Bewährungsprobe bestanden. Getreu der Maxime, „Die erste Maschine verkauft der Vertrieb, die zweite der Service", ist das Auftreten der Servicemannschaft und die Qualität der geleisteten Arbeit ursächlich für die Qualitätsbeurteilung des Kunden. Auch das Servicegeschäft profitiert von einer hohen Kompetenz in der Neuproduktinstallation, da der Service bereits zu diesem frühen Zeitpunkt im Produktlebenszyklus die Gelegenheit hat, sich durch eine reibungslose Installation als kompetenter Ansprechpartner für die Probleme des Kunden zu empfehlen. Damit werden die Grundlagen für ein späteres, erfolgreiches Servicegeschäft gelegt. Service-Gestalter richten daher den Fokus auf die Gestaltung der Koordination zwischen den drei beteiligten Parteien Vertrieb, Projektmanagement und Service, um eine reibungslose Installation der neuen Produkte zu gewährleisten. Dabei geht die Prozessverantwortung zusammen mit dem Kundenkontakt an fest definierten Übergabepunkten vom Vertrieb, der den Vertragsschluss mit dem Kunden herbeiführt, auf das Projektmanagement, das die Auftragsbearbeitung steuert, und schließlich auf den Service, der sich um die Installation des Produktes kümmert, über. Die Übergabe der Prozessverantwortung erfolgt durch verbindliche Orders der vorgelagerten an die folgende Einheit. Die notwendigen Interaktionen der beteiligten Funktionen werden durch fest terminierte Abstimmungsmeetings und verbindliche Operations Level Agreements gestützt. Eine strukturierte Bearbeitung mit einer klaren Abgrenzung der Kompetenzen im gesamten Installationsprozess macht wiederholte Abstimmungen überflüssig, vermeidet Doppelarbeiten, und fokussiert alle Aktivitäten auf den Kunden zur Sicherung der geplanten Nettomarge des Auftrags.

6. **Störfallbehandlung und -vermeidung:** Der vor Ort eingesetzte Servicetechniker ist das Gesicht der Firma. Als solches sind sein Verhalten und seine Kompetenzen unmittelbar mit der Einschätzung der Produktqualität, der Servicequalität und des gesamten Unternehmens verbunden. Durch die Erhöhung der technischen und kommunikativen Kompetenzen der Servicetechniker bauen Service-Gestalter konkrete Wettbewerbsvorteile gegenüber Konkurrenten im

Produktgeschäft und gegenüber Servicedienstleistern auf. Durch eine schnelle Beseitigung der Probleme des Kunden, die die Kundenerwartung trifft oder sogar übertrifft, erreichen Service-Gestalter ein erhöhtes Maß an Kundenzufriedenheit. Grundlage dafür ist ein Serviceprozess, der zwischen ungeplanten Einsätzen zur Störfallbehandlung und geplanten Einsätzen zur Störfallvermeidung unterscheidet und Serviceeinsätze entsprechend priorisiert. Zusätzlich gewährleisten Service-Gestalter eine hohe Ersterledigungsrate, indem sie nicht nur sicherstellen dass die Mitarbeiter mit der richtigen Qualifikation schnell an den Einsatzort kommen, sondern auch dass alle notwendigen Ersatzteile, Werkzeuge und Dokumentationen am Einsatzort vorhanden sind. Der Service-Gestalter nutzt dazu eine definierte Fehlerklassifikation und eine kontinuierliche Auswertung der Fehlerdaten und Fehlerprotokolle.

7. **Ersatzteilversorgung und Retourenmanagement:** Die schnelle Versorgung mit Ersatzteilen und die professionelle Rücknahme fehlerhafter Teile stehen im Zentrum des Serviceprozesshauses. Das Ersatzteilgeschäft kann ein zentraler Umsatz- und Gewinntreiber jedes Unternehmens sein. Die professionelle Abwicklung und schnelle Lieferung von Ersatzteilen übt darüber hinaus einen großen Einfluss auf die Zufriedenheit der Kunden mit dem Produkt aus, denn nur wenn Ersatzteile rechtzeitig am Einsatzort sind, kann ein Serviceauftrag schnell abgeschlossen werden. Um dies sicher zu stellen, streben Service-Gestalter danach, erstklassige und global operative Fähigkeiten in der Nachfrageprognose, der Lagerplanung- und Bestückung sowie der Lieferung zu erreichen. Ihre Ersatzteilprozesse und -systeme schaffen Sichtbarkeit über das gesamte Wertschöpfungsnetzwerk. Außerdem legen Service-Gestalter Wert darauf, eine erstklassige Qualität in ihre Rücknahmeprozesse zu etablieren. Dazu nutzen sie klare Vorgaben, ein enges Lieferantenmanagement und eine nahtlose Ausführung.

8. **Leistungssteigerung und Second Life Management:** Service-Gestalter bieten ihren Kunden eine Reihe von Services zur Leistungssteigerung an. Neben Hardware Upgrades, Software Updates, Modifikationen und Modernisierungen der eigenen Produkte gehören dazu auch Services wie Efficiency Audits und Line Consulting, also Beratungsangebote zur Steigerung der Effizienz eines Produkts oder einer ganzen Fertigungslinie. Alle Angebote zielen auf eine optimierte Ausbringung des gesamten Produktionssystems. Der zugrunde liegende Prozess muss alle Voraussetzung dafür schaffen, diese anspruchsvollen Dienstleistungen auch qualitativ hochwertig erbringen zu können. Service-Gestalter konzentrieren sich in einem ersten Schritt darauf, die Interaktion von Serviceabteilung mit der Produktentwicklung zu regeln, um die Einhaltung der Kundentermine sicherzustellen. Als zweiten Schritt sorgen Service-Gestalter für eine reibungslose Bearbeitung der komplexeren Services. Modifikationen und Modernisierungen können umfangreiche Änderungen am Produktionssystem nach sich ziehen. Ähnlich wie im Neuproduktgeschäft ist ein Projektmanagement zu installieren, das die Auftragsausführung steuert und kontrolliert. Für Line Consulting und Efficiency Audits sind spezielle Prozessschritte zu Analyse und Evaluation des bestehenden Produktionssystems zu definieren. Zur Erarbeitung von Verbesserungsempfehlungen können Checklisten eingesetzt werden,

deren Erarbeitung und ständige Überarbeitung ebenfalls prozessual erfasst sein muss.

9. **Training, Beratung und wertschöpfungserweiternde Services:** Führende Serviceunternehmen zeichnen sich durch die ständige Weiterentwicklung ihres Serviceportfolios aus. Von Dienstleistungen wie Produktumsetzungen bei Betriebsverlagerungen, deren Kompetenzanforderungen nahe am Stammgeschäft angesiedelt sind, bis hin zu komplexen Finanzdienstleistungen oder Betreiberkonzepten, die völlig neue Servicefähigkeiten verlangen, muss jeder neue Service durch einen Prozess verankert sein. Auch Prozesse für die Entwicklung und Durchführung von Trainings für die verschiedenen Kundenmitarbeiter wie Maschinenführer oder Instandhalter müssen etabliert werden, um diese für den Kunden wichtige Dienstleistung regelmäßig in hoher Qualität liefern zu können.

10. **Servicefakturierung:** Über die leistungserbringenden Prozesse der Serviceerbringung hinaus verfügen Service-Gestalter über einen effizienten Fakturierungsprozess. Nach der fehlerfreien Ausführung des Kundenauftrags und der Gegenzeichnung eines Leistungsprotokolls durch den Kunden muss der Servicetechniker die erbrachten Leistungen zeitnah und exakt an die Buchhaltung zurückmelden. Diese Aktivität wird in der Regel durch Templates und IT-Systeme unterstützt, um Einsatzzeiten, Reisezeiten und eingesetzte Materialien lückenlos dokumentieren zu können. Die Rückmeldung ist dabei meist Voraussetzung für das Gutschreiben der Einsatzstunden auf das Zeitkonto eines Servicemitarbeiters. Dies sollte als eigenständiger Prozessschritt verankert sein. So wird die Erstellung der Rechnung auf Basis einer konsistenten, zurückgemeldeten und vom Kunden akzeptierten Leistung vorgenommen und zeit- und ressourcenaufwendige Ausnahmebehandlungen werden reduziert. Die Rechnungsstellung kann unmittelbar nach Abschluss des Auftrages erfolgen. Um einen Abschluss des Fakturierungsprozesses mit zeitnaher Zahlung sicherzustellen, werden offene Forderungen überwacht und kontinuierlich auf ihr Alter, ihre Struktur, und ihre Gründe untersucht und aktiv nachverfolgt.

11. **Qualitätsfeedback und Issue Resolution:** Service-Gestalter haben erkannt, dass sie einen Prozess für die Aufnahme, Analyse und Weitergabe von Produktstillstandsgründen an Produktmanagement, Produktentwicklung, Produktion und Vertrieb installieren müssen. Feedback aus dem Feld über Maschinenausfallgründe, fehlerhafte Teile, Unzulänglichkeiten im Produktdesign und Weiteres ist wertvoll für die Anpassung und Überarbeitung des Produktportfolios. In festen Abständen überprüfen sie die Produkte auf systemisch bedingte oder häufig auftretende Fehlerbilder. Diese Daten werden aggregiert und gemeinsam mit der Produktentwicklung analysiert. Daneben können im Feld aufgedeckte Ausfallgründe und Behebungsansätze zur Entwicklung von Standard Operating Procedures für die Behebung gleichgearteter Fehlerbilder genutzt werden. Auch konkrete Kundenanforderungen wie das Design der Maschinen zur besseren Bedienbarkeit und Wartbarkeit können durch diesen Prozess in das Produktdesign einfließen. Außerdem muss die kontinuierliche Qualitätskontrolle und ständige Überarbeitung der Serviceprozesse verankert werden, um maximalen Gewinn aus effizienten Prozessen mit zufriedenen Kunden zu erzielen. Das Qualitätsmanagement nimmt hier bei der kontinuierlichen Anpassung und Verbesserung der

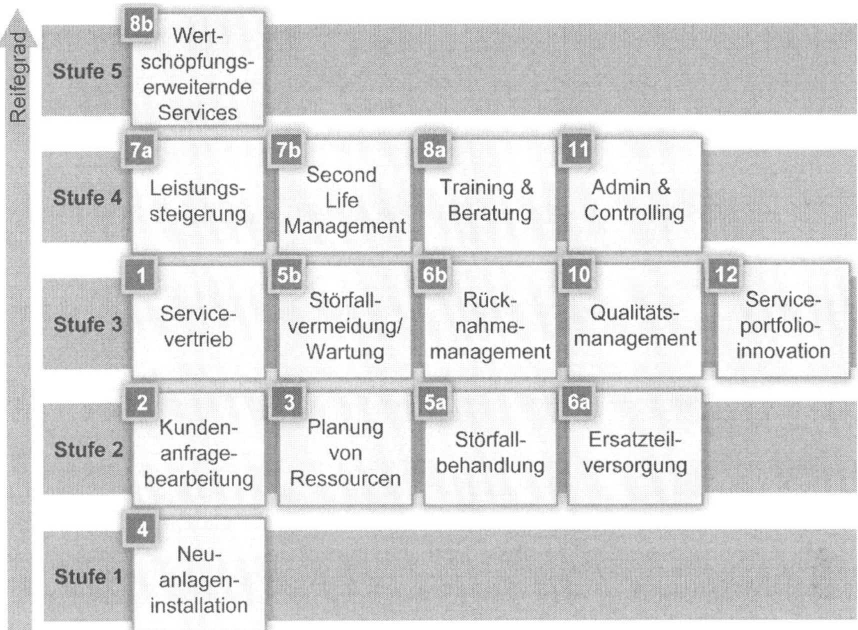

Abb. 5.2 Reifegrade in der Gestaltung exzellenter Serviceprozesse

Serviceprozesse im Spannungsfeld von Standardisierung und Kundenerwartung eine herausragende Rolle ein.

12. **Administration und Controlling:** Je bedeutender das Servicegeschäft für den Unternehmenserfolg wird, desto wichtiger wird auch die Etablierung von Standards für Servicequalität, -prozesse, -vorgehensweisen, -IT-Systeme, und -templates. Die Entwicklung dieser Werkzeuge und die Bereitstellung einer adäquaten, auf die Bedürfnisse des Service ausgerichteten IT-Landschaft, muss dazu prozessual verankert werden. Zur zielgerichteten Steuerung des Servicegeschäfts ist es essentiell, ein effektives Controlling einzuführen, das wesentliche Kennzahlen in allen Serviceprozessen erhebt, analysiert, und zur Ableitung von Verbesserungspotenzialen verwendet. Service-Gestalter erreichen mit diesen Instrumentarien eine gleichmäßige, kontinuierlich steigende Qualität an allen weltweiten Servicestandorten.

Auf ihrem Weg zum Service-Gestalter durchlaufen Unternehmen fünf Reifegrade. In jeder dieser Stufen legen sie dabei den Fokus auf die Gestaltung einzelner Prozesse, weil das gleichzeitige Re-Engineering des gesamten Serviceprozesshauses zu große operative Verwerfungen mit sich bringt (Abb. 5.2).

- Angehende Service-Gestalter sollten sich zunächst auf den Prozess der Installation neuer Produkte konzentrieren, um durch ein professionelles Auftreten des gesamten Serviceteams die Grundlagen für spätere Verkäufe zu legen (Stufe 1).
- Im Anschluss müssen alle weiteren, das Produktgeschäft unterstützenden Serviceprozesse überarbeitet werden: Mit der kompetenten Behandlung von

Kundenanfragen steigt die Kundenzufriedenheit. Die zielgerichtete Ressourcenplanung steigert die Effizienz und Qualität der Serviceleistungen. Das konsequente Eingreifen bei Störfällen, kombiniert mit einer schnellen und flexiblen Ersatzteilversorgung, schafft zusätzliches Kundenvertrauen (Stufe 2).

- Auf diesem Fundament aufbauend können sich zukünftige Service-Gestalter dem Ausbau des Service- und Ersatzteilgeschäfts zuwenden: Ein schlagkräftiger Servicevertrieb schöpft Marktpotenziale aus, die mit einem innovativen Serviceportfolio bedient werden. Proaktive Wartungen zur Vermeidung von Störfällen steigern die Anlagenverfügbarkeit des Kunden. Ein effizientes Rücknahmemanagement und die Wiederaufbereitung von Ersatzteilen vor Ort sorgen für eine reibungslose Interaktion mit dem Kunden. Im Qualitätsmanagement werden Ausfallgründe der Produkte und Kundenanforderungen hinsichtlich Bedienbarkeit und Wartbarkeit strukturiert an Produktentwicklung und -management zurückgemeldet. So wird das Produktangebot insgesamt verbessert (Stufe 3).
- In den folgenden Stufen schließlich werden alle Prozesse für das Angebot weiterer Dienstleistungen ausgerollt und perfektioniert. Dabei erschließen beispielsweise Rücknahme, Aufbereitung und Verkauf gebrauchter Maschinen weitere Potenziale des Servicegeschäftes (Stufen 4 und 5).

5.2 Vorgehensweisen für Prozessdefinition, -dokumentation und -kommunikation

Auf Basis dieses strukturierten, integrierten Serviceprozess Re-Engineering ist es Service-Gestaltern im Laufe ihrer Entwicklung gelungen, die Gesamtheit ihrer Prozessketten von allen Reibungsverlusten durch ungeregelte Interaktion und allen Opportunitätskosten aufgrund vorhandener aber ungenutzter Informationen zu bereinigen. Durch eine umfassende Neugestaltung und Transformation der Aktivitäten in eine kohärente Prozesslandschaft haben sie die Basis für ihren Erfolg im Servicegeschäft geschaffen. In der Praxis hat sich gezeigt, dass ein Vorgehen in fünf Schritten am besten dazu geeignet ist, Optimierungspotenziale zu identifizieren und neue Prozesse zu definieren, zu kommunizieren, auszurollen und kontinuierlich zu verbessern (Abb. 5.3).

1. Grundlage jedes Re-Engineering ist eine Identifikation der Ansprüche, die Kunden an die Serviceprozesse des Unternehmens stellen. Service-Gestalter berufen dazu ein Prozess Review Team ein. Dessen Aufgabe liegt darin, die Anforderungen der Kunden zu ermitteln und einen Vergleich der eigenen Herangehensweisen mit den Prozessen von Service-Gestaltern in anderen Branchen zu ziehen. Das Prozess Review Team ermittelt das Optimierungspotenzial des betrachteten Serviceprozesses dabei in zwei Schritten:

   - Zur Erhebung der Kundenanforderungen setzen Service-Gestalter die „Voice of the Customer"-Methode ein (s. Kap. 2). Grundlage dieses Befragungsinstrumentes ist ein Fragebogen, mit dem die Qualitätseinschätzung und

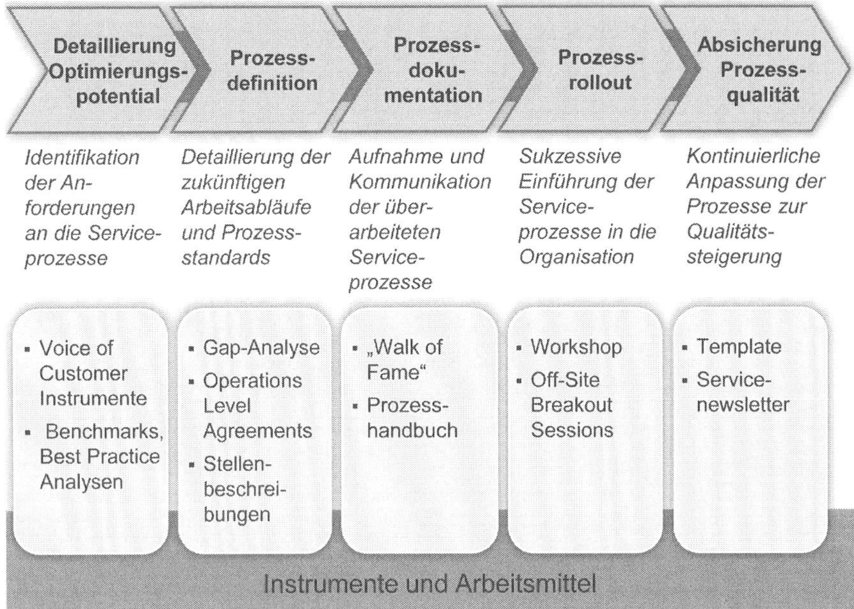

Abb. 5.3 Ablauf des Prozess Re-Engineering

Anforderungen der Kunden zu den im Serviceprozesshaus verankerten Prozessen erhoben werden können. Die Analyse der Antworten ergibt Ansatzpunkte dafür, welche Prozesse einer Überarbeitung unterzogen werden müssen.

– Auf dieser Grundlage gilt es, für alle Prozesse Vergleichsdaten zu ermitteln, damit das Unternehmen seine Leistungsfähigkeit an den Branchenbesten orientieren kann. Oft lohnt sich auch ein Blick über den Tellerrand: Durch die Orientierung an Best Practices aus anderen Industrien können oft bahnbrechende Resultate in der Abwicklung von Services erzielt werden.

2. Auf die Ableitung der Optimierungspotenziale aus den Kundenanforderungen und Benchmarks folgt eine Gap-Analyse zu den gegenwärtigen Ist-Prozessen. Die Serviceprozesse können auf Basis der so gewonnenen Erkenntnisse neu gestaltet werden. Das bedeutet, dass ein Serviceprozess in allen Einzelheiten dokumentiert und alle Prozessschritte für die Mitarbeiter verständlich beschrieben sein müssen. Die Prozessdefinition operativ exzellenter Prozesse zeichnet sich dabei durch eine Reihe von Merkmalen aus (Abb. 5.4):

– Ein Prozess wird sukzessive in Prozessschritte, also nicht unterbrechbare Abfolgen von Aktivitäten, feingranuliert. Dabei werden alle Schnittstellen zu anderen Prozessbeteiligten, vor allem aus anderen Funktionseinheiten, identifiziert und Inputs sowie Outputs der jeweils vor- und nachgelagerten Prozessschritte eindeutig beschrieben. So ist es möglich, die Verantwortlichkeiten im arbeitsteiligen Prozess klar voneinander abzugrenzen und in sogenannten Rollen zusammenzufassen. Zu jeder Rolle existiert ein Stellenprofil, das

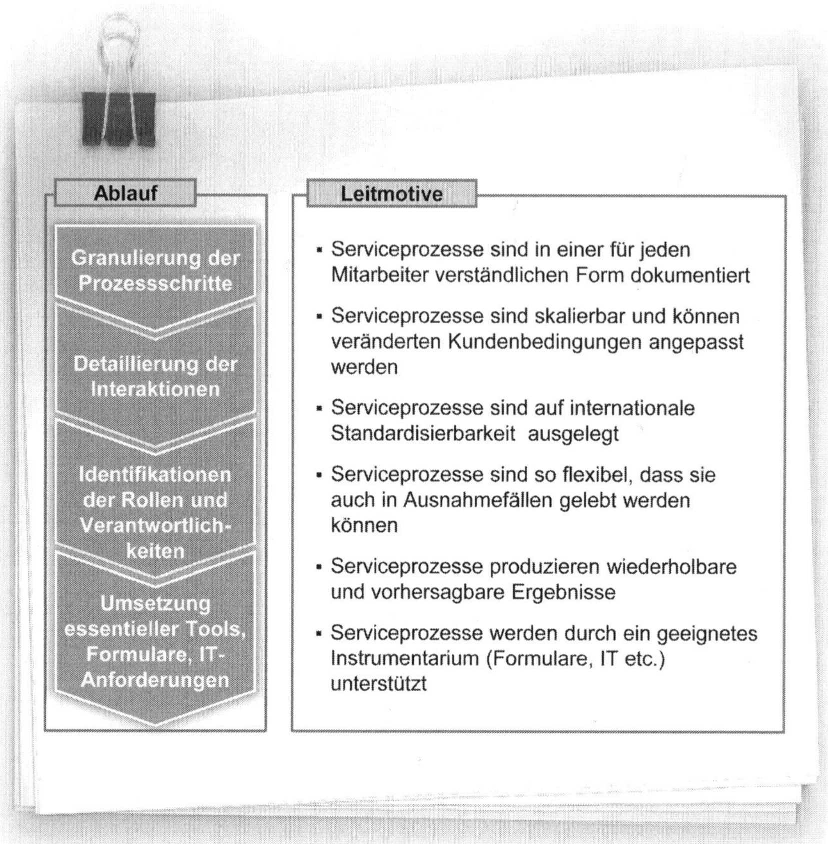

Abb. 5.4 Merkmale der Definition operativ exzellenter Prozesse

einem Stelleninhaber zugewiesen werden kann. Die Zusammenarbeit über Abteilungsgrenzen hinweg wird über klar definierte Operations Level Agreements gesteuert. In einem letzten Schritt konkretisiert das Prozess Review Team die Anforderungen an Hilfsmitteln zur Abwicklung des Serviceprozesses, wie Templates zum Informationsaustausch, Unterstützung durch das IT-System, sowie den zeitlichen Rahmen, in dem das Prozessergebnis zu erarbeiten ist.

– Es herrschen einheitliche Vorgehensweisen und Methoden, die auf den Erfahrungen der Mitarbeiter und einer Analyse der Kundenbedürfnisse beruhen. Diese Abläufe werden auch bei Störfällen und Engpässen praktiziert und nicht durch individuell und unabgestimmt entwickelte Aktivitäten und Verhaltensweisen ersetzt.

– Die Ergebnisse des Serviceprozesses sind wiederholbar, vorhersagbar und unterliegen keiner großen Streuung. Der Prozess wird entlang der Prozesskette an geeigneten Prozessparametern gemessen. Durch Kennzahlen kann der Prozess vom Prozesseigner gesteuert werden, um Störungen zu erkennen und fehlerhaften Ergebnisse vorzubeugen.

- Alle Prozessabläufe müssen so angelegt werden, dass sie international standardisierbar sind. Beim Prozessdesign achten Service-Gestalter außerdem auf eine hohe Flexibilität, damit sie den Prozess in Bezug auf Anzahl der Kunden und Regionen schnell skalieren und an veränderte Kundenwünsche anpassen können.

- Der Informationsaustausch zwischen den Prozessbeteiligten wird über geeignete Werkzeuge und Standardformulare unterstützt. Alle Prozesse werden unterstützt von einem leistungsfähigen IT-System, das alle notwendigen Informationen bedarfsgerecht aufarbeitet und zur Verfügung stellt. Sämtliche für den Kundenkontakt relevanten Informationen, die aus den einzelnen Prozessschritten entstehen, werden in den entsprechenden Datenbanken des Service-IT-Systems gesammelt.

3. Bevor die neu gestalteten Prozesse ausgerollt werden können, müssen alle Informationen dokumentiert und an die Mitarbeiter kommuniziert werden. Der Schritt der Prozessdokumentation wird oft unterschätzt, er ist aber für den Erfolg des Re-Engineering von entscheidender Bedeutung.

- Bei der Prozessdefinition kommt es nicht so sehr auf die theoretische Geschlossenheit des Prozessmodells an. Unabhängig davon, ob ein Prozess in Ereignis-Prozess-Ketten, in Flow Charts, in Petri-Netzen oder in einer selbst entwickelten Nomenklatur beschrieben wird, ist es wichtig, dass die Prozessdefinition vor allem verständlich aufbereitet ist und in geeigneter Form an die Mitarbeiter kommuniziert wird.

- Nur wenn die Prozessdefinition in einer so eingängigen Form aufbereitet ist, dass die Mitarbeiter ihre Rollen leben und auch die Rollen der vor- und nachgelagerten Prozessbeteiligten verstehen, wird ein zielgerichtetes Arbeiten im Sinne des angestrebten Prozessergebnisses möglich.

- Für die Darstellung der Prozesse eignet sich besonders gut ein Prozesshandbuch, das nicht nur die Prozessabfolge beschreibt, sondern detaillierte Informationen zum Ziel des Prozesses und zu den Rollen aller Prozessbeteiligten liefert. Dabei sollte das Handbuch den betreffenden Serviceprozess über mehrere Detailstufen hinweg beschreiben: Beginnend bei dem Aufbrechen des Prozesses in übergeordnete Prozess-Aktivitäten (Ebene 1) kann sich der Leser über die feingranulare Darstellung der einzelnen Prozessschritte (Ebene 2) schließlich den in Swimlanes verteilten Verantwortlichkeiten der Prozessbeteiligten (Ebene 3) annähern. Durch die stufenweise Darstellung wird der arbeitsteilige Serviceprozess überschaubar und für den Leser greifbar. Berührungsängste, die aus der an sich hohen Komplexität einer Prozessdarstellung herrühren, können so abgebaut werden.

- Service-Gestalter informieren durch gezielte Mitarbeiterveranstaltungen über die Veränderungen. Sogenannte „Walk of Fames", in denen der überarbeitete Prozess auf Plakaten dargestellt und von den Prozessverantwortlichen allen anderen Prozessteilnehmern präsentiert wird, bieten die Möglichkeit

zur Beseitigung von Unklarheiten und zur Überarbeitung der Prozesshand-
bücher.

4. Sind alle Mitarbeiter informiert kann der neugestaltete Serviceprozess sukzessive
   ausgerollt werden. Üblicherweise startet die Einführung der neuen Prozesse mit
   einem Piloten in einer ausgewählten Region.

   – Natürlich müssen die an den Serviceprozessen beteiligten Mitarbeiter auf die
     neuen Anforderungen in Workshops und Trainings adäquat vorbereitet wer-
     den. Von besonderer Bedeutung ist aber auch die frühzeitige Information der
     Kunden über die bevorstehenden Änderungen.
   – Wichtige Kunden sollten von den Außendienstmitarbeitern im Vorfeld über
     die neue Arbeitsweise im Rahmen von Kundenbesuchen informiert werden.
     Nach der Einführung des Prozesses sammelt das Prozess Review Team, das
     alle Aktivitäten durch Informationsveranstaltungen, Schulungen, Dokumente
     begleitet, Feedbacks von Kunden und Mitarbeitern sammelt um den Plan und
     die Vorgehensweise des Rollouts anzupassen.

5. Nachdem der überarbeitete Serviceprozess in die Serviceorganisation eingeführt
   wurde und ein erster Iterationszyklus auf Basis der gesammelten Erfahrungen
   durchlaufen ist, geht die Funktion der Prozessgestaltung vom Prozess Review
   Team auf das Qualitätsmanagement über. Dieses sorgt für die Prozessqualität und
   die kontinuierliche Anpassung der Prozesse an veränderte Kundenanforderungen.

   – Die Sicherung der Qualität ist bei Services nur auf der Basis standardisier-
     ter Prozesse möglich. Bei der Gestaltung der Prozesse ist aber gleichzeitig
     wichtig, dass der persönliche Entscheidungsspielraum des einzelnen Service-
     mitarbeiters erhalten bleibt, um flexibel und individuell auf Kundenwünsche
     reagieren zu können. Gleichzeitig sind alle Serviceprozesse so zu standar-
     disieren, dass sie den Aufwand für individuelle Fehler und fehlgeleitete
     interne Kommunikation zwischen den an der Leistungserstellung Beteiligten
     minimieren.
   – Das Qualitätsmanagement sammelt in regelmäßigen Abständen Feedbacks aus
     dem Feld und analysiert Serviceprotokolle, um die Serviceprozesse gemein-
     sam mit allen Prozessbeteiligten zu überarbeiteten. Prozessveränderungen
     werden in einem regelmäßigen Servicenewsletter verbreitet, überarbeitete
     Prozesshandbücher werden den Mitarbeitern sofort zur Verfügung gestellt.

Die Definition der im Anschluss dargelegten, auf operative Exzellenz getrimmten
Prozesse, folgt den genannten Maximen der Prozessgestaltung.

5.3   Prozesse im Vertrieb von Serviceleistungen

Eine der größten Herausforderungen, mit der sich Industriegüterhersteller auf ihrem
Weg zum Service-Gestalter konfrontiert sehen, liegt im Service- und Ersatzteilvertrieb. Noch heute regeln viele Investitionsgüterhersteller den Vertrieb von Produkten

Abb. 5.5 Prozesse im Vertrieb von Serviceleistungen

und Services in komplett voneinander getrennten Einheiten und entkoppelten Prozessen. Der Vertrieb verkauft ein Produkt und das Cross Selling von Services ist eher unpopulär, weil der Kunde ja gerade von der hohen Qualität und den herausragenden Eigenschaften des Produktes überzeugt wurde. Die Serviceabteilung verkauft ihre Produkte erst zu einem späteren Zeitpunkt, üblicherweise mit dem Ende des Gewährleistungszeitraums. Wesentliche Cross Selling- und Up Selling-Potenziale aus dem integrierten Vertrieb der Produkte und Services bleiben dabei ungenutzt.

Service-Gestalter hingegen setzen eine dezidierte Absatzplanung mit detaillierten Businessplänen für die einzelnen Serviceprodukte und -regionen auf. Zusammen mit dem Produktvertrieb bieten sie Services und Ersatzteile bereits zum Vertragsschluss oder spätestens zur Übergabe des Produktes an den Kunden an und erhöhen mit diesen konzertierten Aktionen den Servicedurchdringungsgrad der installierten Basis (Abb. 5.5).

Der erfolgreiche Vertrieb der Services- und Ersatzteile vollzieht sich dabei in vier Phasen.

Phase 1: Absatzplanung In der ersten Phase der Vertriebsprozesse, der Absatzplanung, entwickelt das Service Sales Team konkrete Vertriebspläne für die einzelnen Regionen zur Erfüllung vorgegebener Umsatz- und EBIT-Ziele. Das potenziell zu erreichende Marktvolumen einer Region ergibt sich dabei aus einer Vielzahl von Faktoren, darunter Größe, prognostiziertes Wachstum und Verteilung des Lebenszyklus der installierten Basis, Größe der Kundensegmente (s. Kap. 2) und Nutzerverhalten der Kunden. Auch Vergangenheitsdaten, wie Nutzungsprofile der

Produkte, Ausfallgründe, Wartungshistorien oder Consumables- und Ersatzteilver-
bräuche, können zur Berechnung des Marktpotenzials herangezogen werden. Im
Anschluss stellen Service-Gestalter die Stärken, Schwächen, Chancen und Risiken einer Absatzregion einander gegenüber. Dazu beantworten sie vier wesentliche
Fragen:

- Wie hoch ist die Kundenzufriedenheit mit dem Serviceangebot?
- Welche Wünsche äußern die Kunden?
- Wie groß ist das Serviceteam?
- Welche Kompetenzen sind besonders stark oder schwach in der Mannschaft
  ausgeprägt?

Aus den Antworten kristallisieren diese Unternehmen eine Reihe von Aktionsplänen
zur Steigerung des Marktanteils in den Regionen, deren Umsetzung sie nach dem
Implementierungspotenzial (erwarteter EBIT, einfache Umsetzung) und den Imple-
mentierungskosten (notwendige Investitionen, Risiken der Umsetzung) bewerten
und zur Umsetzung priorisieren. Vorstellbar sind hier besondere Verkaufsaktionen
für Ersatzteilpakete, das verstärkte Angebot von Trainingsleistungen, innovative
Serviceverträge oder jede andere Art für den Kunden werthaltiger Angebote. Im
Ergebnis entsteht in der Business Planning-Phase ein konkreter Vertriebsplan mit
einem Katalog an Maßnahmen zur Erreichung der Vertriebsziele.

Phase 2: Umsetzungsvorbereitung Die anschließende Phase der Umsetzungsvorbereitung legt das Fundament für die späteren Vertriebsaktivitäten. Von besonderer
Bedeutung für einen erfolgreichen Rollout der Vertriebsaktivitäten ist es, ein dazu
passendes Incentivierungssystem und Provisionsmodell zu implementieren, um die
Aktionen der Mitarbeiter des Service Sales Teams und der Vertriebspartner steuern
zu können. Daneben müssen Mitarbeiter und Kunden über geeignete Informations-
kanäle informiert werden. Hier bieten sich Messen, Anzeigen und Advertorials in
der Fachpresse, Mailings, Telefonanrufe, E-Mails oder natürlich die eigene Web-
site an. In der Praxis zeigt sich allerdings häufig, dass es an der Darstellung des
Wertversprechens und des Kundennutzens mangelt. Eine eindeutige Formulierung
des Kundennutzens gelingt nur, wenn die Bedürfnisse des Kunden im Rahmen von
Kundenbefragungen klar geworden sind.

Das Training der Mitarbeiter des Service Sales Teams und der Field Service Engi-
neers für diese Produkte und die Darstellung ihrer hervorstechenden Eigenschaften
schließt die Vorbereitungen der eigentlichen Vertriebsaktivitäten ab.

Phase 3: Service- und Ersatzteilvertrieb Erfolgreiche Serviceunternehmen generieren große Teile ihres Umsatzes und EBIT aus dem Service- und Ersatzteilvertrieb
mit Verträgen, die sie bereits zum Zeitpunkt des Produktverkaufs abschließen. Während dieser wichtigen Periode hat nur der Serviceanbieter selbst Zugang zum Kunden,
der nicht der Konkurrenz durch Servicepiraten ausgesetzt ist. Service-Gestalter sorgen daher für eine Integration der Aktivitäten von Service- und Produktvertrieb und
involvieren den Servicevertrieb bereits ab dem ersten Meeting mit dem Kunden. Der
Servicevertriebsmitarbeiter unterstützt den Produktvertrieb bei der mit dem Kunden durchgeführten Definition der Anforderungen an das Produkt. Auch während

der Vorstellung des Angebots ist der Servicevertrieb zugegen, um eine Präsentation über seine Fähigkeiten, Best Practices und seine Serviceangebote über den gesamten Produktlebenszyklus zu geben. So erhält der Kunde schon zu einem sehr frühen Zeitpunkt Kenntnis von den Leistungen des Servicevertriebs.

Eine der entscheidenden Fragen im Rahmen der Zusammenarbeit zwischen Produkt- und Servicevertrieb ist, welche Zugangsmöglichkeiten beide Parteien über die verschiedenen Stufen des Lebenszyklus zum Kunden haben und wie der Kundenkontakt strukturiert ist. Beispielsweise kann ein verstärkter Fokus auf das Upgrade- oder Gebrauchtmaschinen-Geschäft zu geringeren Umsätzen im Neumaschinen-Geschäft führen. Um dieses Konfliktpotenzial und gegenseitige Kannibalisierungs-effekte zu vermeiden, bieten sich gemeinsame Key Account Management Teams an. Diese Teams können den Kundenkontakt unter Produkt- und Servicegeschäfts-aspekten hinsichtlich Umsatz- und Margenzielen als „One Face to the Customer" zusammen entwickeln.

So werden ein stringenter Aufbau und eine strukturierte Entwicklung der Kunden-beziehung möglich, mit dem das Potenzial eines Kunden vollständig ausgeschöpft und Konkurrenz bereits vor dem Auftreten beseitigt wird. Regelmäßige, auf bestimmte Key Accounts, Kundensegmente, oder Regionen ausgerichtete Verkaufs-fördermaßnahmen helfen, das Marktpotenzial des Service- und Ersatzteilgeschäftes zu erschließen.

Ist ein potentieller Kunde an einem konkreten Angebot interessiert, legt eine exzellente Abwicklung die Grundlage für die Erteilung des Service- oder Er-satzteilauftrags. Erfolg oder Misserfolg werden hier bereits durch die Dauer für die Erstellung eines Angebotes determiniert. Auch das Antwortverhalten und die Angebotsbearbeitungszeiten der Vertriebspartner müssen in diesem Sinne vom Ser-vicevertrieb gesteuert werden. Die Angebotserstellung wird idealerweise unterstützt durch IT-Systeme, die den administrativen Aufwand gering halten. In der Phase der Angebotserstellung muss der Zugang zu Know-how-Trägern aus Produktentwick-lung oder Produktion gewährleistet sein, damit die Angebote so akkurat wie möglich kalkuliert werden können.

Service-Gestaltern gelingt es, ihr Angebot auch online zugänglich zu machen. Besonders der Vertrieb der Ersatzteile als zentraler Umsatztreiber für das Ser-vicegeschäft wird durch Onlineauftritte sowohl für den Kunden als auch für das Unternehmen signifikant erleichtert. Schon heute geben Servicemitarbeiter Ersatz-teilbestellungen für die automatisierte Weiterverarbeitung in ein IT-System ein, das die Ersatzteilbestellung durch die nahtlose Anbindung an das ERP-System auto-matisiert weiterverarbeitet. Service-Gestalter gehen einen Schritt weiter und setzen auf Onlineportale, die direkt an das ERP-System gekoppelt sind und vom Kunden selbstständig genutzt werden können. So wird der Kunde in die Lage versetzt, die benötigten Ersatzteile selbst zu identifizieren und die Bestellung direkt im Service-portal vorzunehmen. Der Kunde kann so zielgerichtet durch menügeführte Kataloge oder Ersatzteilkonfiguratoren geführt werden, die ihn mit Explosionszeichnungen und Stücklisten zu jedem seiner Produkte bei der Teileidentifikation unterstützen sowie umfassende Informationen über Preis, Verfügbarkeit, und Lieferfrist bereit-stellen. Durch die Vermeidung eines Medienbruches wird das Risiko von Fehlern bei der Bestellübertragung in das ERP-System nahezu eliminiert und die Effizienz der Arbeit durch die Vermeidung von Doppeleingaben gesteigert. Dies gilt vor allem, weil gerade der Investitionsgüterherstellung mit ihren geringen Stückzahlen bei einer hohen Variantenvielfalt der Auftragsfertigung von Ersatzteilen eine hohe Bedeutung zukommt. Auch Zulieferer können über Schnittstellen nahtlos in das ERP-System integriert werden.

Phase 4: Umsetzungskontrolle In der letzten Phase des Vertriebsprozesses findet eine laufende Kontrolle der Vertriebsaktivitäten statt. In Sales Review Meetings wird eine Übersicht über alle offenen Angebote besprochen. Mit einem Tracking Tool erhält das Service Sales Team Sichtbarkeit über den Status aller Angebote beim Kunden. Best Practices sollten in diesem Zusammenhang dokumentiert und im Rahmen eines unternehmensweiten Wissensmanagements allen Regionen zugänglich gemacht werden.

5.4   Prozesse in der Annahme und Bearbeitung von Kundenanfragen

Wie gut ein Produkt auch immer entwickelt oder hergestellt sein mag, irgendwann wird der Kunde sich mit einem Problem oder einer Frage an den Hersteller wenden. Sei es, weil ein Ersatzteil bestellt werden muss, ein Handbuch nicht mehr auffindbar ist oder ein Softwarefehler eine ganze Anlage zum Stillstand gebracht hat. Der Kunde erwartet dann die schnelle und kompetente Unterstützung seines Lieferanten. Erfolgreiche Hilfestellungen wirken sich dabei positiv auf die Kundenzufriedenheit aus und steigern die Wiederverkaufsrate für Produkte und Services. Gescheiterte Kundenanfragen ohne Problemlösung können nicht selten das mühsam erarbeitete Image der Qualitätsführerschaft zunichte machen.

Spätestens bei weltweit operierenden Unternehmen stellt die strukturierte, verlustfreie Interaktion mit dem Kunden eine hohe Herausforderung dar. Eine Vielzahl von Kommunikationskanälen mindert die Transparenz über Kundenanfragen. Weil nicht gewährleistet werden kann, dass sich zu jedem Zeitpunkt die richtigen Mitarbeiter mit den passenden Qualifikationen um ein Kundenanliegen kümmern, steigt die Durchlaufzeit pro Kundenanfrage. Gleichzeitig sinkt die Effizienz der damit befassten Mitarbeiter. Auch die klare Messung und Steuerung der Durchlaufzeit und der Beantwortungsqualität ist in diesem System erschwert. All diese Faktoren wirken sich letztlich negativ auf die Kundenzufriedenheit aus. Es liegt also im Interesse eines jeden Unternehmens, eine verlässliche, stabile Struktur zur Bearbeitung von Kundenanfragen zu schaffen.

Als universelle Koordinationsstelle für Kundenanfragen setzen Service-Gestalter ein integriertes Customer Service Center mit lokalen Außenstellen in den wichtigsten Absatzregionen ein, um Sprachprobleme und Schwierigkeiten mit der Zeitverschiebung zu vermeiden. Als zentraler Ansprechpartner empfängt das Customer Service Center alle Kundenanfragen und kümmert sich ereignisabhängig um eine zügige Bearbeitung.

Abb. 5.6 Prozesse in der Annahme und Bearbeitung von Kundenanfragen

Das Customer Service Center filtert also zunächst alle Anfragen, nimmt die relevanten Informationen auf, prüft eventuell die Berechtigung des Kunden einen Service zu nutzen und eröffnet ein Serviceticket. Dieses bearbeitet das Customer Service Center im 1st Level-Support selbst oder leitet es an die für die Bearbeitung zuständige Stelle im Unternehmen weiter (Abb. 5.6).

Durch die Aufteilung der Anfragebearbeitung in mehrere Stufen, also der Bearbeitung einfacher Standardanfragen, der Hilfestellung bei technisch komplexeren Problemen und Produkt- und Servicebestellungen bis hin zum Remote Log-in von Hardware- und Softwareexperten, erzielen Service-Gestalter eine effiziente und kostengünstige Bearbeitung der Kundenanfragen. Die besonders auf Kundenfreundlichkeit geschulten Mitarbeiter des 1st Level-Support kümmern sich um eine kompetente Aufnahme der Anfrage bzw. des Fehlerbildes. Der Kunde muss bereits zu diesem frühen Zeitpunkt den Eindruck erhalten, dass der Call-Center-Agent sich seines Anliegens annehmen und es schnellstmöglich zu einer befriedigenden

Lösung treiben wird. In diesem Zusammenhang ist es hilfreich, wenn ein Call-Center-Mitarbeiter mit dem Kunden in dessen Muttersprache kommunizieren kann. Service-Gestalter erreichen dies durch ein intelligentes Routing der Anrufe durch die Organisation. So können erfahrungsgemäß durch klare Fehlerbeschreibungen und gut aufgesetzte Lösungsansätze schon 50 bis 60 % der Fehlerbilder behoben werden. Gelingt diese Lösung nicht, wird sich ein technisch versierter Mitarbeiter im 2nd Level-Support um das Problem kümmern. Anfragen nach Services, Ersatzteilen, oder Produkten werden ebenfalls auf dieser Ebene behandelt. In den Fällen, in denen eine Problemlösung auch hier nicht erreicht werden kann, geht das eröffnete Ticket auf den 3rd Level-Support über. Diese Mitarbeiter haben die Möglichkeit, sich im Wege der Fernwartung auf die Anlage des Kunden einzuloggen und eine Fehlerbehebung zu versuchen. Außergewöhnliche Fehler lassen sich in Zusammenarbeit mit den Konstruktions- und Produktionsabteilungen beheben. Der 3rd Level-Support kann auch den etwaigen Einsatz eines Serviceteams vor Ort auslösen; in diesem Fall übergibt er das Ticket zur weiteren Bearbeitung an die Mannschaft im Feld.

Service-Gestaltern gelingt es, ihr Customer Service Center als kompetenten und schnellen Problemlöser zu positionieren und durch gezielte Aktivitäten in den drei Dimensionen Call-Center-Management und IT-Infrastruktur, Dimensionierung und Training sowie Ticket-Logik und Anfragebearbeitung zu einem veritablen Wettbewerbsvorteil auszubauen.

Erfolgsfaktor 1: ServiceCenter-Management und IT-Infrastruktur Führenden Serviceunternehmen gelingt es besonders gut, den schwierigen Spagat zwischen Zentralisierung und Regionalisierung zu schaffen. Sie handeln nach der Maxime: So viel Zentralisierung wie möglich, so viel Regionalisierung wie nötig. In Regionen, deren installierte Basis und Wachstumspläne es erfordern, bauen diese Unternehmen lokale Customer Support Center auf, um Anrufe in der Muttersprache zu bedienen und Probleme mit der Zeitverschiebung zu vermeiden. Besonders die Support Level 1 und 2 lassen sich in diesem Setup sehr gut abbilden. Level 3-Anfragen, die nach hoher technologischer Kompetenz der Call-Center-Mitarbeiter verlangen, und Anfragen außerhalb der regionalen Geschäftszeiten werden zumeist im zentralen Customer Service Center abgewickelt, um Synergiepotenziale zu heben.

Essentiell ist in jedem Fall aber eine einheitliche IT-Infrastruktur für alle Customer Service Center. Ihr IT-System ist direkt an das ERP-System angebunden, erlaubt den Aufbau einer Kundeninteraktionshistorie und bietet die Möglichkeit, nachverfolgbare und weiterleitbare Tickets zu einer Kundenanfrage zu eröffnen. Unterstützt wird das IT-System durch ein intelligentes Automatic Call Distributing-System, mit dem Kundenanrufe je nach Problemfeld, Kunde oder Sprache automatisiert an das zuständige Service Center weitergeleitet werden.

Erfolgsfaktor 2: Experten-Dimensionierung und Training Wichtiger Kosten- und zugleich Qualitätsfaktor in global verteilten Call-Center-Strukturen sind die Call-Center-Agenten. Nur mit einer klaren, globalen Kenntnis der Fähigkeiten verfügbarer Call-Center-Agenten ist ein flexibles Routing eingehender Anrufe möglich. Grundlage dessen bildet ein Katalog an technischen und sprachlichen Kompetenzen, der die Fähigkeiten eines jeden Mitarbeiters abbildet. Ein wesentlicher Vorteil der Trennung der Anfragebeantwortung in drei Ebenen liegt in der Zuweisung geeigneter Ressourcen zu jeder Ebene. Generell steigt die Anforderung an die Mitarbeiterkompetenz mit zunehmendem Level: Sprachlich besonders qualifizierte und der Muttersprache des Anrufenden mächtige Mitarbeiter können so in den 1st Level Support eingeteilt werden. Ab Level 2 ist es essentiell, Mitarbeiter einzusetzen, die mindestens der englischen Sprache mächtig sind. So können Anrufe flexibel zwischen Customer Service Center geroutet werden. In Level 3 stehen nicht mehr so sehr die sprachlichen, sondern mehr die technischen Kompetenzen des Call-Center-Agenten im Vordergrund.

Bei führenden Serviceunternehmen sind die Trainings- und Rekrutierungsprozesse direkt an den Anforderungen der Produkte ausgerichtet. Sie institutionalisieren einen ständigen Austausch mit Produktmanagement, Service, Produktion, Konstruktion, um den Pool der Fähigkeiten aktuell zu halten. So können zügig neue Produkte und Services im Leistungsspektrum des Call-Centers aufgenommen werden. Dazu existieren Trainingsprogramme, aktuelle Materialien und klare Arbeitsinstruktionen mit Standardabläufen für Call-Center-Agenten. Diese Unterlagen werden, gemeinsam mit Standardprozessen und -methoden, durch die Call-Center-Leitung zusammen mit der Trainingsabteilung entwickelt.

Die Personalplanung muss an die Fähigkeitsprofile der zur Verfügung stehenden Call-Center-Agenten, deren generelle Verfügbarkeit, und den regional unterschiedlichen Geschäftszeiten der Kunden angepasst sein. Für einen qualitativ hochwertigen Service ist die Dropped Call Rate, also die Anzahl der verlorenen Anrufe aufgrund einer zu langen Wartezeit des Kunden maßgeblich. Sie sollte nicht über 5 % liegen. Über eine Auswertung der im IT-System registrierten Anrufe kann der Personalbedarf aus historisierten Daten und der Größe der installierten Basis in einer Region abgeleitet werden. Besonders lernende Algorithmen und neuronale Netze helfen das voraussichtliche Anrufvolumen einer Periode zu prognostizieren.

Erfolgsfaktor 3: Ticket-Logik und Anfragebearbeitung Das entscheidende Element erfolgreicher Call-Center ist die Strukturierung seiner Aktivitäten um Servicetickets, die neben der Problembeschreibung auch wesentliche Informationen über den Kunden, das vereinbarte Servicelevel, das betreffende Produkt, die zuständigen Ansprechpartner und die Lebensdauer des Tickets enthalten. Anhand der Tickets lassen sich die eingegangenen Ereignisse zur Abarbeitung priorisieren und an die geeignete Stelle im Unternehmen weiterleiten: Mit der Annahme eines Kundenanrufs oder einer E-Mail eröffnet der Call-Center-Agent ein Serviceticket, das er entweder selbst bearbeitet oder an die jeweils zuständigen Stellen weiterleitet. Die Zusammenarbeit mit dem Customer Service Center ist dabei über ein Operations Level Agreement klar geregelt, sodass der Abarbeitungsgrad der initiierten Serviceaktivitäten jederzeit überwachbar ist. Ist eine Aktivität zur Zufriedenheit des Kunden abgeschlossen, schließt der Bearbeiter das Ticket. Überschreitet ein Ticket seine Lebensdauer ist das Customer Service Center dafür zuständig, den Vorgang an die betreffende Stelle zu melden und erneut mit dem Kunden Kontakt aufzunehmen, um einen Statusbericht abzugeben. Im Rahmen dieses gesamten Vorgangs gilt grundsätzlich die Prämisse: „Keine Aktivität ohne Ticket, kein Ticket ohne nachfolgende Aktivität."

Führende Serviceunternehmen strukturieren die Arbeit ihrer Servicemitarbeiter mit definierten Standard Operating Procedures. Die Anfragebearbeitung wird gestützt durch Prozesse und Tools zur schnellen Diagnose und Auflösung von technischen Problemen. Besonders häufig auftretende Probleme werden gesammelt, in Fehlerbilder eingeteilt und an Produktmanagement und Entwicklung zurückgespielt, um die Produktqualität langfristig zu sichern. Daneben wird jedem Mitarbeiter eine klare Berechtigung zugewiesen, z. B. zur Gewährung von Kulanz; sollte es nötig werden, diese Berechtigung zu überschreiten, existiert ein klar definierter Eskalationspfad, um das Anliegen des Kunden schnell zum Abschluss zu bringen.

Das Aufsetzen einer global integrierten, effizienten Customer Service Center-Struktur zieht in der Regel einschneidende Veränderungen in der Kommunikation mit dem Kunden nach sich. Für den Kunden bedeutet die Einführung eines universellen, zentral gesteuerten Eintrittsportals, dass er sich mit seinem bekannten Ansprechpartner nicht mehr direkt in Verbindung setzen kann. In der Auflösung dieser eingeschliffenen Verfahrensweisen liegt eine oft unterschätzte Ursache von Kundenunzufriedenheit. Vor der tatsächlichen Implementierung der neuen Customer Service Center müssen die Veränderungen daher kommuniziert werden.

5.5 Prozesse in der Installation neuer Produkte

Im Lebenszyklus eines Produktes besteht eine der ersten operativen Aufgaben der Serviceeinheit darin, das Produkt beim Kunden so zu installieren, dass es alle vertraglich fixierten Kundenerwartungen erfüllt und die Endabnahme durch den Kunden gewährleistet ist. Service-Gestalter zielen dabei auf ein ganzheitliches Prozessmanagement: Sie setzen bereits in den frühen Phasen der Auftragsgenerierung und -abwicklung an, um die erfolgreiche Installation und Abnahme des Produktes- und damit den Abschluss des Kundenauftrags sicher zu stellen. Mit der friktionsfreien Abarbeitung des gesamten Auftragserfüllungsprozesses und der reibungslosen Übergabe des Produktes an den Kunden legen Service-Gestalter gleichzeitig die Grundlagen für ein profitables Servicegeschäft: Auch wenn der Service der Neuproduktinstallation dem Kunden in aller Regel nicht gesondert in Rechnung gestellt wird, kann der Service durch ein kompetentes Auftreten als „Problemlöser" bereits zu diesem frühen Zeitpunkt beim Kunden Vertrauen aufbauen. Dies stellt ein wichtiges Verkaufsargument für alle nachgelagerten Servicevertriebsaktivitäten dar. Die Installation legt somit die Grundlage für zukünftige Umsätze im Servicegeschäft; Service-Gestalter werden daher die besten Servicetechniker mit den höchsten fachlichen und sozialen Fähigkeiten einsetzen.

Im Zentrum dieses ganzheitlichen Ansatzes zur Steuerung des Auftragserfüllungsprozesses steht eine klare Aufgabenteilung zwischen Vertrieb, Projektmanagement und Service (Abb. 5.7).

Vertrieb, Projektmanagement und Service übernehmen die Verantwortung über jeweils klar abgegrenzte Bereiche des Wertschöpfungsprozesses. Dabei geht die Prozessverantwortung an festen Übergabepunkten, ausgelöst durch verbindliche

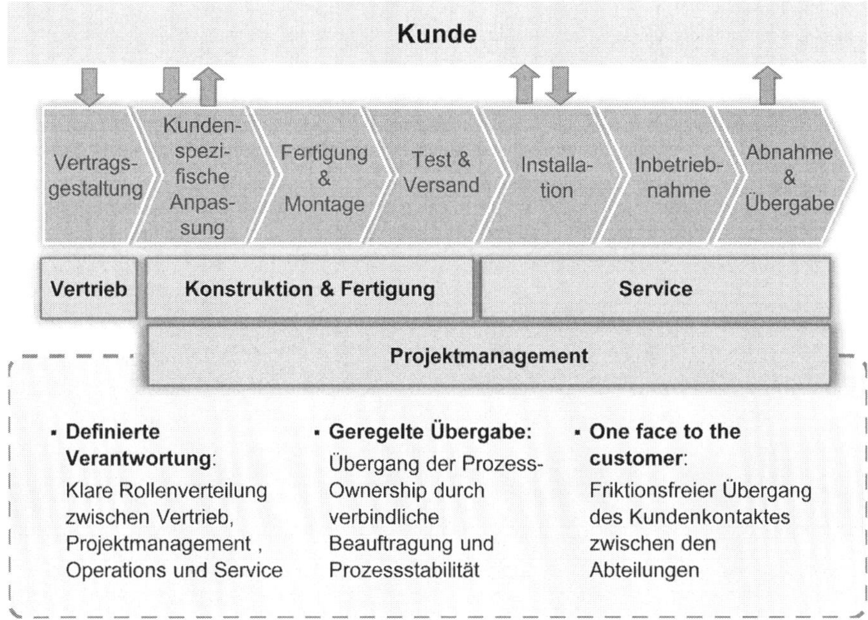

Abb. 5.7 Prozesse in der Installation neuer Produkte

interne Orders, an die nachfolgende Abteilung über. Damit ist auch ein nahtloser Übergang des Kundenkontaktes verbunden, sodass das Unternehmen im hochgradig arbeitsteiligen Prozess der Neuproduktinstallation strukturiert an den Kunden herantritt.

Komponente 1: Der Vertrieb Der Vertrieb ist zunächst dafür zuständig, die Kundenanforderungen vollständig aufzunehmen und Vertragsverhandlungen vorzubereiten. Service-Gestalter achten bei der Vertragsgestaltung darauf, nicht nur die geforderten Zielwerte eines Produktes festzuhalten, sondern gemeinsam mit dem Kunden die Leistungsparameter klar zu definieren. Daneben fixieren sie auch die Mitwirkungspflichten und Ansprechpartner des Kunden im Rahmen der Auslieferung, Installation und Inbetriebnahme und vereinbaren eine implizite Abnahme, falls der Liefer- und Installationsprozess durch Verschulden des Kunden ins Stocken gerät. So erreichen sie einen fristgerechten Start der Gewährleistung und sichern das volle Potenzial im Service- und Ersatzteilgeschäft. Für die Terminierung der Lieferung ist es essentiell, das Feedback sowohl von Projektmanagement als auch vom Service einzuholen, um den Commit to Delivery-Termin mit den vorhandenen Kapazitäten in der Fertigung und im Service abzugleichen. Nach dem Vertragsschluss löst der Vertrieb die Konstruktion und Produktion des Produktes durch das Eingehen des Auftrags aus. Darin sind alle Kundenanforderungen in einer finalen Konfiguration fixiert, Änderungen an der Produktspezifikation sind in der Regel nicht mehr möglich. Industrien, deren Geschäftsmodell regelmäßig Änderungen am Produkt durch den

Kunden bis kurz vor Produktionsstart verlangt, muss ein Ausnahmeprozess installiert werden. So wird sichergestellt, dass alle gewünschten Änderungen in einem Engineering Change Request Log festgehalten und dem Kunden als gesonderter Aufwand in Rechnung gestellt werden können. Da alle Änderungen oder sonstigen, mündlichen Zusagen vertraglich fixiert werden, ist ein Änderungsdienst für die Kundenverträge notwendig, der die relevanten Änderungen an den zuständigen Projektmanager und Serviceleiter kommuniziert. Diese müssen in einer zentralen Datenbank gespeichert werden, sodass alle nachfolgenden Abteilungen ständig Zugriff auf die relevanten Dokumente haben.

Komponente 2: Das Projektmanagement Die Aufgabe des Projektmanagements liegt in der Planung und Steuerung der Auftragsdurchführung von der Konstruktion über die Produktion bis zum Versand der Maschine. Der für ein Projekt zuständige Projektmanager erstellt einen ganzheitlichen Projektplan und stellt die fristgerechte Durchführung aller Arbeitspakete sicher. Daneben koordiniert er die Zusammenarbeit von Konstruktion, Einkauf, Produktion und anderen beteiligten Abteilungen. In diesem Zusammenhang tritt der zuständige Projektmanager auch mit dem Kunden in Kontakt, um sich zu vergewissern, dass die Termine für die Anlieferung nach Zollklärung für das gemeinsame Entpacken vor dem Move-in des Produkts, die Installation und die Inbetriebnahme des Produktes mit den Plandaten abgestimmt sind. Falls notwendig bereitet der Projektmanager den Boden für eine erfolgreichen Installation und Übergabe durch vorbereitende Site Visits: Er verschafft sich ein Bild über das Fabrik-Layout und kontrolliert die Verfügbarkeit der notwendigen Medien, Rohmaterialien, Messmittel und ähnliches. Der Projektmanager schafft damit die Voraussetzungen für eine reibungslose Installation und Übergabe des Produktes. Daneben stellt der Projektmanager sicher, dass die Maschine ohne Fehlteile zum Kunden gesendet wird. Dieser Punkt ist gerade für den Versand in Länder mit besonderen Ein- und Ausfuhrbeschränkungen wichtig, da sich die Importgenehmigungen meist nur auf die Maschine, nicht aber auf etwaige Nachlieferungen beziehen. Somit kann es passieren, dass sich der Installationsprozess unnötig in die Länge zieht und damit ineffizient Ressourcen bindet, wenn zur Installation notwendige Teile nicht rechtzeitig durch den Zoll geschleust werden können. Daneben fungiert der Projektmanager als Koordinator der Zulieferer und Partnerunternehmen; er beauftragt den Logistikdienstleister und kümmert sich darum, dass die beim Kunden zu integrierenden Zulieferermodule rechtzeitig bereit stehen und koordiniert die Anlieferung zwischen Kunde und Zulieferer. Nach der internen Inbetriebnahme des Produktes übergibt der Projektmanager den Kundenkontakt mit der verbindlichen Serviceorder.

Komponente 3: Der Service Die Serviceeinheit fungiert im Rahmen der Neuproduktinstallation als Auftragsdienstleister für das Produktgeschäft. Von der Begleitung des Move-in über die Installation und den Anschluss der Maschine an die Produktionsmedien bis zur technischen Inbetriebnahme der Maschine steuert der zuständige Serviceleiter den Kunden. Zunächst muss der Serviceleiter beim Öffnen der Sendung zugegen sein, um die Lieferung auf Vollständigkeit und Qualität zu überprüfen. Die Nachlieferung eventuell kaputter oder nicht gelieferter Teile muss sofort beim

Projektmanager in Auftrag gegeben werden. Zum Einbringen der Anlage an den dafür vorgesehenen Ort in der Fabrik des Kunden eignen sich Drittanbieter, um die Einsatzkosten zu minimieren. Die für die Installation des Produktes und den Anschluss an die Medien des Kunden notwendigen produktspezifischen Verbrauchsmaterialien und Tools können in einem Installation-Kit mit dem Produkt geliefert werden. Zur Minimierung der Material- und Lieferkosten bietet es sich allerdings an, sie in der regionalen Niederlassung vorzuhalten. Service-Gestalter achten darauf, nur besonders erfahrene und auch speziell geschulte Servicetechniker für die Installation neuer Produkte einzusetzen: In speziellen Trainings werden die Servicetechniker für neue Produkttypen geschult und über Veränderungen im Rahmen von Release-Wechseln informiert. Vor Ort nutzen Service-Gestalter detaillierte Standard Installation Operating Procedures, um eine reibungslose Installation des Produktes zu gewährleisten. Zusätzlich sollte ein zentrales Repository mit allen relevanten technischen Informationen wie 3D-Modellen, Konstruktionszeichnungen, Stücklisten u.a. zur Verfügung stehen. Sollten Servicetechniker ein Problem nach der Konsultation dieser Unterlagen nicht lösen können, wenden sie sich an eine spezielle Engineering Task Force, die eine schnelle Problemlösung sicherstellt. Diese Stelle sammelt auch die auftretenden Fehlerbilder und kann so Maßnahmen für die bessere Konstruktion der Anlagen ableiten. Mit dem Abschluss der Inbetriebnahme löst der Serviceleiter den Final Acceptance Test aus. Zur Aufnahme und Dokumentation der geleisteten Arbeitsstunden sollte ein elektronisches Time and Expense Template zur Verfügung stehen.

Service-Gestalter Unternehmen legen die Durchführung des Final Acceptance Test in die Hände des Service, da das Management des Kundenkontakts zur Steigerung des Serviceumsatzes mit der Auslieferung der Maschine auf den Service übergeht; ihre Servicefunktion verfügt über die geeigneten Steuerungsmechanismen und die notwendige, starke unternehmensinterne Vernetzung, sodass sie einen kontrollierten Abschluss des Final Acceptance Test und eine koordinierte Abarbeitung eventuell bestehender Offener-Punkte-Listen gewähren kann.

5.6 Fokussierung der Re-Engineering-Aktivitäten

Die fundierte Definition der Serviceprozesse bildet die Grundlage für die Identifikation von Optimierungspotenzialen:

- Die Unterteilung der Prozesse in die einzelnen Arbeitsschritte ermöglicht eine problemgerechte und kosteneffiziente Zuteilung der Ressourcen mit den geeigneten Fähigkeiten und Informationen zur vorliegenden Aufgabe
- Geringe Informationsverluste an fest definierten Schnittstellen mit anderen Prozessbeteiligten führen zu einer weiteren Prozessbeschleunigung
- Die damit einhergehenden Qualitätsverbesserungen basieren auf der durchgehenden Verantwortlichkeit eines Process Owners, der seine abteilungsübergreifende Zuständigkeit einsetzt, um den gesamten Prozess mittels aussagekräftiger Kennzahlen hinsichtlich Termintreue und Ergebnisqualität zu steuern

- Durch die klare Gestaltung der Prozesse und klare Zuweisung von Verantwortlichkeiten auf Basis einer verständlichen und frei zugreifbaren Prozessdokumentation steigt die Mitarbeitermotivation
- Daneben erhöht sich die Kapazität der Leistungserstellung auf Basis klarer Strukturen, Abläufe und Interaktionspunkte, wie sie in Prozessbeschreibungen erfasst werden
- Die klare und unmissverständliche Einbeziehung des Kunden in den eigenen Prozess an vordefinierten Schnittstellen zum Austausch von Informationen und Leistungen führt zu einem höheren Kundennutzen und zu höherer Kundenzufriedenheit
- Darüber hinaus steigt die Planbarkeit der Ressourcen, weil Zeitpunkt, Zeitdauer und Umfang einer durch die strukturierte Kundeninteraktion geringeren Schwankung unterliegen, auch über Abteilungsgrenzen hinweg.

Mit einer umfassenden Neuausrichtung der bestehenden Prozesslandschaft legen Service-Gestalter das Fundament für eine operativ exzellent aufgestellte Serviceeinheit.

Erfolg in der Überarbeitung ihrer Serviceprozesslandschaft werden jedoch nur Unternehmen vorweisen können, die ihre Aktivitäten klar priorisieren. Die Überarbeitung der gesamten Prozesslandschaft verlangt große Umsicht in der Planung, tiefgehende Kenntnisse in der Prozessdetaillierung und einen langen Atem in der Umsetzung. Dabei bietet die aktuelle strategische Zielsetzung des Unternehmens die Leitplanken, entlang derer das „Service Process Re-Engineering" priorisiert werden kann, um die Komplexität des Vorhabens beherrschbar zu machen (Abb. 5.8).

Unternehmen, die sich den Ausbau des Servicegeschäftes zum Ziel gesetzt haben, sollten ihren Fokus zunächst auf die Prozesse zur Entwicklung innovativer Serviceangebote und zum schlagkräftigen Vertrieb der Angebote legen. Alle Leistungen müssen dabei durch einen Prozess hinterlegt sein, um qualitativ hochwertige Leistungen in jeder Absatzregion reproduzierbar zu erzeugen (Prozesse 1, 2, 8, und 9).

Wollen Unternehmen ihr Anlagengeschäft in neue Märkte oder Produktlinien ausbauen, konzentrieren sie ihre Energien auf die Prozesse zur Unterstützung des Produktgeschäftes. Durch die klare Strukturierung der Installation neuer Produkte, der Annahme und Bearbeitung von Kundenanfragen und Problemen und der schnellen Versorgung mit Ersatzteilen bei Störfallen können negative Auswirkungen einer schlechten Servicequalität auf das Produktgeschäft vermieden werden. Die prozessuale Neuausrichtung dieser Basisprozesse bietet die Möglichkeit, eine relativ schnelle Verbesserung des Kundenutzens mit überschaubarem Aufwand zu erreichen. Darüber kann sich der Service von Beginn der Kundenbeziehung an als kompetenter und leistungsfähiger Partner vor dem Kunden präsentieren (Prozesse 3, 5, 6, und 7).

Unternehmen, die die Steigerung der Effizienz der Serviceprozesse und damit des Ergebnisbeitrags der Serviceaktivitäten anstreben, fokussieren ihre Aktivitäten üblicherweise auf die effektive Planung und den effizienten Einsatz der personellen Ressourcen. Außerdem sorgen sie für eine funktionierende Fakturierung aller erbrachten Leistungen. Daneben straffen sie den Verwaltungsbereich und erhöhen so das Verhältnis abrechenbarer zu nichtabrechenbaren Servicemitarbeitern. Die kontinuierliche

Serviceprozesse		Wachstum des Servicegeschäfts	Sicherung der Kundenzufriedenheit	Effizienz / Kosten der Leistungserbringung
1	Servicevertrieb	Maßgeblicher Einfluss	Mittlerer Einfluss	Kein Einfluss
2	Annahme und Bearbeitung von Anfragen	Mittlerer Einfluss	Maßgeblicher Einfluss	Hoher Einfluss
3	Planung und Einsatz personeller Ressourcen	Geringer Einfluss	Mittlerer Einfluss	Maßgeblicher Einfluss
4	Neuanlageninstallation	Mittlerer Einfluss	Maßgeblicher Einfluss	Hoher Einfluss
5	Reaktive und proaktive Störfallbehandlung	Mittlerer Einfluss	Maßgeblicher Einfluss	Hoher Einfluss
6	Ersatzteilversorgung und Rücknahme	Hoher Einfluss	Maßgeblicher Einfluss	Hoher Einfluss
7	Leistungssteigerung und Second Life	Maßgeblicher Einfluss	Hoher Einfluss	Geringer Einfluss
8	Training, Beratung, Wertschöpfungserweiterung	Maßgeblicher Einfluss	Hoher Einfluss	Geringer Einfluss
9	Servicefakturierung	Kein Einfluss	Mittlerer Einfluss	Maßgeblicher Einfluss
10	Vorfallaufnahme und Qualitätsmanagement	Geringer Einfluss	Hoher Einfluss	Maßgeblicher Einfluss
11	Verwaltung und Steuerung	Geringer Einfluss	Geringer Einfluss	Maßgeblicher Einfluss
12	Serviceportfolioinnovation	Maßgeblicher Einfluss	Hoher Einfluss	Geringer Einfluss

Kein Einfluss   Mittlerer Einfluss   Maßgeblicher Einfluss
Geringer Einfluss   Hoher Einfluss

Abb. 5.8 Auswirkungen des Prozess Re-Engineering auf die Serviceleistung

Überarbeitung aller Prozesse sorgt weiterhin dafür, dass die erreichten Effizienzgewinne zu einer Kostensenkung führen, aufgrund niedriger Prozessdurchlaufzeiten, geringeren Reibungsverlusten an Interaktionspunkten und zielgerichtetem Arbeiten gegen ein vordefiniertes Ergebnis (Prozesse 4, 10, 11 und 12).

5.7   Praxisbeispiel: Marktgerechte Serviceprozesse und -organisation

Die centrotherm photovoltaics AG mit Sitz im schwäbischen Blaubeuren ist einer der weltweit führenden Technologie- und Dienstleistungsanbieter für Prozessanlagen zur Herstellung von kristallinen Silizium-Anwendungen in der Photovoltaik- und Halbleiterindustrie. Die Entwicklung innovativer Technologien und deren Umsetzung in moderne Produktionsanlagen und effiziente Prozesse stehen seit über 30 Jahren im Fokus des Unternehmens. Den Kunden werden wichtige Leistungsparameter wie Produktionskapazität, Wirkungsgrad und Fertigstellungstermin bei Einzelequipment sowie schlüsselfertigen Produktionslinien garantiert.

Ehe vor einigen Jahren der internationale Solarboom begann, wurde über einen langen Zeitraum ein Kreis von Stammkunden der Halbleiter- und Photovoltaikindustrien mit Fokus auf Europa bedient. Das exponentielle globale Wachstum der Solarbranche führte seit ca. 2003 zu einer signifikanten Verlagerung des Absatzes und Kundenstammes in den asiatischen Raum: so werden mittlerweile mehr als 80 % des Jahresumsatzes außerhalb Europas in Ländern wie China, Taiwan, Korea oder Indien erzielt. Während der Produkt- und Technologiefokus dem Unternehmen das signifikante Wachstum erst ermöglichte, konnten als Folge des aggressiven Wachstums adäquate Servicestrukturen nicht zeitgleich nachgezogen werden. Die vom Unternehmen gepflegte regionale Aufstellung aller Geschäftsbereiche und die Bedienung der Kunden im After-Sales und Servicegeschäft über Zentralstrukturen, kombiniert mit den starken Auftragszuwächsen, erschwerte ebenfalls die Einhaltung des Unternehmensversprechens von termingerechten Inbetriebnahmen und garantierter Ausbringung der Fabriken.

Der Unternehmensphilosophie folgend operieren zahlreiche einzelne Gesellschaften und Geschäftseinheiten am Markt. Als Folge dieser Struktur war auch der Service vielerorts uneinheitlich organisiert und viele Funktionen wie Wartung oder Ersatzteilwesen über zahlreiche unterschiedliche Unternehmensfunktionen verteilt: jede Geschäftseinheit war bei Servicestrategien, Aufbau- und Ablauforganisation, Ressourcen, Rollen und Verantwortlichkeiten, Serviceangeboten sowie Qualität und Reproduzierbarkeit der Serviceausführung individuell aufgestellt.

Der massive Bedarfsanstieg im asiatischen Raum gepaart mit dem Leistungsversprechen der centrotherm photovoltaics erforderte die internationale Neuorganisation des Service mit zusätzlichen Kapazitäten in lokalen Repräsentanzen sowie bedarfsgerechten Angeboten auf höchstem Qualitätsniveau. Das Programm zur globalen Serviceoptimierung verfolgt dabei drei Ziele:

1. Absicherung des Neumaschinengeschäfts durch Einhaltung des Lieferversprechens sowie optimale Anlagenverfügbarkeit und -effizienz.
2. Erschließung des globalen Serviceumsatzpotentials und Ausgleich von Industriezyklen durch kundenorientierte Produktgestaltung und strukturiertem Ausbau des Serviceproduktportfolios entlang der gesamten Wertschöpfungskette.
3. Etablierung des Servicegeschäfts als Profit-Center und dienstleistungsorientierte interne Ausrichtung für optimale Steuerung und Effizienz.

Ausgangspunkt der Optimierung war die Transparenz über alle zentralen Problemfelder der aktuellen organisatorischen und serviceproduktseitigen Ausrichtung im Gesamtunternehmen und der Beschluss, funktionsübergreifend Organisation, Prozesse und Serviceangebot neu zu definieren. Sales, After-Sales und das Projektmanagement als wesentliche servicebeauftragende Funktionen wurden eng in die Neuaufstellung einbezogen und gemeinsam mit dem Service alle Schnittstellen unter der Maxime „One Face to The Customer" reorganisiert.

Sechs zentrale Erfolgspfeiler der globalen Neuausrichtung und Steuerung des Service wurden so innerhalb eines Jahres etabliert:

1. **Differenzierung von Kunden und Angeboten, und Einführung eines standardisierten und kundengerechten Ersatzteil- und Serviceangebotes:**
   Ausgehend von einer eindeutigen Kundensegmentierung erfolgte der Aufbau und die Einführung eines weltweiten Ersatzteilkataloges mit stringenter Preissetzung sowie die Erarbeitung des weltweiten Serviceproduktportfolios und seines Einführungsplans bis 2015.

2. **Neugestaltung der Ablauforganisation für alle servicerelevanten Prozesse:**
   Gemeinsam mit allen Unternehmensfunktionen wurden transparente und reproduzierbare Arbeitsweisen definiert, die ein optimales Zusammenspiel aller Beteiligten bei allen Elementen der globalen Serviceausführung sicherstellen.

3. **Neuorganisation des Service, und klare Aufteilung der Servicekompetenzen, Rollen und Verantwortlichkeiten zwischen Zentrale und Regionen:**
   In der Zentrale werden die „Leitplanken" der globalen Servicearbeit (z. B. Wissen, Systeme, Prozesse und Strukturen) erarbeitet und detailliertes Produktwissen für Trainings- und Sondereinsatzteams bereitgestellt. Die Regionen etablieren die Serviceexekutive, welche weitgehend eigenständig, regional koordiniert und kundenadäquat die operative Serviceausführung sicherstellt. Die Zentrale führt dabei alle Regionen durch klares Reporting, effektive Eskalationsmechanismen und Supportstrukturen.

4. **Einführung eines weltweiten Customer Service Desk:**
   Im Unternehmen wurden einheitliche, zentrale Servicerufnummern für alle Regionen und alle Unternehmensbereiche weltweit eingeführt. Außerdem erfolgte ein Aufbau von First-, Second- und Third-Level Strukturen zur Bearbeitung aller Serviceanfragen unter dem Motto „One Number does it all".

5. **Gezielter Ausbau der Serviceressourcen und -qualifikation:**
   Eine bedarfsorientierte Struktur der regionalen Serviceorganisation mit klaren Kompetenzen sowie dedizierte Trainings- und Schulungsprogramme zur schnellen Etablierung eigenständiger Serviceleistungen wurden in kürzester Zeit aufgebaut.

6. **Gezielter Einsatz neuer Tools und Arbeitsmittel:**
   Neue Software für Servicezwecke wurde individualisiert und eingeführt. Alle Arbeitsmittel für Serviceaktivitäten zur Minimierung des administrativen Aufwands und optimaler Transparenz im Service erfuhren eine gezielte Überarbeitung.

Der centrotherm photovoltaics Service fungiert nun als Auftragsdienstleister im Sinne produktunterstützender Dienstleistungen für die kundenseitig ausgerichteten Unternehmensfunktionen – anstatt wie bisher eigenständig und entkoppelt zu agieren. Klare, global einheitliche Aufbau- und Ablauforganisationen sind etabliert, die flexibel den Marktgrößen und -anforderungen angepasst werden können. Der Service bildet nun eine selbständige Einheit unter der einheitlichen Führung des Operations-Bereiches – parallel zur Produktentwicklungs-, Einkaufs-, Produktions- und Logistikfunktion des Unternehmens.

Nach intensiver Pilotierung des neuen Serviceansatzes im wichtigsten Absatz-markt China erfolgte stufenweise ein globaler Roll-out auf alle weiteren Kernmärkte. Durch den gezielten Auf- und Ausbau der weltweiten Servicefunktion ist das Unternehmen auf dem Weg vom reaktiven Serviceverwalter hin zum Servicegestalter, dessen Leistungen durch eine signifikante Steigerung der Kundenzufriedenheit im Service (dokumentiert durch Kundenbefragungen) deutlich zur Stärkung des Neu-maschinengeschäfts beitragen. Gleichzeitig wird erstmalig das Servicepotential durch das angepasste Serviceportfolio aktiv ausgeschöpft. Anstelle eines reinen Cost-Centers trägt der Service so signifikant zum Gesamtumsatz bei und leistet einen nicht unerheblichen Beitrag zum Ausgleich zyklischer Marktschwankungen. Zusätzlich stärken eine hohe Produktqualität durch kontinuierliches, zielgerichte-tes Servicefeedback sowie erhöhte Mitarbeitermotivation durch die Akzeptanz des Servicegedankens im Gesamtunternehmen die Marktführerschaft des Unternehmens.

Unternehmensinformation „centrotherm photovoltaics AG" Die centrotherm photovoltaics AG mit Sitz in Blaubeuren ist der weltweit führende Technologie- und Equipmentanbieter der Photovoltaikbranche: jede zweite Solarzelle weltweit wird auf centrotherm photovoltaics Anlagen hergestellt.

Seit mehr als 30 Jahren wird die Technologieführerschaft des Unternehmens auf nahezu allen Stufen der solaren Wertschöpfungskette vorangetrieben. Das Unternehmen stattet namhafte Solarunternehmen und Branchen-Neueinsteiger mit schlüsselfertigen („Turnkey") Produktionslinien und Einzelanlagen für die Herstel-lung von Silizium, kristallinen Solarzellen und -modulen sowie Dünnschichtmodulen aus. Damit verfügt der Konzern über eine breite und fundierte Technologiebasis sowie Schlüsselequipment auf nahezu allen Stufen der photovoltaischen Wert-schöpfungskette. Seinen Kunden garantiert centrotherm photovoltaics wichtige Leistungsparameter wie Produktionskapazität, Wirkungsgrad und Fertigstellungster-min. Der Konzern beschäftigt mehr als 1.700 Mitarbeiter und ist weltweit in Europa, Asien und den USA aktiv. Im Geschäftsjahr 2010 erzielte centrotherm photovoltaics bei einem Umsatz von 624,2 Mio. € ein EBIT von 75,4 Mio. €. Das Unternehmen ist im TecDAX an der Frankfurter Wertpapierbörse gelistet.

Kapitel 6
Aufbau und Dimensionierung der Serviceorganisation

Die Wettbewerbsstrategie des westlichen Maschinen- und Anlagenbaus ist auf die weltweite Dominanz in ihren Märkten ausgerichtet. Das Erfolgsparadigma dieses industriellen Umfelds liegt im Aufbau von Kompetenzen in der Entwicklung komplexer und hochwertiger Produkte, dem schlagkräftigen Vertrieb auf der Basis herausragender Produktattribute und der effizienten Produktion in einem weltweiten Wertschöpfungsnetzwerk. Anspruchsvolle internationale Kunden fordern zudem eine effiziente Serviceorganisation, die Maschinen und Anlagen an allen geographischen Standorten weltweit zuverlässig errichtet, in Betrieb nimmt und mit Wartungs- bzw. Reparaturleistungen über den gesamten Lebenszyklus betreut. In einem globalen Kundenumfeld haben nur diejenigen Unternehmen eine Chance, die eine – auf wichtige Kundenbedürfnisse ausgerichtete – Serviceorganisation in allen strategisch wichtigen Regionen der Erde aufgebaut hat. Galt das Servicegeschäft in der Vergangenheit vielfach noch als Anhängsel der Neukundenakquise, so stellt heute eine schlagkräftige globale Serviceorganisation ein wichtiges Kaufkriterium für eine neue Maschine dar.

Aufgrund der Konzentration auf das Neumaschinengeschäft und der dort vorherrschenden Praktiken und Erfolgsfaktoren ist es bei den meisten Maschinen- und Anlagenbauern üblich, dass unterschiedliche Unternehmenseinheiten in verschiedenen Phasen des Lebenszyklus mit dem Kunden in Kontakt stehen. Dabei beschränkt sich dieser Kontakt auf wenige Interaktionspunkte im Rahmen der Spezifikation geforderter Produkteigenschaften, des Vertragsschlusses sowie der Lieferung, Installation und Abnahme.

Für anhaltenden Erfolg im Servicegeschäft muss der Schwerpunkt des unternehmerischen Handelns aber im ganzheitlichen Management des Kundenkontakts liegen. Nur so kann den Charakteristika industrieller Dienstleistungen Rechnung getragen werden, bei denen bekanntermaßen Produktion und Abnahme simultan erfolgen und der Kunde direkt in die Leistungserstellung involviert ist. Diese neue Anforderung induziert notwendige Veränderungen in der Organisationsstruktur, die bei Service-Verwaltern produkt- bzw. produktionsorientiert ausgerichtet ist und von den Funktionen Entwicklung, Produktion, Absatz und Produktmanagement dominiert wird. Betroffen von diesen Veränderungen sind also weniger die technischen Kompetenzen, die in den meisten Unternehmen bereits in hoher Qualität

R. Geissbauer et al., *Serviceinnovation,*
DOI 10.1007/978-3-642-21239-0_6, © Springer-Verlag Berlin Heidelberg 2012

vorhanden sind. Zentral ist bei der Entwicklung zum Service-Gestalter vielmehr die Serviceorganisation, die den Kontakt zum Kunden in den Mittelpunkt der Organisationsgestaltung rückt.

6.1 Entwicklungsstufen der Aufbauorganisation

Die Aufbauorganisation bestimmt, welche Gruppierungen von Ressourcen in einer Organisationseinheit gebündelt und wie die Schnittstellen mit anderen Organisationseinheiten gestaltet werden. Damit ist die Aufbauorganisation der determinierende Faktor für die Koordination der gesamtunternehmerischen Aktivität und für die Zusammenarbeit der Servicefunktionen mit anderen Abteilungen. Sie ist somit Treiber der Leistungsfähigkeit und darin, wie sich das gesamte Unternehmen verhält. Ungeeignete Organisationsstrukturen hemmen den Prozessfluss, stören die Kommunikation und erschweren in der Folge das Erreichen der gesteckten Umsatz- und Ertragsziele.

Auf ihrem Weg zum Service-Gestalter durchlaufen Unternehmen vier typische Entwicklungsstufen. Die steigende Bedeutung des Servicegeschäftes kommt dabei in einer wachsenden organisatorischen Unabhängigkeit mit größeren Entscheidungsspielräumen und höherer Sichtbarkeit des Servicebereiches zum Vorschein. Während die Mitarbeiter der Serviceabteilung in der Form der Fragmentierten Servicefunktion noch über die verschiedenen Funktionen und Geschäftseinheiten des Service-Verwalters verstreut sind, sind sie bei der Konsolidierten Serviceeinheit bereits organisatorisch gebündelt. Allerdings ist diese Einheit einer anderen Unternehmensfunktion untergeordnet. Der Wechsel zu einer aktiven Gestaltung und Nutzung der Potenziale im Servicegeschäft beginnt mit der Implementierung einer Gleichberechtigten Serviceorganisation, in der die Serviceeinheit unabhängig aufgestellt ist. Der Leiter der Serviceeinheit berichtet direkt an die Gesamt-Geschäftsführung, und das Service- und Produktgeschäft begegnen sich bei allen unternehmerischen Weichenstellungen gleichberechtigt. Mit der organisatorischen Aufstellung der Serviceaktivitäten als Eigenständige Servicegesellschaft schließlich schaffen Service-Gestalter die Grundlagen, das volle Umsatz- und Ertragspotential des Servicegeschäftes inklusive der Drittmärkte zu erschließen und die Serviceaktivitäten im Spannungsfeld zwischen der Sicherstellung von Kundenzufriedenheit und Gewinnmaximierung zu steuern (Abb. 6.1).

Maßgeblich bei der Wahl der optimalen organisatorischen Einbindung des Servicegeschäftes ist vor allem die strategische Zielrichtung, die ein Unternehmen mit dem Servicegeschäft verfolgt. Um die Umsatz- und Ertragspotenziale nachhaltig zu heben, muss die Servicestrategie als grundsätzlicher Bestandteil in der Unternehmensstrategie verankert werden. Da organisatorische Veränderungen aber nur langfristig umgesetzt werden können, muss mit der Weiterentwicklung des Servicebereiches zu größerer Eigenverantwortung so früh wie möglich begonnen werden. Dabei bietet jede Reifegradstufe spezifische Herausforderungen, die durch die organisatorisch sinnvolle Einbindung des Servicebereiches in die Gesamtunternehmung überwunden werden müssen.

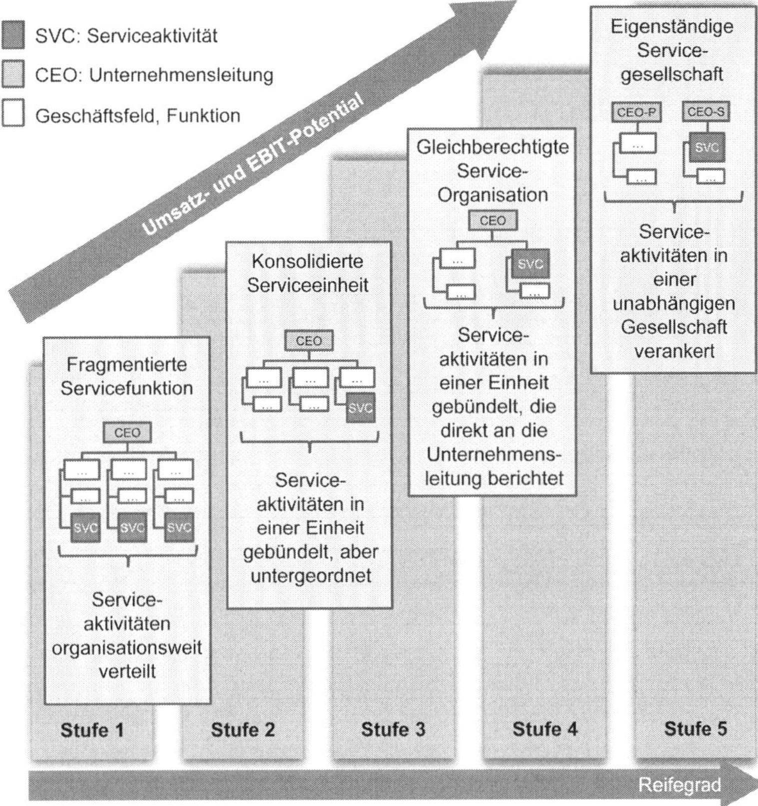

Abb. 6.1 Reifegrad der Serviceorganisation

6.1.1 Die Fragmentierte Servicefunktion

Die traditionelle strategische Stoßrichtung vor allem westlicher Maschinen- und Anlagenbauer war in den letzten Jahrzehnten die Positionierung als führender Technologielieferant mit signifikanten Qualitätsvorteilen gegenüber dem Wettbewerb. Der Service fungierte in dieser strategischen Ausrichtung als nachrangiger Kundendienst zur Funktionssicherung verkaufter Produkte. So ist das Servicegeschäft in die bestehende Aufbauorganisation als reaktiver Kundendienst hineingewachsen (Abb. 6.2).

In dieser Urform sind die Servicetechniker meist in den Technikabteilungen angesiedelt, wohingegen der kaufmännische Kundendienst der Vertriebsabteilung angehört. Der Einkauf von Ersatzteilen wird von der Einkaufsabteilung erledigt, und es erfolgt in der Regel keine explizite Trennung der Ersatzteil- und Produktionsteileläger. Das Serviceangebot bleibt auf reaktive Services wie die Installation neuer Produkte, die Behandlung von Störfällen und die Lieferung von Ersatzteilen beschränkt, ein dediziertes Angebot weiter reichender Services existiert nicht.

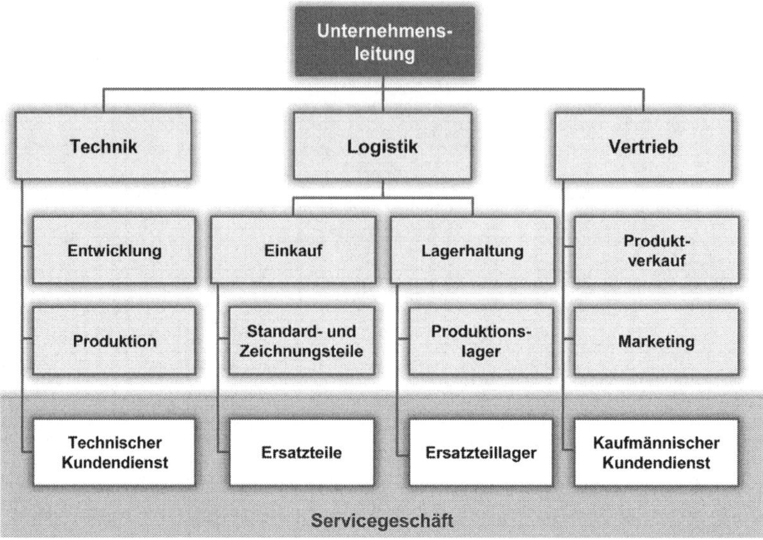

Abb. 6.2 Die Fragmentierte Servicefunktion

Da das Geschäftsmodell in erster Linie auf den Absatz von Produkten ausgerichtet ist und sich Management und Mitarbeiter auf das Produktgeschäft und wenig auf den Verkauf eines umfassenden Serviceportfolios konzentrieren, existieren explizite Verantwortungsbereiche wie Serviceentwicklung und Servicevertrieb in dieser Organisationsform noch nicht. Die Rollen und Verantwortlichkeiten im Service können so nicht eindeutig zugeordnet werden und es gibt keine eindeutig definierten Ansprechpartner für den Kunden. Die mangelnde übergreifende Koordination der Serviceaktivitäten führt darüber hinaus zu einer geringen Kohärenz in der Servicefunktion, wobei die fehlende Gewinn- und Verlustverantwortung einer für das Servicegeschäft zuständigen Funktion die Steuerung der Aktivitäten zusätzlich erschwert.

Auf der anderen Seite bietet diese Organisationsform eine enge Verbindung mit dem Produktgeschäft. Dadurch fallen sowohl die Koordination der Aktivitäten, z. B. bei der Abwicklung von Neumaschineninstallationen, als auch der Austausch von technischen Informationen leicht. Aufgrund dieser engen Bindung scheuen viele Unternehmen die Trennung der Serviceaktivitäten von der Funktion des Produktgeschäftes.

Service-Verwalter verweigern sich wegen dieser Hürden einer Integration aller Serviceaktivitäten in eine Konsolidierte Serviceeinheit – und lassen so die Potenziale des Servicegeschäftes ungenutzt. Dabei ist der Schritt zum Ausbau des Servicegeschäftes bereits mit relativ geringen Investitionen zu vollziehen:

- Etablierung einer eigenständigen Serviceleitungsfunktion
- Aufbau der Kompetenz zur Entwicklung und dem Vertrieb von Service- und Ersatzteilangeboten

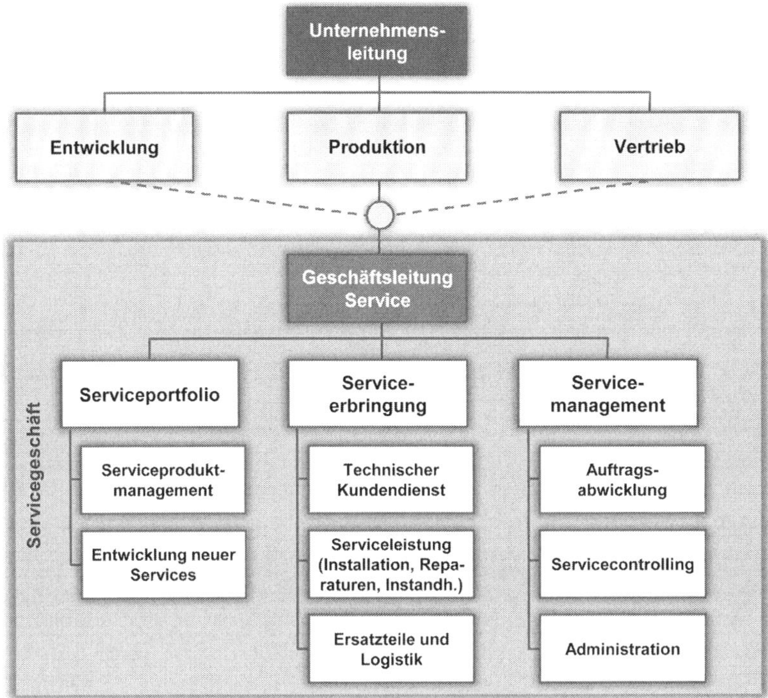

Abb. 6.3 Die Konsolidierte Serviceeinheit

6.1.2 Die Konsolidierte Serviceeinheit

Sobald Service-Verwalter die Ertragskraft und Entwicklungsmöglichkeiten im Service- und Ersatzteilgeschäft erkannt haben und bereit sind, die notwendigen Investitionen zu tätigen, bündeln sie ihre Serviceaktivitäten in einer Konsolidierten Serviceeinheit (Abb. 6.3).

Unter der Geschäftsführung Service vereint dieser organisatorische Aufbau alle vorhandenen Servicemitarbeiter in den Bereichen Serviceportfolio, Serviceerbringung, und Servicemanagement. Die Unternehmensleitung erwartet von der neu eingerichteten Geschäftsführung Service dabei nicht mehr nur die exzellente Erbringung des technischen Kundendienstes, sondern eine umsatz- und ertragsstarke Ergänzung zum Produktgeschäft durch dedizierte Service- und Ersatzteilangebote. Diese Aufgabenstellung bedingt eigenständige Abteilungen zur Entwicklung von Service- und Ersatzteilangeboten, zur logistischen Abwicklung des Ersatzteilgeschäftes und zur reibungsfreien Aufnahme und Bearbeitung von Kundenanfragen in einem Customer Service Center. Die Formierung dieser neuen, vom Produktgeschäft klar abgegrenzten und in sich geschlossenen Einheit ermöglicht auch die Aufstellung als Profit Center mit eigener Gewinn- und Verlustverantwortung.

Das Servicemanagement ist in diesem Rahmen dafür zuständig, die notwendigen Unterstützungsleistungen für die operativen Funktionen des Servicegeschäftes abzubilden. Es übernimmt dabei die kaufmännischen Aspekte des Servicegeschäftes wie Auftragsabwicklung und -abrechnung. Zur Steuerung der Einheit hinsichtlich Wachstum und Profitabilität führen die meisten Unternehmen erstmalig ein umfassendes Controlling-Instrument mit aussagekräftigen Kennzahlen ein. Diese Professionalisierung legt die Grundlage für ein profitables Wachstum des Servicegeschäftes.

Auch die kooperative Leistungserbringung mit anderen Unternehmensfunktionen muss in dieser organisatorischen Anordnung klar geregelt sein. Die Zusammenarbeit mit anderen Unternehmensfunktionen erfolgt über Operations Level Agreements, in denen die gegenseitigen Leistungsversprechen bei der gemeinsamen Bearbeitung von Kundenaufträgen und -anfragen definiert werden. Operations Level Agreements beschreiben so an allen Stellen im Prozessablauf, in der zwei Aufgabenträger unterschiedlicher Unternehmensfunktionen an der Erstellung eines Arbeitsergebnisses beteiligt sind, den Rahmen der Zusammenarbeit. Sie beinhalten daneben einen Eskalationsmechanismus und beschreiben die entstehenden Konsequenzen, falls die abgesprochenen Leistungen nicht rechtzeitig oder nicht vollständig erbracht werden sollten.

Konnten sich die Servicemitarbeiter in der Fragmentierten Servicefunktion aufgrund der direkten organisatorischen Einbindung noch informell mit den Mitarbeitern des Produktgeschäftes austauschen, so führt die Zusammenfassung der Servicekräfte in einer Konsolidierten Serviceeinheit zu einer Reihe neuer Schnittstellen mit den Funktionen des Produktgeschäftes. Der systematische Erfahrungs- und Wissensaustausch muss dabei vor allem mit Produktmanagement und -entwicklung sowie dem Vertrieb geregelt werden. So ist vor allem die enge Einbindung des Service in die Markteinführung neuer Produkte gefordert, um eine rechtzeitige Schulung der Servicemitarbeiter auf die neuen Produkte zu sichern.

Daneben ist die Spezifikation einer Verrechnungsmethode für die erbrachten und genutzten Leistungen des Profit Centers in diesem Aufbau für die klare Bemessung des Wertbeitrags im Servicegeschäft von Bedeutung. Dazu bedarf es der Kenntnis der betriebsinternen Verrechnungssätze für Gemeinkosten, einer Einigung über den Margenaufschlag, den die Serviceeinheit für die betriebsintern erbrachten Leistungen (beispielsweise Neumaschineninstallation oder Wartungen innerhalb des Gewährleistungszeitraums) veranschlagt, und einer Festlegung, mit welcher Abteilung diese entstehenden Kosten abgerechnet werden.

Auf dieser Basis ist die Führung der Konsolidierten Serviceeinheit als Profit Center mit einer klaren Umsatz- und Ertragsverantwortung des Servicegeschäftes möglich. So können die Beiträge des Servicegeschäftes offen gelegt werden, was zu einer stärkeren Akzeptanz im gesamten Unternehmen führt. Die klare Führungs- und Anreizstruktur führt zu einer kulturellen Veränderung, die in der Praxis einen deutlichen Anstieg der Kundenzufriedenheit bewirkt. Die klare Verteilung von Rollen und Verantwortlichkeiten mit für den Kunden transparenten Ansprechpartnern zieht ein höheres Vertrauen in die Problemlösungskompetenzen der Serviceabteilung nach sich. Die Etablierung einer Serviceentwicklungsabteilung in der Konsolidierten

Serviceeinheit bietet also die Möglichkeit, die operativen Serviceerfahrungen und das Wissen um die Kundenwünsche in das Serviceportfolio zu übersetzen.

Unternehmen stehen dabei mehrere Möglichkeiten offen, die Konsolidierte Serviceeinheit in die Organisation zu integrieren. Die meisten Industriegüterhersteller ordnen sie dem Vertrieb unter. Vor allem die mittleren bis großen Standardanlagenbauer zielen mit diesem Aufbau auf einen einheitlichen Auftritt des Unternehmens vor dem Kunden ab. In diesem Ansatz liegt die Verantwortlichkeit für den Kundenkontakt klar beim Produktvertrieb, ein eigenständiger Servicevertrieb existiert meist nicht. Auf der anderen Seite gewährleisten diese Unternehmen durch das gemeinsame Auftreten gleichzeitig die Einbindung des Service in den Vertriebsprozess der Produkte, sodass servicerelevante Kriterien, wie die Mitwirkungspflichten des Kunden bei der Neumaschineninstallation oder die exakte Definition der Abnahmekriterien des Produkts an den Kunden, lückenlos bei Vertragsabschluss besprochen und im Vertragstext enthalten sind.

Eine zweite Möglichkeit der Verankerung des Servicebereiches in die Unternehmensorganisation liegt in der Angliederung an die Produktentwicklung. So wird u. a. sichergestellt, dass die Serviceorganisation tatsächlich in den Produktentwicklungsprozess integriert und die Serviceeignung der Produkte im Sinne von Wartbarkeit und Reparaturfreundlichkeit als ein wesentlicher Parameter im Produktentwicklungsprozess institutionalisiert ist. Gleichzeitig gelingt es in dieser Aufstellung besser, wesentliche Rückmeldungen aus dem Feld in die Produktentwicklung einzubringen und so die Qualität der Produkte mit jedem Release-Zyklus kontinuierlich zu steigern. Gerade Hersteller kundenspezifischer Sonderanlagen wählen häufig diese Möglichkeit der organisatorischen Eingliederung des Servicegeschäftes in die Produktionsfunktion. Kleinere Maschinen- und Anlagenbauer setzen meist Mitarbeiter aus der Produktion für Neumaschineninstallationen ein und vermeiden damit den Aufbau einer großen Servicemannschaft.

Allen organisatorischen Formen ist gemein, dass die Potenziale des Servicegeschäftes nicht voll ausgenutzt werden. Mit der Zusammenführung der Serviceaktivitäten in eine Konsolidierte Servicefunktion wird zwar zum ersten Mal der Aufbau eines ganzheitlichen Servicemanagements möglich. Der strategischen Ausrichtung des Unternehmens auf das Servicegeschäft werden aber immer noch enge Grenzen gesetzt sein, da die Serviceeinheit einer der anderen Funktionen untergeordnet ist und sich bei wichtigen unternehmerischen Weichenstellungen meist nicht auf Augenhöhe mit dem Produktgeschäft befindet. Der Verkauf der produktunterstützenden, einfachen Services wie Wartungsverträgen oder Ersatzteilpaketen bleibt gehemmt, weil in diesem Aufbau die Vertriebsaktivitäten des Service meist dem Produktvertrieb untergeordnet sind. Der Produktvertrieb benutzt Services und Ersatzteile eher als Zugeständnisse gegen geforderte Rabatte auf die Produkte, als sie aktiv zu verkaufen. Dieses Verhalten resultiert maßgeblich aus einem umsatzgetriebenen kurzfristigen Anreizschema, das den Erfordernissen des Servicegeschäftes nicht gerecht wird: Vertriebsmitarbeiter beziehen ihre Provision in der Regel auf der Basis des erzielten Umsatzes; dieser Ansatz steuert Vertriebsaktivitäten des hochvolumigen aber margenschwachen Produktgeschäftes – das ertragsstarke Servicegeschäft wird dadurch in der Regel vernachlässigt. Aufgrund der immer noch engen Bindung des Service an das Produktgeschäft fällt es den Vertriebsmitarbeitern in ihrer neuen Rolle schwer, eine klare Argumentation des Kundennutzens für die Serviceprodukte herzuleiten.

Der überwiegenden Mehrheit der Unternehmen gelingt es mit dieser Organisationsform, die alle Serviceaktivitäten in einer Einheit konsolidiert, zwar durch erste Vertriebserfolge, die Umsatz- und Ertragskraft des Servicegeschäftes unter Beweis zu stellen. Es fristet in der Regel aber immer noch ein Schattendasein, weil es zu oft zwischen den Ansprüchen des Kunden, den Verkaufsversprechungen des Vertriebs und den Erwartungen des Managements aufgerieben wird.

6.1.3 Die Gleichberechtige Serviceorganisation

Die notwendige Stärkung, um als tragfähige Säule des Unternehmens zu gelten, erfährt das Servicegeschäft, wenn es in einem eigenen Geschäftsfeld mit Gewinn- und Verlustverantwortung und Investitionsbudget verankert wird. Serviceentwicklung, Servicevertrieb, und Serviceerbringung sind dann vollständig vom Produktgeschäft getrennt und die Serviceorganisation besitzt eigene Supportfunktionen wie Personal und Controlling. Die Zuweisung eines Investitionsbudgets erlaubt die zielgerichtete Entwicklung des Servicebereiches durch die Einstellung von Produktmanagern, Serviceproduktentwicklern und erfahrenen Servicemanagern (Abb. 6.4).

Wie die Konsolidierte Serviceeinheit besitzt die Gleichberechtigte Serviceorganisation Kernfunktionen zum Management des Serviceportfolios und zum Vertrieb der Services und Ersatzteile. Die neue organisatorische Aufstellung ergänzt diese Kernfunktionen um wichtige Stellen, die den gestiegenen Reifegrad der Serviceaktivitäten reflektieren: Ein Servicemarketing platziert das Service- und Ersatzteilangebot unter einer starken Marke und realisiert die Integration mit dem Angebot der Produktunternehmensbereiche. Daneben schlägt sich die größere Erfahrungsvielfalt aus der aktiven Präsenz im Servicegeschäft in einer marktgerechten, margenmaximierenden Preisgestaltung der Services und Ersatzteile nieder. Gleichzeitig muss das Serviceportfolio den Anforderungen der Produktebereiche angepasst und kontinuierlich weiterentwickelt werden, um den Umsatz- und EBIT-Erwartungen des Managements gerecht zu werden.

Die größte Änderung der organisatorischen Aufstellung liegt darin, bereichsübergreifend alle operativen Servicekräfte in einer Einheit zu integrieren. Diese Kernfunktion „Serviceerbringung" fasst neben den Servicetechnikern auch das Projektmanagement zur Steuerung großer Installations- oder Retrofit-Aufträge, das Team zur Durchführung von Kundenschulungen und Mitarbeitertrainings und die Call-Center Agents der Customer Service Center sowie die Ersatzteillogistik in einer unternehmensweiten schlagkräftigen Einheit zur Leistungserbringung zusammen.

Mit dem komplexeren Aufbau und den bereichsübergreifenden Aufgaben steigt der Anspruch an die Qualität der Planung und Steuerung des Servicegeschäftes, weswegen die Kernfunktion des Servicemanagements signifikant gestärkt wird. Eine eigene Personalabteilung hilft, mit auf servicerelevante Ziele ausgerichteten

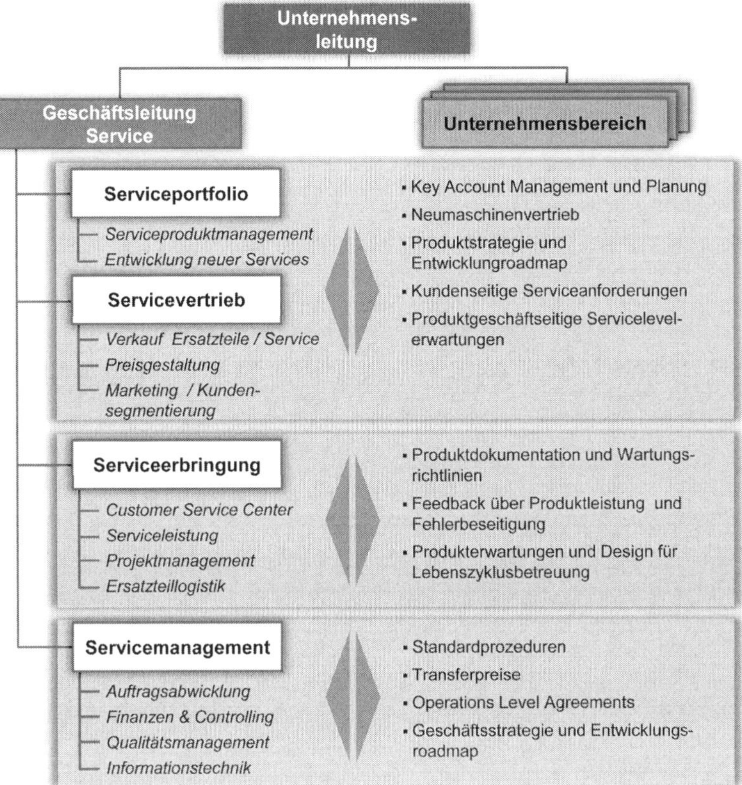

Abb. 6.4 Die konsolidierte Servicefunktion

Personalbeschaffungsmaßnahmen die Serviceorientierung des Geschäftsfeldes zu steigern, Trainings der Mitarbeiter über verschiedene Produktplattformen zu planen und durchzuführen und Personalentwicklungspläne mit klaren Fach- und Führungslaufbahnen zu entwickeln. Mit der Einführung einer Finanz- und Controlling-Funktion, die alle Aktivitäten des Service von der Entwicklung über den Vertrieb bis zur Erbringung der Leistungen überwacht, wird der tatsächliche Leistungsbeitrag des Servicegeschäftes transparent. Eine neue Funktion zum Qualitätsmanagement der Serviceaktivitäten kümmert sich um die kontinuierliche Verbesserung aller Serviceprozesse, die Entwicklung von unternehmensweiten Standards und Werkzeugen zur Unterstützung des Servicegeschäftes und die Vereinbarung von Operations Level Agreements mit den anderen Unternehmensbereichen. Service-Gestalter steuern das Servicegeschäft mit einem integrierten IT-System, das einen hohen Automatisierungsgrad der operativen Aktivitäten ermöglicht und einen durch Medienbrüche induzierten Informationsverlust verhindert. Aufgrund der großen Bedeutung der IT-Landschaft für den Erfolg des Servicegeschäftes übernimmt eine dedizierte Funktion die Aufgabe, ein IT-System zu generieren, das allen Anforderungen des

Servicegeschäftes gerecht wird und alle notwendigen Daten (wie z. B. installierte Basis, Kundenhistorie und Segmenteinordnung, Auslastung und Verfügbarkeit der Serviceteams, Stundenerfassung und Abrechnung) erfasst und abbildet.

Die Trennung des Servicegeschäftes mündet in einer besseren Sichtbarkeit auf Gesamtunternehmensebene. Sie bewirkt in aller Regel aber auch eine informatorische Trennung des Servicebereiches von den Produktbereichen. Damit das Servicegeschäft sein Potenzial zur vollen Entfaltung bringen kann, muss die Abstimmung zwischen den Unternehmensbereichen durch das gemeinsame Besetzen der entsprechenden Führungs-, Vertriebs-, und Entwicklungsgremien institutionalisiert werden. Vor allem die Planung der notwendigen Ressourcen des Servicegeschäftes auf Basis der Absatzplanung des Produktgeschäftes und die Anpassung der Produktentwicklungsroadmaps beider Bereiche können an dieser Stelle gefördert werden. Gemeinsame Vertriebs- und Entwicklungstagungen fördern darüber hinaus eine enge Ausrichtung der Ziele, Pläne, und Produkte der Geschäftsbereiche.

Gerade im Rahmen der Entwicklung neuer Produkte müssen Servicemitarbeiter in den entsprechenden Projektmanagementsitzungen der Forschungs- und Entwicklungsabteilung vertreten sein. So können sie ihr Wissen über Kundenbedürfnisse hinsichtlich Bedienbarkeit und Wartbarkeit der Maschinen und konkretes Feedback über das Verhalten und die Qualität der Produkte im Feld in den Prozess zur Definition der Funktionalitäten einbringen. In diesen Foren erhalten die Vertreter des Servicegeschäftes auch die Möglichkeit, ihre Anforderungen an die Gestaltung der Wartungsvereinbarungen und die Dokumentation der Produkte anzubringen.

Damit sich Produkt- und Servicevertrieb nicht gegenseitig kannibalisieren, bilden Service-Gestalter gemeinsame Account Teams, in denen die Kundenbeziehung koordiniert entwickelt werden kann. So können klar definierte Punkte im Laufe des Kundenlebenszyklus geschaffen werden, an denen der Kundenkontakt zwischen Service- und Produktbereich übergeht. Die gegenseitige Abstimmung dient auch der Ermittlung der Kundenzufriedenheit sowie der kundenseitigen Serviceanforderungen und -erwartungen, die direkt in die Entwicklung des Serviceportfolios einfließen.

Zwar kann die Trennung von Produkt- und Servicegeschäft zu Konkurrenzdenken zwischen den Geschäftsbereichen führen. Mit Unterstützung der Geschäftsführung muss aber die gegenseitige Wertschätzung zwischen den beiden Geschäftsfeldern erhalten werden. Die Trennung von Service und Produktgeschäft führt auch dazu, dass sich die Serviceorganisation nicht mehr in jeder Einzelentscheidung mühsam gegenüber dem Produktgeschäft durchsetzen muss, sondern eine eigene, wachstumsorientierte Strategie verfolgen kann.

Service-Gestalter legen mit diesem Aufbau die Grundlagen für eine Ausdehnung der eigenen Aktivitäten über die Grenzen der eigenen Produkte hinaus. Sie bereiten so den Boden für einen Quantensprung: Waren ihre Aktivitäten in der früheren Form in den allermeisten Fällen auf den Service für die eigenen Produkte beschränkt, so schaffen sie nun die Basis für den Schritt zum Full Service Provider. Durch die zunehmende Abgrenzung vom Produktgeschäft entsteht der Spielraum für die Entwicklung von Serviceangeboten für die gesamte Wertkette eines Kunden, um z. B. den Betrieb ganzer Linien des Kunden zu übernehmen. Die Gleichberechtigte

Serviceorganisation schafft damit alle Voraussetzungen, das Servicegeschäft zu einer tragfähigen Säule des Unternehmens auszubauen.

6.1.4 Die Eigenständige Servicegesellschaft

Durch die Implementierung als eigenständige Geschäftseinheit erhält der Servicebereich die erforderliche Aufmerksamkeit des Managements und die notwendigen Mittel und Werkzeuge, um das maximale Potential der installierten Basis zu nutzen. Service-Gestalter, die diese Strategie verfolgen, bauen im Laufe der Jahre zusätzliche Kompetenzen im Servicegeschäft auf und streben dann danach, die gewonnenen Servicekompetenzen und Wettbewerbsvorteile nicht nur dem Produktgeschäft, sondern auch anderen Unternehmen anzubieten. Der Markt für die angebotenen Services begrenzt sich in diesem Aufbau nicht mehr nur auf die eigene installierte Basis, sondern umfasst auch Fremdprodukte. Das unternehmerische Rational einer derartigen organisatorischen Aufstellung liegt in der Schaffung eines unabhängigen Unternehmens, das die aufgebauten Servicefähigkeiten als Kernkompetenzen verankert und am Markt platziert.

Als unabhängige rechtliche Einheit profitiert die Servicegesellschaft über eine meist über Jahre aufgebaute, starke Markenwahrnehmung des Produktgeschäftes. Schnittstellen zum Unternehmen existieren kaum noch, der Zusammenhang zwischen Produkt- und Serviceunternehmen wird häufig im Rahmen einer Holding-Struktur realisiert. Mit diesem Aufbau verlassen Service-Gestalter das gewohnte Terrain und betreten unternehmerisches Neuland. Dem erhöhten Risiko stehen zusätzliche Umsatz- und Ertragspotentiale gegenüber. Diese Unternehmen können sich gut als Full Service Provider am Markt positionieren und beispielsweise den Betrieb der gesamten Operation eines Kunden übernehmen.

6.2 Aufbau internationaler Serviceorganisationen

Service-Gestalter setzen es sich zum Ziel, die hohen Ansprüche ihrer Kunden mit einem diversifizierten Serviceportfolio zu befriedigen. Vertreiben sie ihre Produkte auf dem Weltmarkt, wird die Implementierung einer einfach strukturierten und skalierbaren Organisation der internationalen Serviceaktivitäten zu einer Priorität. Ein global optimiertes Organisationsdesign ermöglicht die ressourcenoptimierte Verteilung der Serviceaktivitäten zwischen der Servicezentrale und den regionalen Niederlassungen.

Diese Gestaltungsaufgabe wirft mehrere Fragen auf, die zur Sicherstellung einer effizienten und reibungslosen Abwicklung der Serviceaktivitäten beantwortet werden müssen:

- In welchem Umfang greift die Zentrale in die Aktivitäten der Regionen ein?
- Wie sind die Managementstrukturen und das Berichtwesen zwischen der Zentrale und den Regionen gestaltet?

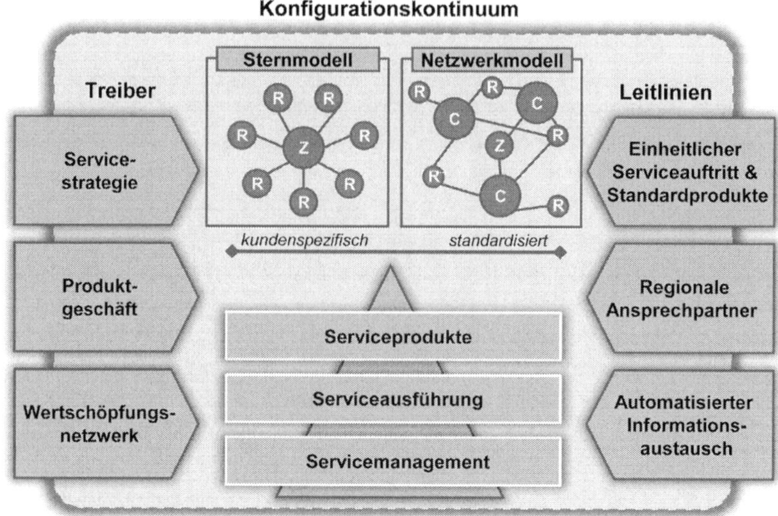

Abb. 6.5 Optionen der Konfiguration internationaler Serviceorganisationen

- Welche Kompetenzen müssen die Mitarbeiter in der Zentrale und den Regionen besitzen?
- Welche Organisationsform erlaubt eine möglichst effiziente Ausnutzung der Serviceressourcen?

In der Beantwortung dieser Fragen entsteht ein Spannungsfeld zwischen zentraler Steuerung und lokaler Autonomie, in dem die Serviceaufgaben zwischen Zentrale und Region verteilt werden müssen (Abb. 6.5).

Die Gestaltung des globalen Servicenetzwerks bedingt eine Verteilung der Aktivitäten in der Entwicklung und Preisfindung von Serviceprodukten, der Ausführung von Services und dem Management der Serviceaktivitäten auf die Regionen, in denen das Unternehmen Wertschöpfung betreibt. Service-Gestalter achten bei dieser Aufgabenverteilung vor allem auf die Einhaltung von drei wesentlichen Leitlinien, um eine effiziente Organisationsgestaltung sicher zu stellen:

- Erfolg im Servicegeschäft bedingt die Etablierung einer weltweiten Servicemarke, mit der Kunden qualitativ hochwertige Leistungen verbinden. Wie auch im Produktgeschäft kann dieses Vorhaben nur gelingen, wenn ein weltweit einheitlicher Serviceauftritt mit einer gleichermaßen fokussierten Servicementalität die gesamte Unternehmenskultur durchdringt. Service-Gestalter geben ihrer Serviceorganisation daher die notwendigen Mittel an die Hand, um globale Qualitätsstandards, Prozesse und Hilfsmittel zu kreieren und durchzusetzen.
- Da sich nicht jedes Serviceprodukt gleichermaßen für jeden regionalen Servicemarkt eignet, müssen die Serviceangebote an die lokalen Anforderungen in der Gestaltung der Produkte und ihrer Preise angepasst werden. Service-Gestalter

achten daher bei der Gestaltung ihrer internationalen Serviceorganisation darauf, Mechanismen für die Aufnahme, Weiterleitung und Umsetzung der regionalen Anforderungen an die zuständigen Serviceabteilungen zu etablieren.

- Zur Sicherung des Unternehmenserfolgs ist die Herstellung eines Informationsaustausches zwischen dem Service und den anderen Unternehmenseinheiten wichtig. So muss, unabhängig von der Ausgestaltung der internationalen Serviceorganisation, die Rückkopplung von Informationen über das Verhalten der Produkte im Feld vom Service an Konstruktion, Einkauf und Produktion erhalten bleiben, um Produktfehler frühzeitig zu erkennen und nachhaltig abstellen zu können. Innerhalb der Serviceorganisation muss gleichermaßen ein Mechanismus zur Steuerung der Serviceaktivitäten geschaffen werden, mit dem automatisiert Daten für Kennzahlen gesammelt, in Reports ausgewertet und zwischen den relevanten Serviceeinheiten übermittelt werden können.

Auf dem Weg vom Service-Verwalter zum Service-Gestalter stehen zwei grundsätzliche Konfigurationsmöglichkeiten für die interne Organisation des Servicebereiches zur Verfügung:

1. das Sternmodell, eine vollständig zentralisierte Organisationsform, und
2. das Netzwerkmodell, eine komplett dezentralisierte Aufstellung,

sowie deren Mischformen.

6.2.1 *Die Sternförmige Serviceorganisation*

In Sternmodellen, also vollständig zentralisierten Serviceorganisationen, erbringt die Servicezentrale den größten Teil der operativen Serviceaktivitäten für die Regionen. Auch die Definition und Preisgestaltung des Serviceproduktportfolios erfolgt zentral. Die regionalen Serviceaktivitäten sind in aller Regel in die Strukturen des Produktgeschäftes integriert und beschränken sich auf die Bewältigung einfacher Serviceeinsätze. Der Aufwand für den Aufbau der regionalen Servicepräsenz wird so minimiert.

Mit dieser Aufstellung lässt sich eine hohe Kohärenz in der Servicemannschaft und damit die einfache Durchsetzung globaler Qualitätsstandards erreichen. Einheitliche Prozeduren können mit geringem Aufwand eingeführt werden und Qualitätsstandards sind leicht zu implementieren. Die Servicekräfte profitieren außerdem vom regelmäßigen und schnellen Informationsaustausch, den die räumliche Nähe zu Konstruktion, Einkauf und Produktion mit sich bringt.

Der gravierendste Nachteil dieser Organisationsform liegt im ungünstigen Verhältnis aus Anreisekosten zu tatsächlicher Arbeitszeit beim Kunden, weil die in der Unternehmenszentrale beheimateten Servicetechniker lange Anreisewege zu den Serviceeinsätzen haben können. Eine weitere Herausforderung im Sternmodell liegt in der Abbildung regionaler Anforderungen im Serviceportfolio (Abb. 6.6).

Diese Organisationsform eignet sich besonders für Unternehmen, die einen volumenstarken Heimatmarkt und kleine regionale Märkte mit einer geringen installierten

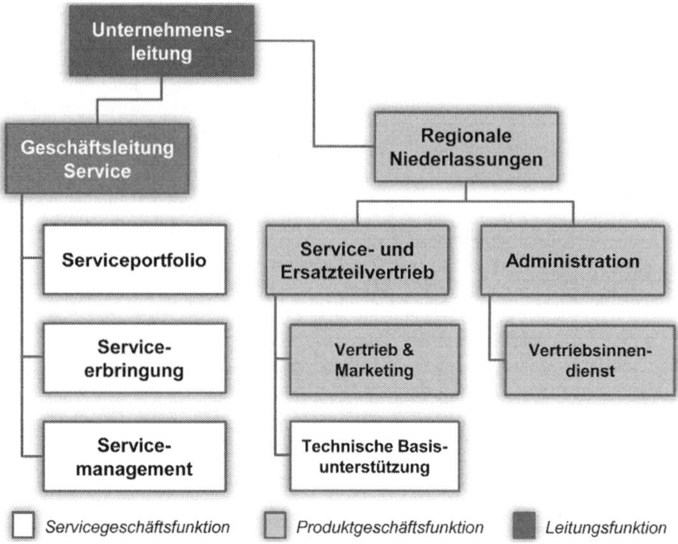

Abb. 6.6 Beispiel der Gestaltung nach dem Sternmodell

Basis und niedrigem Wachstum bedienen. Der größte Teil der operativen Serviceleistungen wie Neuproduktinstallation, Reparaturen und Wartungen wird in dieser
Organisationsform aus der Zentrale heraus erbracht. Typische regionale Serviceleistungen sind der 1st Level Support und die Aufnahme von Ersatzteilbestellungen.
Weitergehende technische Anfragen werden von der lokalen technischen Hotline in
aller Regel an die Zentrale weitergeleitet, weil die Kompetenzen zur Durchführung
des 2nd Level und 3rd Level Supports in den Regionen nicht ausreichend vorhanden sind. Eine lokale Lagerhaltung existiert ebenfalls nicht, sämtliche Teilebedarfe
werden aus der Zentrale heraus bedient. Aufgrund der schwach ausgeprägten Strukturen und Kompetenzen der regionalen Servicemannschaft erfolgt in der Regel keine
Anpassung des Serviceportfolios an regionale Anforderungen und auch der aktive
Vertrieb der Serviceprodukte wird üblicherweise nicht ausgeprägt.

Die Erbringung der operativen Services mit Mitarbeitern aus der Zentrale ist
aufgrund des hohen Anteils an Reisekosten allerdings sehr aufwendig. Daher wählen Service-Gestalter den Weg, ab dem Überschreiten einer kritischen Masse der
installierten Basis lokale Mitarbeiter aufzubauen. Dieser Punkt ist normalerweise
erreicht, wenn ein Team von mindestens fünf Servicetechnikern zu mindestens 80 %
mit lokalen Aufträgen aus Neuproduktinstallationen, Reparaturen und Wartungen
ausgelastet werden kann. Um für die notwendige Auslastung und einen weiteren
Ausbau der Serviceleistungen sorgen zu können, werden in diesem Rahmen auch
regionale Funktionen zum Servicevertrieb aufgebaut. Die Entwicklung der Serviceprodukte und deren Preisgestaltung obliegen dabei nach wie vor der Zentrale.
Die derartige Aufstellung einer Hybriden Organisation ist strukturell zwischen den
beiden entgegengesetzten Polen des Stern- und des Netzwerkmodells angesiedelt
(Abb. 6.7).

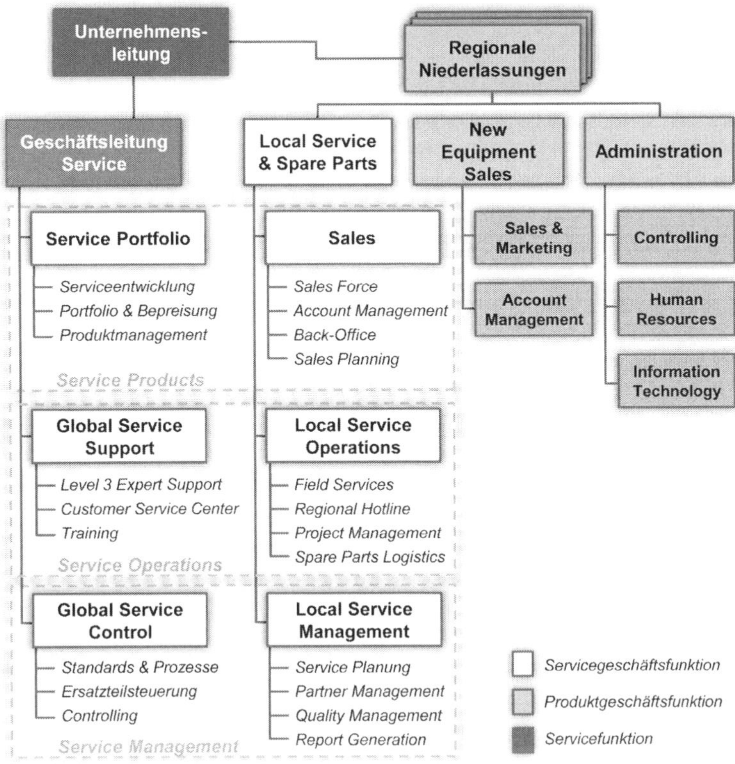

Abb. 6.7 Exemplarische Aufstellung einer Hybridorganisation

Die Leitung der regionalen, vom Produktgeschäft losgelösten Serviceorganisation übernehmen in den meisten Fällen von der Zentrale entsendete Mitarbeiter mit einem profunden Wissen um die Unternehmenskultur, der Prozesse und Vorgehensweisen. Solche Expatriates sorgen für den Aufbau der regionalen Servicemannschaft, die mit einführenden Trainings der wichtigsten Produkttypen auf ihre Aufgaben vorbereitet und bei den ersten Serviceeinsätzen von erfahrenen Servicetechnikern begleitet werden. Durch dieses Training on the Job können die lokalen Servicemitarbeiter einfache Dienstleistungen wie Neumaschineninstallationen, Reparaturen und Wartungen schon nach kurzer Zeit autark erbringen. Die Zentrale bietet in diesem Set-up technisch komplexe Unterstützungsleistungen durch Produktexperten an. Führenden Organisationen gelingt es, die Grundlagen für den Aufbau der Hybriden Organisation innerhalb kurzer Zeit zu schaffen, sodass auch das komplette Projektmanagement beim Kunden vor Ort von lokalen Mitarbeitern übernommen werden kann. Die höhere Unabhängigkeit der regionalen Serviceorganisation bedingt, dass die Zentrale von einer operativen in eine richtungsweisende Rolle wechselt. Sie muss Standards und Leitplanken für die Durchführung der Serviceaktivitäten definieren, die vom regionalen Management umgesetzt werden.

6.2.2 Die Netzwerkende Serviceorganisation

In vollständig dezentralisierten Organisationen, die nach dem Netzwerkmodell gestaltet sind, übernimmt die Servicezentrale lediglich eine Richtlinienfunktion für die regionalen Servicestandorte. Sie steuert die Anpassung des globalen Servicenetzwerks an veränderte Rahmenbedingungen, definiert globale Kennzahlen, Standards und Prozesse und moderiert den Austausch von Erfahrungen zwischen den Serviceregionen. Die eigentliche Serviceakquise und -erbringung führen die Serviceregionen selbständig durch und halten alle dafür notwendigen Ressourcen vor. Servicecluster dienen in dieser Aufstellung dazu, Ressourcen überregional für mehrere Serviceregionen zu bündeln. Als Kompetenzzentrum verfügen sie über entsprechendes Know-how.

Der Einsatz lokaler Mitarbeiter, die über Kenntnisse der Muttersprache verfügen und die regionale vorherrschende Mentalität verstehen, lässt in der Regel eine höhere Kundenzufriedenheit erreichen, die wiederum Grundlage für ein profitables Servicegeschäft ist. Eigene Entwicklungsressourcen ermöglichen es den Clustern, ihre Nähe zu den Absatzmärkten auszunutzen und regionale Servicelösungen nach lokalen Anforderungen zu generieren.

In der Verteilung der Kompetenzen auf die Cluster liegt auch eine der größten Herausforderungen für die Steuerung des global verteilten Servicenetzwerks begründet. Neben der Definition einheitlicher Qualitätskriterien, Standards und Prozesse muss ein gut entwickeltes Managementsystem eingesetzt werden, um deren Durchsetzung sicherzustellen. Die gegenseitige Abstimmung der Cluster ist in diesem Zusammenhang essentiell, um Doppelarbeiten zu vermeiden (Abb. 6.8).

6.2.3 Determinanten für die Wahl der passenden Organisationsform

Stern- und Netzwerkmodell spannen ein Kontinuum auf, aus dem Service-Gestalter in Abhängigkeit von ihrem Geschäftsmodell die passende Organisationsform für ihre internationalen Serviceaktivitäten wählen. Die Konfiguration des Servicenetzwerks folgt drei maßgeblichen Determinanten:

- Der Faktor Servicestrategie reflektiert den Stellenwert, den der Service im Unternehmen einnimmt. Die gewählte Organisationsform muss aber nicht nur der strategischen Ausrichtung des Servicebereiches, sondern auch der Größe der installierten Basis und der organisatorischen Einbindung des Service in die Gesamtunternehmung entsprechen.
- Die Komponente des Produktspektrums bildet den Einfluss der Produkte eines Unternehmens auf die Gestaltung der internationalen Serviceaktivitäten ab. Vor allem die Verteilung des Produktspektrums auf einzelne Regionen, der Standardisierungsgrad und die Innovationsrate der Produkte bilden in diesem Rahmen wichtige Einflussfaktoren.

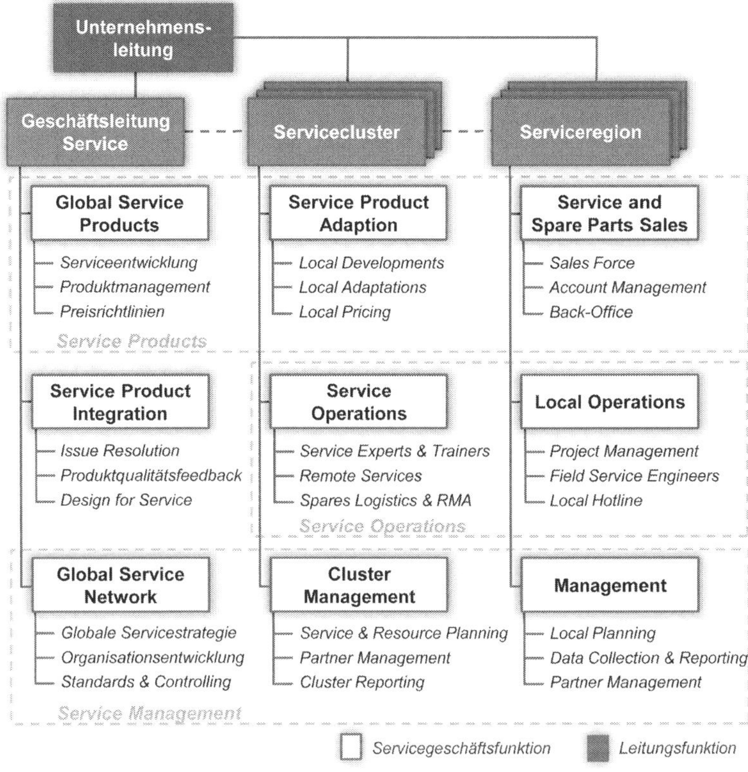

Abb. 6.8 Beispiel einer regionalen Servicenetzwerkorganisation

- Schließlich ist die Konfiguration des weltweiten Wertschöpfungsnetzwerks ausschlaggebend für die Wahl der passenden Organisationsform. Die globale Aufstellung und die Fähigkeit lokale Ressourcen aufzubauen, beeinflussen die Aufstellung der Serviceorganisation.

Diese drei Determinanten fußen ihrerseits auf einem Satz an Kriterien der operativen Strategie des Maschinen- und Anlagenbauers (Abb. 6.9).

Determinante 1: Servicestrategie

- Strategische Ausrichtung: Unternehmen, die ihren Service als reaktiven technischen Kundendienst ohne proaktive Umsatz- und Innovationschance etablieren, wählen in der Regel eine zentralisierte Organisationsform. Dies ermöglicht aufgrund der Bündelung der Ressourcen eine hohe Kontrolle und Kohärenz im zur Verfügung stehenden Pool von Servicemitarbeitern. Installationen und Wartungsarbeiten können so weltweit mit einheitlich hohen Qualitätsstandards durchgeführt werden, ohne ein komplexes Managementsystem für eine global verteilte Ressourcenbasis aufbauen zu müssen. Soll der Service hingegen ein

Abb. 6.9 Konfigurationsdeterminanten einer internationalen Serviceorganisation

proaktiver Wachstumstreiber für Umsatz und Gewinn werden, ist eine dezentrale Aufstellung der internationalen Serviceaktivitäten sinnvoller. Die lokale Präsenz der Servicemitarbeiter, die Kultur, Mentalität und Landessprache verstehen, sorgt für eine höhere Zufriedenheit im Kundenstamm und erlaubt darüber hinaus kürzere Reaktionszeiten und kostenoptimierte Angebote der Standardservices. Mit dem besseren Verständnis der Anforderungen des lokalen Servicemarktes kann das Serviceangebot flexibel an lokale Bedürfnisse angepasst werden, was für den Markterfolg wertschöpfungserweiternder Services unerlässlich ist.

- Organisatorische Aufstellung: Die Form der Einbindung des Service in die Gesamtorganisation stellt einen moderierenden Faktor für die Konfiguration des globalen Servicenetzwerks dar. Ist die Servicefunktion in der Zentrale fragmentiert, sind also die einzelnen Serviceaktivitäten auf verschiedene andere Funktionen wie Vertrieb, Produktion, Einkauf verteilt, so gestaltet sich eine dezentrale Konfiguration des globalen Servicenetzwerks als schwierig. Die zum Betrieb eines weltweiten Servicenetzwerks notwendigen Fähigkeiten und Managementfunktionen in der Zentrale zur Durchsetzung weltweiter Standards, zur Einführung einheitlicher Prozesse und Tools und zum Controlling der weltweiten Aktivitäten sind dazu nicht vollständig ausgeprägt. Eine dezentrale Aufstellung des Service in einer Fragmentierten Serviceorganisation ist daher keine sinnvolle Option.
- Installierte Basis: Die Verteilung der Serviceressourcen auf die Serviceregionen muss sich auch an der Kunden- und Absatzstruktur des Unternehmens orientieren. Ausschlaggebend sind dabei die Größe der installierten Basis und das prognostizierte Marktwachstum in den einzelnen Regionen. Ist die installierte Basis klein und das Marktwachstum niedrig, bedienen Service-Gestalter diese

Regionen in der Regel über einen zentralen Stützpunkt oder einen Servicepartner. Der Aufbau einer lokalen Servicemannschaft wird mit dem Überschreiten einer kritischen Masse in der installierten Basis sinnvoll.

Determinante 2: Produktspektrum

- Standardisierungsgrad: Ein hoher Produktstandardisierungsgrad stellt geringere Anforderungen an die Flexibilität der lokalen Servicemitarbeiter. Ihre technische Kompetenz kann mit in der Zentrale entwickelten Trainingsmaßnahmen auf den notwendigen Stand zur qualitativ hochwertigen Durchführung der Installations- und Wartungsarbeiten gebracht werden. Bei Produkten mit einem hohen Grad kundenspezifischer Adaptionen, die auch qualitätsbestimmende Kernkomponenten betreffen können, eignet sich eher die zentralere Aufstellung der weltweiten Serviceaktivitäten. Die räumliche Nähe der Servicemannschaft mit Konstruktion, Produktion und Einkauf bietet dabei dann die Möglichkeit zum reibungslosen Austausch von Informationen, sodass sich die technischen Kompetenzen der Servicemannschaft stets auf dem neuesten Stand befinden.
- Frequenz der Modellwechsel: In diesem Sinne bedingt auch eine hohe Frequenz an Modellwechseln eine eher zentral aufgestellte Organisation der weltweiten Serviceaktivitäten. Unternehmen mit einem schnell wechselnden Produktportfolio sind darauf angewiesen, Informationen über Versionswechsel und Produkteinführungen schnell in die Servicemannschaft zu tragen und für einen jederzeit adäquaten Kompetenzstand in der Servicemannschaft zu sorgen. Auch gelingt es in zentralen Organisationen wesentlich besser, Informationen über die Leistung der Produkte im Feld zur Anpassung des Produktdesigns und zur Beseitigung von Fehlern strukturiert an die Entwicklung zurückzuspielen. Unternehmen mit Produkten niedriger Innovationsraten hingegen können sich die Effizienzvorteile dezentraler Organisationsformen zunutze machen.
- Geographische Verteilung: Auch die Verteilung der installierten Basis auf die Absatzregionen beeinflusst die Ausgestaltung der internationalen Serviceorganisation. Eine Vielzahl führender Industriegüterhersteller trennt beispielsweise das Produktspektrum in qualitativ hochwertige Modelle und in Basismodelle, um Schwellenländer und entwickelte Märkte mit passenden Produkten bedienen zu können. Vor diesem Hintergrund werden Produktexperten in den relevanten Märkten aufgebaut. Aufgrund der Konzentration einzelner Produkttypen in bestimmten Regionen erscheint es nicht sinnvoll, diese Experten zentral vorzuhalten. Je homogener das Produktspektrum und je regional gleichmäßiger verteilt die installierte Basis ist, desto eher greifen führende Service-Gestalter zu einer zentralen Aufstellung.

Determinante 3: Wertschöpfungsnetzwerk

- Globaler Footprint: Für Unternehmen, die ihre Forschung und Produktion auf mehrere Regionen verteilen, ist der Aufbau einer Servicepräsenz an diesen Standorten sinnvoll. Die lokale Nähe bedingt, dass sich im Service Experten hinsichtlich bestimmter Technologien oder Produkte ausbilden können, die ihr Wissen im direkten Informationsaustausch mit den Entwicklern aufbauen. Konzentrieren

Unternehmen ihre Entwicklungs- und Herstellungsaktivitäten hingegen auf die Zentrale, sollten die entsprechenden Serviceressourcen nicht unbedingt auf die weltweiten Servicestandorte verteilt werden, da im Aufbau dieser regionalen Kompetenzen Ineffizienzen entstehen können.

- Lokale Ressourcenverfügbarkeit: Ein grundsätzliches Entscheidungskriterium ist die Verfügbarkeit geeigneter lokaler Ressourcen. Bietet die Serviceregion Möglichkeiten zur Einstellung von Mitarbeitern mit dem notwendigen Grundlagenwissen, um sie zu qualifizierten Servicetechnikern auszubilden, so kann der Aufbau lokaler Ressourcen in den Regionen sinnvoll sein, damit schneller auf Kundenanfragen reagiert und diese kostengünstiger abgewickelt werden können. Da der Aufbau von weitergehenden Problemlösungskompetenzen im Rahmen des Level 2 und Level 3 Support ein tiefgreifendes technisches Verständnis und langjährige Erfahrung mit den Produkten voraussetzen, bietet es sich an diese Kompetenzen vorwiegend in der Zentrale vorzuhalten, wenn geeignete Mitarbeiter vor Ort nicht gefunden oder ausgebildet werden können.
- Service Business Model: Unternehmen, deren Servicegeschäftsmodell auf der gemeinschaftlichen Erbringung von Services durch externe Partner beruht, stellen ihre internationale Serviceorganisation in aller Regel dezentral auf. Die Serviceregionen erhalten so die notwendigen Freiheitsgrade in der Steuerung der Partner, um ihre eigene Leistungsfähigkeit am besten an die lokalen Erfordernisse des Marktes anzupassen.

Die Diskussion dieser neun Treiber in der Unternehmens- und Servicestrategie vermittelt ein Bild darüber, wie zentral oder dezentral die Serviceorganisation ausgestaltet sein muss. Service-Gestalter nutzen diese Information, um eine passende Konfiguration des globalen Servicenetzwerks zu schaffen, also eine, die die Anforderungen aller Servicemärkte adäquat berücksichtigt.

6.3 Dimensionierung und Qualifizierung der Serviceorganisation

Der primäre Wachstums-, Umsatz- und Kostenhebel im Service- und Ersatzteilgeschäft der Maschinen- und Anlagenbauer ist neben dem adäquaten Angebotsportfolio eine passend dimensionierte, qualifizierte und motivierte Servicemannschaft. Da der Serviceumsatz mit einem derart hohen Anteil an vorzuhaltender Personalkapazität erreicht wird, ist die kurz- und mittelfristige Anpassung von Nachfrage und Kapazitätsangebot eine wichtige Aufgabe der Serviceleitung. Zur Sicherstellung der Kundenzufriedenheit muss aufgrund der schwankenden Nachfrage tendenziell eine höhere Personalkapazität vorgehalten werden, um Dienste mit vertretbaren Vorlaufzeiten auf hohem Niveau anbieten zu können.

Service-Gestalter gehen dabei aber nicht den einfachen Weg, ihr Dienstleistungskapazitätsangebot durch linearen Aufbau weiterer Mitarbeiter zu erhöhen; vielmehr streben sie danach, das vorzuhaltende Kapazitätsangebot durch eine effiziente

Abb. 6.10 Entscheidungsfaktoren für die Dimensionierung der Serviceorganisation

Einsatzplanung und eine effektive Allokation der vorhandenen Mitarbeiter auf die anfallenden Einsätze zu erhöhen. Dazu fassen sie die vorhandenen Servicetechniker in differenzierten Kompetenzklassen zusammen, aus dem sie Ressourcenanforderungen für die operativen Serviceabrufe wie die Installation neuer Anlagen, Reparaturen oder Wartungen bedienen.

Grundsätzlich ist dafür zu sorgen, die richtige Anzahl Servicetechniker mit den passenden Kompetenzen zum geforderten Einsatzzeitpunkt für den Kunden bereit zu stellen. Daraus leiten sich drei grundsätzliche Fragen ab:

• Wie viele Servicetechniker sind grundsätzlich erforderlich und wo werden sie stationiert? Ist also die Ressourcenplanung des Serviceteams am Produkt- und Servicegeschäft ausgerichtet?
• Welche Fähigkeiten müssen die Servicetechniker besitzen und wie werden sie ausgebildet? Passen also die Fähigkeiten der Servicekräfte zu den Kunden und Produktanforderungen?
• Wie können die vorhandenen Ressourcen möglichst effizient und effektiv eingesetzt werden? (Abb. 6.10)

Die notwendige Quantität und Qualität der Servicemannschaft wird vor allem von der Anzahl der installierten Produkte, der geplanten minimalen und maximalen Auslastung des Mitarbeiterpools und von der Produkt- bzw. der Serviceabsatzplanung determiniert. Service-Gestalter generieren mit diesen grundlegenden Informationen und einem integrierten Instrumentarium in drei Schritten die Planung einer adäquaten Servicemannschaft.

1. Schritt: Sicherstellung einer tragfähigen Ressourcenbasis Um eine valide Aussage über den Bedarf an Servicemitarbeitern treffen zu können, hat sich das Instrument einer monatlichen Service Demand & Supply Planung bewährt. In einem strukturierten Entscheidungsprozess werden die notwendigen Ressourcen für Neuproduktinstallationen, geplante Wartungen, absehbare Reparaturen und andere Services in eine einheitliche Auftrags- und Ressourcenplanung integriert. Dazu stellen zunächst Vertreter von Produkt- und Servicevertrieb ihre Anforderungen anhand eines Demand Plans über Anzahl und Typ abgesetzter Maschinen und Services für die nächste Periode zusammen. Der Demand Plan basiert auf der Integration regionaler Vertriebspläne und enthält alle potentiellen Ressourcenbedarfe aus Produkt-, Servicegeschäft und laufenden Verträgen. Als Teil der Sales und Operations Planung wird er monatsaktuell überarbeitet. Diese Information bildet die Grundlage für einen Abgleich mit dem Supply Plan. Dieser basiert auf der aktuellen Verfügbarkeitsanalyse über den gesamten regionalen Servicemitarbeiterpool und berücksichtigt gesetzliche Einsatzzeiten, Trainingszeiten, Urlaube, Krankenstand sowie einen Flexibilitätsfaktor für das Auftreten unvorhergesehener reaktiver Serviceeinsätze. Durch den Abgleich von Demand und Supply Plan werden Vertriebs- und Servicepläne aufeinander abgestimmt und mögliche Ressourcenengpässe frühzeitig erkannt.

Als Ergebnis erstellt die Serviceleitung den Einsatzplan auf Basis der geplanten Aufträge, der vereinbarten Service Level Agreements, der prognostizierten Bedarfe und der vorhandenen Fähigkeiten. Der Detaillierungsgrad der entstandenen Ressourcenplanung nimmt dabei mit steigendem Planungshorizont ab. Die Kurzfristplanung wird rollierend jede Woche aktualisiert. An das ERP-System angebundene, automatisiert erstellte Plantafeln machen dabei den Verfügbarkeitsstatus einzelner Servicemitarbeiter sichtbar. In der Feinplanung arbeitet die Serviceeinsatzleitung Verzögerungen am Einsatzort oder auftretende reaktive Notfalleinsätze in diese Verfügbarkeitsplanung ein und mobilisiert unter Umständen Drittfirmen zur Abdeckung von Spitzen.

Daneben liefern diese Service Demand & Supply Planung ein Forum, um den langfristigen Bedarf an Servicemitarbeitern aus dem prognostizierten Absatz an Maschinen und Dienstleistungen abzuleiten:

- Wie viele Maschinen welchen Typs werden in den nächsten Perioden verkauft und installiert?
- Auf welche Dienstleistungen ist die Absatzplanung fokussiert?
- Wie verteilen sich die Verkäufe auf die Regionen?

Die Geschäftsleitung Service kann aus dieser langfristigen Planung einen Aktionsplan zur Anpassung der Ressourcenbasis in den Serviceregionen ableiten und geeignete Maßnahmen zu Aufbau, Abbau, oder Umschichtung der Servicemannschaft gemeinsam mit der Personalabteilung einleiten.

2. Schritt: Kompetenzaufbau in der Servicemannschaft Auch die Frage, wie gut die Fähigkeiten der Servicekräfte zu den Anforderungen des Produktportfolios passen, kann im Rahmen der Service Demand & Supply Planung beantwortet werden. Führende Serviceunternehmen sorgen über eine enge Anbindung und den regelmäßigen Austausch zwischen Serviceabteilung, Produktmanagement und Produktentwicklung dafür, dass Information über Release-Wechsel und Neuprodukte zeitnah zur Verfügung stehen. Aus diesen Daten leiten sie Anforderungen an die Kompetenzen der Servicemitarbeiter ab und entwickeln Trainingsmaßnahmen für das gesamte Serviceteam.

Service-Gestalter nutzen als Grundlage ihrer Kompetenzplanung eine integrierte Fähigkeitsmatrix, die die benötigten technischen und sozialen Kompetenzen an dem Grad der vorhandenen Fähigkeiten jedes Servicemitarbeiters spiegelt. Aus der Abweichungsanalyse zwischen der aktuellen Fähigkeitsmatrix und den benötigten Zielkompetenzen können individuelle Mitarbeiterentwicklungspläne für die gesamte Servicemannschaft entwickelt werden. Für den Servicebereich bieten sich interne Trainings an. Service-Gestalter bündeln diese Trainings zu einem „Boot Camp", in denen neuen Servicekräften in kürzester Zeit die notwendigen technischen Grundlagen der Produkttypen und Serviceangebote vermittelt werden. Dabei sind interne Trainings nicht das einzige Instrument, mit dem die Servicemitarbeiter in Richtung des geforderten Zielkompetenzprofils weiterentwickelt werden: Trainings on the Job und Mentorkonzepte, in denen erfahrene Servicemitarbeiter mit neuen Mitarbeitern einen Kundenauftrag bearbeiten, haben sich als effizient und effektiv erwiesen. Auch innerbetriebliche Arbeitsplatzwechsel zwischen Service, Produktion oder Entwicklung sind ein geeignetes Mittel, um den Kompetenzgrad und die Motivation im Serviceteam zu steigern.

3. Schritt: Sicherstellung effizienter Serviceeinsätze Innerbetriebliche Arbeitsplatzwechsel haben den positiven Nebeneffekt, dass durch sie die Flexibilität in der Servicemannschaft steigt. In Engpasssituationen können qualifizierte Mitarbeiter anderer Abteilungen unter Anleitung eines erfahrenen Servicemitarbeiters beim Kunden eingesetzt werden. Flexible Arbeitszeitmodelle, in denen je nach Arbeitsanfall Über- und Unterstunden aufgebaut und gegeneinander verrechnet werden können, eignen sich ebenfalls zur effizienten Bewältigung des intrinsisch nur eingeschränkt planbaren Servicegeschäftes. Um die nicht abrechenbaren Stunden zu minimieren, setzen Service-Gestalter außerdem im Rahmen der gesetzlichen und innerbetrieblichen Regelungen optimierte Schichtsysteme ein.

Zur Steigerung der Einsatzeffizienz ist es essentiell, dass der Abruf von Mitarbeitern durch verbindliche Serviceaufträge mit einer klar definierten Vorlaufzeit für planbare Arbeiten wie Neuproduktinstallationen oder geplante Wartungen gesteuert wird. Service-Gestalter definieren für diese planbaren Serviceaufträge standardisierte Vorgabezeiten und klare Regularien zur Priorisierung unterschiedlicher Einsätze. Besonders sicherheitskritische Einsätze und die kundenspezifischen Service Level Agreements spielen bei der Priorisierung der Service Jobs eine wichtige Rolle. Service-Gestalter nutzen computergestützte Planungssysteme auf der Basis von Servicetickets, um die hohe Komplexität dieses Regelsystems abzubilden. Unter Berücksichtigung aller Rahmenbedingungen sowie der aktuellen Mitarbeiterverfügbarkeit erstellen automatisierte Systeme durch den Vergleich der offenen Aufträge mit den vorhandenen Kompetenzprofilen der Mitarbeiter einen Zuordnungsvorschlag. Basierend auf kurzfristigen Veränderungen, wie reaktiven Entstörungsaufträgen oder länger als geplanten Einsatzdauern, muss diese Einsatzplanung durch die Geschäftsleitung Service iterativ angepasst werden.

Nicht absehbaren Kapazitätsspitzen können zusätzlich durch Swing Teams abgefangen werden, die für zusätzliche Flexibilität im Mitarbeiterpool sorgen. Diese Swing Teams setzen sich aus Mitarbeitern zusammen, die sich aufgrund ihres vielschichtigen technischen und sozialen Kompetenzprofils für einen Großteil der Serviceaufträge qualifizieren. Die hohen Gehaltskosten der Swing Teams rechtfertigen sich durch die große räumliche und inhaltliche Flexibilität. Für einfachere Serviceaufträge oder Aufträge in Regionen mit einer kleinen installierten Basis ohne eigenen Servicestandort bietet sich die Nutzung von externen Dienstleistern an. Besondere Bedeutung kommt hier dem Einsatz von Planungswerkzeugen zu. Durch eine direkte Anbindung an das Einsatzplanungssystem kann der Abruf der benötigten Ressourcen automatisiert in Auftrag gegeben werden. Darüber hinaus können auf einer gemeinsamen IT-Plattform alle notwendigen Dokumente und Informationen pro Auftrag zur Verfügung gestellt werden. Unabhängig von der Art und Herkunft des Servicemitarbeiters stellen Service-Gestalter zur Steigerung der Produktivität und Sicherstellung einer einheitlichen Qualität Standard Operating Procedures für die unterschiedlichen Auftragsarten zur Verfügung. Service-Verwalter scheitern an einer ineffizienten Auftragsdurchführung, da Servicemitarbeitern vor Ort die notwendigen Informationen fehlen.

Insgesamt ist die Erhöhung der Mitarbeitereffizienz immer vor dem Hintergrund der Mitarbeitermotivation zu betrachten. Hierzu gehört auch die Darlegung eines klaren Entwicklungspfades. Dies kann innerhalb der Serviceabteilung durch Themen- oder Personalverantwortung erfolgen oder aber durch einen innerbetrieblichen Arbeitsplatzwechsel in andere Bereiche.

6.4 Praxisbeispiel: Serviceorganisation eines führenden Automobilherstellers

Ein weltweit führender Hersteller von Personenkraftfahrzeugen produziert und verkauft jährlich über eine Million Fahrzeuge weltweit. Fahrzeugverkauf und der Service des bestehenden Fuhrparks werden durch konzerneigene Vertretungen und selbständige Händler durchgeführt. Organisation und Vermarktung des Geschäfts am Point of Service (POS) werden durch die Landesgesellschaften des Konzerns gesteuert. Die Serviceprozesse werden durch eine zentrale Organisationseinheit gestaltet, logistische Unterstützung erfolgt durch eine weltweit aufgestellte eigene Logistikorganisation mit zentralen und dezentralen Lägern und Umschlagzentren.

Das Servicegeschäft, bestehend aus Fahrzeugreparatur und dem Verkauf von Ersatzteilen und Dienstleistungen, ist in den vergangenen Jahren für Kundenzufriedenheit sowie für die Profitabilität des Herstellers und seiner Vertriebs- und Servicepartner immer wichtiger geworden. Das Servicegeschäft steht dabei zunehmend im Wettbewerb. Die steigende Anzahl unabhängiger Serviceketten und teilweise effizientere, kostengünstigere Services anderer Hersteller bedrohten Serviceumsatz, Profitabilität und Marktposition. Gleichzeitig hat die gestiegene Anzahl von Fahrzeugvarianten sowie mechanischer und elektrischer Fahrzeugarchitekturen zu einer am POS nicht mehr beherrschbaren Prozesskomplexität geführt. Im Verlauf einer Fahrzeugreparatur mussten in der Werkstatt inhomogene dezentrale und zentrale IT-Systeme mit redundanten Prozessen, Daten und Eingaben bedient werden. Die dabei auftretenden Ineffizienzen und Fehler setzten sich bis in die Reparatur und die zentralen Prozesse und Systeme des Herstellers fort. Zur Steigerung der Wettbewerbsfähigkeit im Automobilservice wurde daher eine globales Effizienzprogramm gestartet, um die Organisation kundenorientiert auszurichten, Serviceprozesse und Serviceorganisation zu verschlanken und die Profitabilität von Hersteller und Servicepartnern zu steigern.

Ausgangspunkt des Effizienzprogramms war eine klare Analyse von Ist-Situation und Anforderungen an einen kunden- und effizienzoptimierten Serviceprozess:

- Kundenanforderungen Automobilservice: Auf Basis der Kundensegmentierung wurden „Voice-Of-The-Customer" Interviews mit ausgewählten Kunden und Servicepartnern durchgeführt. Die gewonnenen Erkenntnisse wurden hinsichtlich neuer Serviceanforderungen als auch zu behebender Defizite ausgewertet
- Benchmarking: Vergleich von Serviceprozessen und Serviceorganisation mit führenden Herstellern im Automobilservice, sowohl mit anderen Herstellern als auch mit unabhängigen Serviceketten.
- Technologieanforderungen: Zusammenstellung der fahrzeugseitigen Technologien auf der Basis der in den kommenden Jahren marktreifen Fahrzeuginnovationen und Ableitung der zugehörigen Serviceprozessanforderungen
- Prozess- und IT-Landschaft: Vollständige Aufnahme der Serviceprozesse vom POS bis zur Zentrale, Analyse der IT-technischen Abbildung und Identifizierung von Redundanzen, Prozesslücken und Kostentreibern

Aus den Ergebnissen der Analyse wurde zunächst die Roadmap für das existierende Serviceportfolio überarbeitet und neue Services (zum Beispiel unterschiedliche POS-verknüpfte Telematikanwendungen) aufgenommen. Darauf aufbauend wurde ein an den Kundenanforderungen optimierter Serviceprozess entwickelt. Dieser wurde in Entwicklungsstufen, passend zum zeitlichen Eintreten der fahrzeug- und technologieseitigen Serviceprozessanforderungen, detailliert. Aus dem Prozessmodell und den Erkenntnissen der Schwachstellenanalyse wurden die Maßnahmen zur Umgestaltung der Organisation und der Verschlankung der IT definiert. Insbesondere bei der Definition der zukünftigen IT vom POS bis in die Zentrale wurde Wert auf eine standardisierte, modulare Systemarchitektur mit einheitlichen Kommunikationsparametern gelegt. Insbesondere die Anforderungen der unterschiedlichen Dealer Management-Systeme (DMS) in der Serviceorganisation waren dabei zu berücksichtigen.

Ausbaustufen der Prozessentwicklung wurden mit jeweils eigenen Business Cases und Umsetzungsplänen gestartet. Im ersten Schritt der Umsetzung wurden drei optimierte, wettbewerbsdifferenzierende Prozesse implementiert:

- „Terminvereinbarung Service": Multiple Kanäle zur Serviceterminvereinbarung, Anfragemöglichkeit über das Fahrzeug, Zugriff auf Werkstatt- und Teileverfügbarkeit im DMS, Rückmelde- und Bestätigungsprozess

- „Preiskalkulation": Verbesserter Zugriff auf den Aufbau- und Ausstattungsstand von Fahrzeugen und die Fahrzeughistorie, standardisierte Servicepakete, Sicherstellung verlässlicher Preisinformationen bei Serviceanfragen
- „Optimierte Serviceannahme": Vorabverfügbarkeit aller relevanten Fahrer- und Fahrzeugdaten, beschleunigte Fahrzeugdiagnose, Verbesserung der Fehlererkennung und Verknüpfung der Fahrzeugannahme mit dem DMS

Im Rahmen der Umsetzung wurde die funktionsorientierte Serviceorganisation des Herstellers prozessorientiert umgestaltet. Hierbei wurde Wert gelegt auf eine durchgängige Verantwortung einzelner Prozesscluster (zum Beispiel Garantie- und Kulanzprozess) über alle Wertschöpfungsstufen, vom POS über den Wholesale bis hin zur Zentrale. Gleichzeitig wurde ein standardisierter IT-Backbone etabliert. Dieser wurde über eine Standardspezifikation mit den marktgängigen DMS verknüpft und in mehreren Wellen global ausgerollt. Für das Erfolgscontrolling in der Umsetzung wurde ein Dashboard eingeführt, das die relevanten Kennzahlen der Implementierung, Projektkosten, Erreichung des Business Case und der definierten Servicekennzahlen nachverfolgt.

Die Ergebnisse der ersten Umsetzung wirken in mehreren Dimensionen: die schnellere und qualifiziertere Terminvereinbarung und die vorbereitete, professionellere Fahrzeugannahme erhöhen die Kundenzufriedenheit und die Zuverlässigkeit im nachfolgenden Werkstattprozess. Die möglichst präzise Preisaussage bereits vor der Fahrzeugreparatur stellt eine erhebliche Markendifferenzierung im Wettbewerb dar. Der Zielprozess zeigt ein Effizienzsteigerungspotenzial am POS von über 20 %, das zum Preisvorteil des Kunden und der Profitabilitätserhöhung des Herstellers beiträgt.

In weiteren Ausbaustufen ermöglicht die neue prozessuale und organisatorische Aufstellung die Integration neuer Kommunikationstechnologien direkt zwischen Fahrzeug und POS und damit eine weitere Steigerung von Prozesseffizient, -qualität und Wettbewerbsposition.

Kapitel 7
Integration und Management externer Servicepartner

Servicemarktführer zeichnen sich dadurch aus, dass sie den Markt durch innovative Serviceansätze gestalten und die gesamte Wertschöpfungskette des Kunden mit Serviceleistungen abdecken. Dabei spielt der Ort der Leistungserbringung keine Rolle. Zu jeder Zeit und an jedem Ort kann die gleiche hochwertige Dienstleistung erbracht werden. Service-Gestalter reagieren damit pro-aktiv auf die steigenden Anforderungen ihrer Kunden.

7.1 Nutzung von Partnern zur Komplettierung des eigenen Serviceangebotes

Eine Abdeckung des Kundenbedarfs in allen geografischen Regionen und entlang der vollständigen Servicewertschöpfungskette ist allerdings ohne strategische Partner wenig erfolgversprechend. Der gezielte Einsatz von Servicepartnern bietet wichtige Vorteile (Abb. 7.1):

- Strategische Partner decken inhaltliche Lücken im eigenen Serviceportfolio effizient ab, damit dem Kunden ein komplettes Serviceangebot unterbreitet werden kann. Dies gilt vor allem für Serviceleistungen für die ein Aufbau der erforderlichen Expertise im eigenen Unternehmen oder die Bereitstellung eigener Ressourcen ökonomisch nicht sinnvoll ist.
- Servicepartner können Bedarfsspitzen bei der Serviceerbringung abdecken, wie z. B. bei der Installation von Neuanlagen, und somit den Einsatz eigener Kräfte harmonisieren.
- Partner erbringen Serviceleistungen für Kunden in B- und C-Regionen, in denen das eigene Unternehmen nicht mit einem eigenen Servicestützpunkt präsent ist. Dem Kunden wird eine weltweite Servicepräsenz garantiert, ohne die Notwendigkeit an allen Standorten eigene Kräfte zu binden.
- Gemeinsam mit einem Servicepartner werden Leistungen nicht nur für die eigenen Maschinen und Anlagen erbracht, sondern auch als kompletter Service für Fertigungsstraßen inklusive Drittmaschinen in vorgelagerten oder nachgelagerten Wertschöpfungsschritten des Kunden. Zusätzlich können gemeinsam mit Partnern auch Services für Wettbewerbsmaschinen angeboten werden.

R. Geissbauer et al., *Serviceinnovation,*
DOI 10.1007/978-3-642-21239-0_7, © Springer-Verlag Berlin Heidelberg 2012

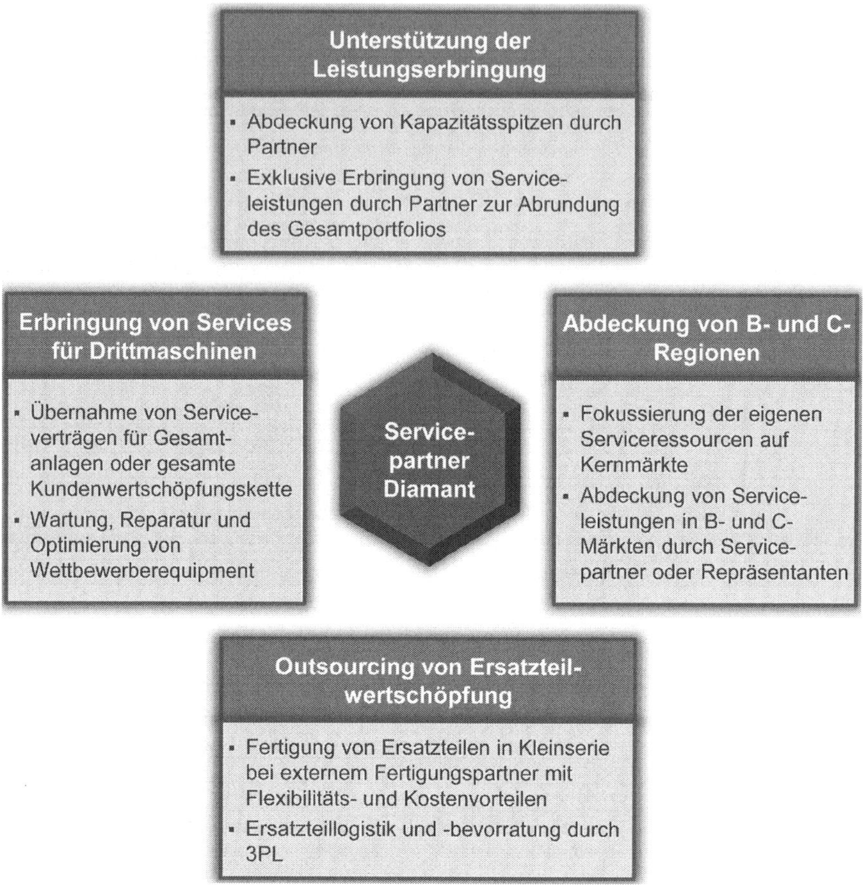

Abb. 7.1 Der Servicepartnerschafts-Diamant

- Der Partner bietet aufgrund der Kooperation den Zugang zu seinen eigenen Kunden. Servicekunden des Partners fragen Serviceleistungen des eigenen Unternehmens nach und steigern somit Serviceumsatz und -profitabilität.

Den Vorteilen einer Servicepartnerschaft stehen auch mögliche Nachteile gegenüber: Servicepartner bauen bei der Leistungserbringung kontinuierlich Know-how auf und können Skaleneffekte erzielen, die ihr eigenes Servicegeschäft stärken. Sollte es im Zeitverlauf zu einer Trennung von dem Servicepartner kommen, muss dieser Wissens- und Kostenvorsprung unter Umständen mit eigenen Ressourcen mühsam ausgeglichen werden. Außerdem birgt jeder Kundenkontakt durch Servicepartner die Gefahr, dass dieser Kundenbeziehungen für eigene Zusatzangebote ausnutzt. Hinzu kommt, dass zahlreiche Servicepartnerschaften scheitern, weil der Partner nicht die eigenen Ansprüche des Maschinen- und Anlagenbauers an Servicequalität, pünktliche Leistungserbringung oder Kundenorientierung erfüllt. Tritt in diesen Fällen der Partner unter dem Namen des Herstellers oder der herstellereigenen Servicemarke auf, kann der nachhaltige Schaden für das eigene Produkt- und Servicegeschäft groß werden.

7.1.1   Unterstützung der Serviceleistungserbringung

Zahlreiche Unternehmen nutzen Servicepartner, um Kapazitätsspitzen bei der Serviceerbringung auszugleichen. Insbesondere Unternehmen des Maschinen- und Anlagenbaus, bei denen die Vor-Ort-Installation von Neumaschinen einen hohen Zeitaufwand bedeutet, nutzen häufig Drittunternehmen für die Vorbereitung und Durchführung der Installationsleistungen. Gleiches gilt auch für die Modernisierung bestehender Anlagen oder die Demontage am Ende des Lebenszyklus.

Servicepartner kommen ebenfalls zum Einsatz, um Nicht-Kernleistungen für Kunden im Rahmen eines Servicekomplettangebotes abzudecken. Beispiele hierfür sind Spezialdienste wie Zertifizierungen oder Umweltleistungen. Für das eigene Unternehmen lohnt es sich nicht, die notwendigen Ressourcen oder das erforderliche Spezialwissen für ein vergleichsweise geringes Servicevolumen bereit zu halten.

Servicepartner mit vergleichsweise geringen Lohnkosten können ferner für einfache Services eingesetzt werden, um die Gesamtkosten der Serviceerbringung für den Kunden zu minimieren.

7.1.2   Abdeckung von B- und C-Serviceregionen

Die Globalisierung stellt insbesondere Hersteller aus dem Maschinen- und Anlagenbau sowie der Elektronikindustrie vor die Herausforderung, Services an allen Standorten ihrer Kunden also weltweit anzubieten. Während die meisten Unternehmen ihre wichtigsten Kundenregionen aus eigenen Servicestützpunkten heraus bedienen, stellt sich insbesondere bei B- und C-Regionen die Frage nach der Rentabilität einer eigenen Servicepräsenz. In den Regionen mit zweiter Priorität kann es ökonomischer sein, lokale Servicepartner für die Bedienung dortiger Kundenstandorte einzusetzen. Die meisten Unternehmen setzen dabei darauf, Servicepartner unter dem Markennamen einzusetzen und die Abrechnung der Serviceleistungen selbst zu übernehmen. Damit soll ein für den Kunden weltweit einheitlicher Service gesichert werden.

Voraussetzung für eine erfolgreiche Regionenstrategie mit Partnern ist allerdings die sorgfältige Auswahl und Einarbeitung der Servicemitarbeiter auf den eigenen Maschinen und Werkzeugen sowie die Sicherung einer zuverlässigen Ersatzteilversorgung.

Einige Unternehmen übertragen die Serviceversorgung in B- und C-Regionen ihren Vertriebsrepräsentanten, die für den Verkauf von Neuanlagen in der Region zuständig sind. Zusätzlich zum Vertrieb erbringen Mitarbeiter des Repräsentanten auch Serviceleistungen und verkaufen Ersatzteile. Die Gefahr dieser Herangehensweise liegt auf der Hand: die komplette Kundenbetreuung wird durch ein Drittunternehmen durchgeführt. Der fehlende Kundenzugang macht Unternehmen anfällig für den Totalverlust des Kundenstamms, wenn die Zusammenarbeit mit dem Repräsentanten beendet wird.

7.1.3   Outsourcing von Ersatzteilwertschöpfung

Die Fertigung von Ersatzteilen stellt für viele Unternehmen eine Herausforderung dar, da sie häufig in Lücken der Hauptfertigung von neuen Maschinen eingeschoben werden muss. Die Anforderungen einer Kleinserienfertigung zu günstigen Herstellungskosten können viele Unternehmen in ihren eigenen Werken daher nur unzureichend sicherstellen.

Eine Alternative dazu bietet die Herstellung von Ersatzteilen durch externe Lohnfertiger. Diese Partner haben sich häufig auf Kleinserienfertigung spezialisiert, sind tariflich nicht gebunden oder befinden sich in Regionen mit nennenswerten Lohnkostenvorteilen. Sie zeichnen sich durch hohe Flexibilität bei Volumen und kundenspezifische Anfertigung von Ersatzteilen aus. Viele Industrieunternehmen verlagern zunächst die Ersatzteilfertigung von Maschinen, die nicht mehr im aktiven Portfolio geführt werden (End of Life-Maschinen), um den möglichen Abfluss von geistigem Eigentum zu verhindern. Ist die Zusammenarbeit erfolgreich, kann sie schrittweise auch auf aktuelle Ersatzteilumfänge mit hohen Stückzahlen ausgedehnt werden.

Die Verlagerung von Logistikdienstleistungen an Servicepartner gehört für die meisten Hersteller aus dem Maschinen- und Anlagenbau und der Elektronikindustrie heute bereits zum Standard. 3PL- und 4PL-Dienstleister haben ihr Angebot von Transportleistungen auch auf die Bereitstellung und den Vertrieb von Lager- und Distributionszentren erweitert. In diesen Zentren erfolgen neben einer Just-in-time-Kommissionierung auch die Vorbereitung und die kundenspezifische Anpassung von Ersatzteilen. Zahlreiche 3PL-Dienstleister in der Elektronikindustrie bieten u. a. auch die kundenspezifische Bestückung von Ersatzteilplatinen, die Endmontage von Elektroniksystemen oder die Programmierung kundenspezifischer Software an.

7.1.4   Erbringen von Services für Drittmaschinen

Service-Gestalter weiten ihren potenziellen Serviceumsatz durch die Übernahme von Serviceverträgen für Gesamtanlagen über die gesamte Kundenwertschöpfungskette signifikant aus. Qualitativ hochwertige Servicedienstleistungen, wie vorbeugende Wartung oder Justage, werden nicht nur für das eigene Equipment durchgeführt, sondern auch für Fremdprodukte in der Wertschöpfungskette des Kunden. Der Vorteil für den Kunden ist eine Gesamtoptimierung seiner Wertschöpfungskette sowie eine integrierte Servicebetreuung aus einer Hand.

Klassische Maschinenbaukunden nutzen in ihren Fertigungslinien Anlagen und Systeme verschiedener Hersteller für die Materialvorbereitung, Bearbeitung, Assemblage und Distribution. Einen Komplettservice über die gesamte Wertschöpfungskette können die meisten Service-Gestalter nur durch eine Integration von eigenen und Partnerressourcen sicherstellen. Servicepartner übernehmen dabei die Betreuung für einzelne Anlagenteile des Gesamtsystems oder sind für ausgewählte Serviceleistungen über die gesamte Wertschöpfungskette verantwortlich, wie z. B. für Reinigung und Instandhaltung. Eine Integration von Partnern ermöglicht es Service-Gestaltern, ihren Kunden Leistungen über die gesamte Wertschöpfungskette anzubieten. Partner bringen wichtiges Know-how und Ressourcen ein und übernehmen auch einen Teil des unternehmerischen Risikos bei systemübergreifenden Serviceangeboten.

Kritisch diskutiert wird bei Maschinenbau-, Elektronik- oder Medizintechnikunternehmen häufig die Frage, ob Serviceleistungen auch für direkte Wettbewerbsprodukte erbracht werden sollen. Risiken bilden mögliche Gewährleistungsansprüche von Kunden, ein unter Umständen hoher Trainingsaufwand sowie die Schwierigkeiten, Originalersatzteile zu beziehen. Außerdem gilt in einigen Branchen das „ungeschriebene Gesetz", nach dem für Wettbewerbsprodukte grundsätzlich keine Serviceangebote gemacht werden. Dahinter steht nämlich die Sorge, der Wettbewerber könne dann seinerseits damit beginnen, Services für die eigenen Produkte anzubieten. Für eine Servicebetreuung von Wettbewerbsmaschinen spricht natürlich die Erhöhung des Umsatzpotenzials sowie Skaleneffekte bei Kunden, die einen gemischten Maschinenpark aus eigenen und Wettbewerbsprodukten betreiben. Eine Option dafür ist die Betreuung von Wettbewerbsprodukten über unabhängige Servicepartner im Rahmen eines kompletten Serviceangebotes an den Kunden. Die Serviceleistung durch den Partner verhindert zum einen die direkte Konfrontation mit dem Wettbewerber und mögliche Gewährleistungsansprüche, zum anderen wird verhindert, dass der Wettbewerber bei gemeinsamen Kunden mit seinen Serviceangeboten Fuß fasst.

7.2 Auswahl, Etablierung und Steuerung von Servicepartnern

Die gründliche Auswahl und Einführung von Servicepartnern ist der Schlüssel für eine langfristig erfolgreiche Zusammenarbeit. Deshalb sollte dieser Prozess sorgfältig durchgeführt und mit Methoden und Werkzeugen unterlegt werden. Die Praxiserfahrung zeigt, dass Unternehmen in hohem Maße Ressourcen für die Auswahl potenzieller Vertriebspartner einsetzen, aber bei der Wahl von Servicepartnern die notwendige Sorgfalt vermissen lassen. Der potenzielle Schaden für die Kundenzufriedenheit und dem eigenen Serviceumsatz ist jedoch so hoch, dass bei der Akquisition geeigneter Partner ein sorgfältiger Due Diligence-Prozess durchzuführen ist.

7.2.1 *Inhaltliche und geografische Definition der Partnerschaft*

Die Festlegung der Serviceinhalte und der regionalen Ausrichtung potenzieller Servicepartner sollte im Unternehmen nicht vom technischen Service allein getroffen werden. Die Tragweite der Entscheidung auch auf andere Unternehmensbereiche

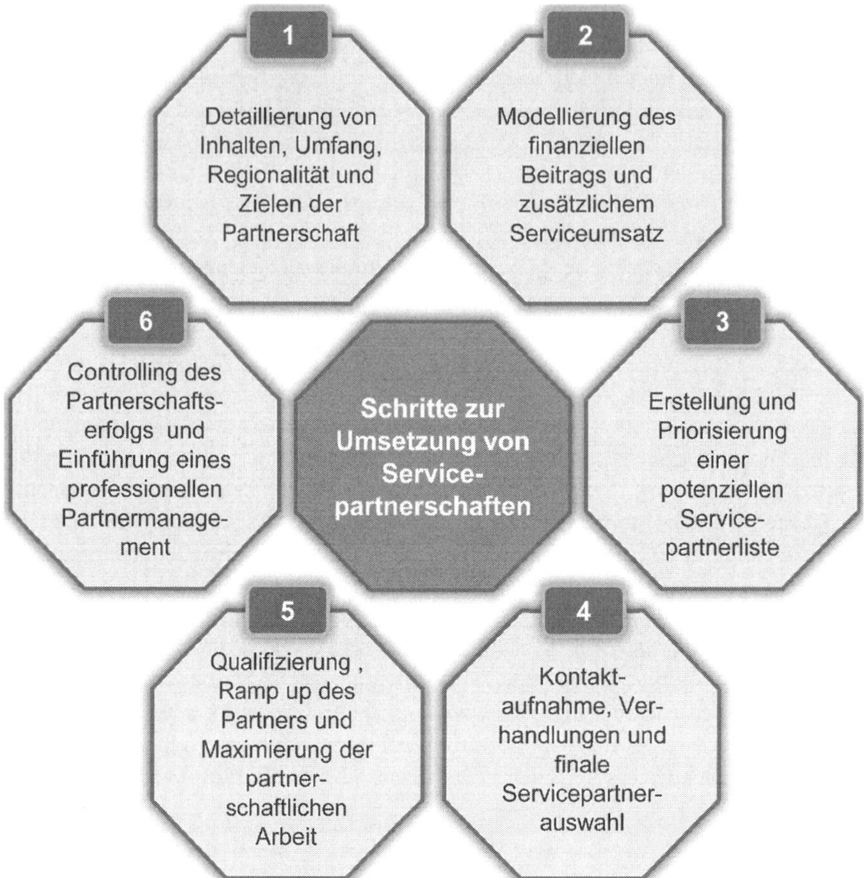

Abb. 7.2 Umsetzungsfahrplan für Servicepartnerschaften

erfordert eine enge Abstimmung mit dem Vertrieb und Key Account Managern, der Supply Chain-Organisation (z. B. für die Ersatzteilbelieferung) sowie den betroffenen regionalen Geschäftseinheiten. Zu groß ist die Gefahr, dass es durch eine laxe Definition zu inhaltlichen oder geografischen Kannibalisierungseffekten kommt, die dann zu einer verlustreichen Trennung führen (Abb. 7.2).

7.2.2 *Berechnung des finanziellen Beitrags und zusätzlicher Serviceumsatz*

Nach Festlegung der Serviceinhalte und der regionalen Ausrichtung potenzieller Partner muss ein Business-Plan-Modell mit finanziellem Beitrag und möglichen

Risiken berechnet werden. Die Entscheidung für oder gegen ein Partnerengagement muss insbesondere folgende Kriterien enthalten:

- Zusätzlicher Serviceumsatz, den Partner mit den eigenen Kunden erzielen
- Margen aus dem Verrechnungspreis bzw. Kommissionen, die das eigene Unternehmen aus dem Einsatz von Servicepartnern bezieht
- Zusätzliches Umsatzpotenzial für das eigene Unternehmen, z. B. über den Verkauf von Ersatzteilen für Partnerleistungen oder zusätzliche Serviceumsätze in von Partnern betreuten B- und C-Regionen
- Verrechnung von Transferpreisen an den Partner und Übernahme von operativen Kosten, z. B. Reiseaufwendungen für Servicetechniker
- Aufwendungen für Trainings und den Ramp-up von Partnern
- Interne Kosten für die Administration und laufende Betreuung von Partnern

Wichtig für die Modellierung von Finanzszenarien zur Vorteilhaftigkeit von Partnerschaften ist auch eine Quantifizierung möglicher Risiken. Es entstehen hohe Anfangsaufwendungen zum Training und zur Qualifizierung von Servicemitarbeitern des Partners sowie der Einrichtung einer Serviceinfrastruktur, z. B. für Servicestützpunkte oder einem regionalen Ersatzteilvorrat. Hinzu kommen Risiken, wie unzureichende Qualität bei dem erbrachten Service und unzureichende Zuverlässigkeit des Partners sowie Nachforderungen von Kunden an das eigene Unternehmen. In diesem Fall kann auch für die Zukunft geplanter Neumaschinen- und Serviceumsatz verloren gehen. Diese Risiken müssen für die Modellierung ebenfalls quantifiziert und bewertet werden, bevor eine Entscheidung zur Vorteilhaftigkeit des Partnermodells getroffen werden kann.

7.2.3   Erstellen und Priorisieren einer potenziellen Servicepartnerliste

In dem nachfolgenden Schritt werden alle Serviceunternehmen erfasst, die als potenzielle Partner in Frage kommen. Befragt man Industrieunternehmen nach der Auswahl ihrer Servicepartner, ist diese in den meisten Fällen eher durch zufällige Kontakte als durch einen gezielten Due Diligence- und Auswahlprozess erfolgt. Die Investition in eine Servicepartnerliste zu Beginn des Partnerauswahlprozesses hilft, kostspielige Misserfolge bei der späteren Partnerintegration von vornherein zu vermeiden. Zur Priorisierung einer Partnerliste erstellen Service-Gestalter einen Kriterienkatalog, der spezifisch auf den abzudeckenden Serviceinhalt, regionalen Fokus und rechtlichen Kooperationsrahmen abgestimmt wird. Neben den finanziellen Eckdaten eines jeden Kandidaten müssen die aktuellen Servicefähigkeiten und angebotenen Leistungen, die regionale Aufstellung und Mitarbeiterzahl sowie bestehende Kundenbeziehungen und Kooperationen erhoben werden. Die ersten Analysen bilden die Basis für eine sogenannte Long List potenzieller Servicepartner, aus der dann die Short List destilliert wird, um erste Kontakte zu potenziellen Partnerunternehmen aufzubauen (Abb. 7.3).

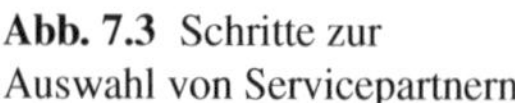

Abb. 7.3 Schritte zur
Auswahl von Servicepartnern

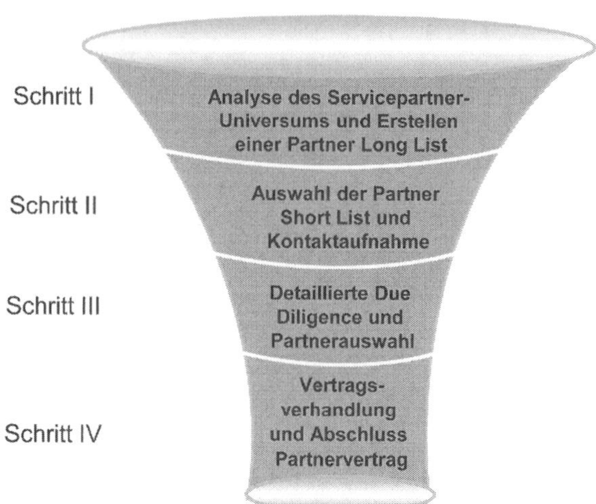

7.2.4 Kontaktaufnahme, Due Diligence und finale Partnerauswahl

Die Kontaktaufnahme und sorgfältige Überprüfung der Partnerfähigkeiten ist das Herzstück einer effektiven Due Diligence. Die Auditierung des potenziellen Partners sollte von einer Delegation erfolgen, der neben Serviceexperten auch Mitarbeiter von Vertrieb, Key Account Management, Finanzen und Controlling sowie dem Supply Chain Management angehören. Dabei werden typischerweise folgende Kriterien in die Überprüfung der Kooperationseignung des potenziellen Partnerunternehmens aufgenommen (Abb. 7.4):

Höchste Priorität bei der Partneranalyse haben die Servicefähigkeiten und die Verfügbarkeit qualifizierter Serviceressourcen. Im Hinblick darauf, dass die Servicetechniker des Partners in täglichem direkten Kontakt mit den eigenen Kunden stehen werden, ist deren Qualifikation und Servicementalität entscheidend für eine erfolgreiche Kooperation. Hinzu kommt die regionale Präsenz des Partners und die Anzahl qualifizierter Mitarbeiter an wichtigen Servicestandorten. Diese Kriterien determinieren die erreichbare Serviceleistung und -qualität und damit die Zufriedenheit und Akzeptanz des Partners bei den Kunden. Demgegenüber steht eine kritische Beurteilung der Wettbewerbssituation, wenn der Servicepartner etwa auch Maschinen des Wettbewerbers betreut. Die Exklusivität einer Partnerschaft ist für viele Unternehmen Voraussetzung dafür, dass dem Partner kritisches Service Know-how und andere Ressourcen zur Verfügung gestellt werden. Zur Analyse weiterer Kooperationsrisiken zählt u. a. die finanzielle und organisatorische Stabilität des Partners sowie dessen Eigentümer- und Managementstruktur. Eine hohe Stabilität ist eine notwendige Voraussetzung, die Kooperation langfristig erfolgreich zu gestalten und finanzielle Chancen und Risiken gemeinsam zu tragen.

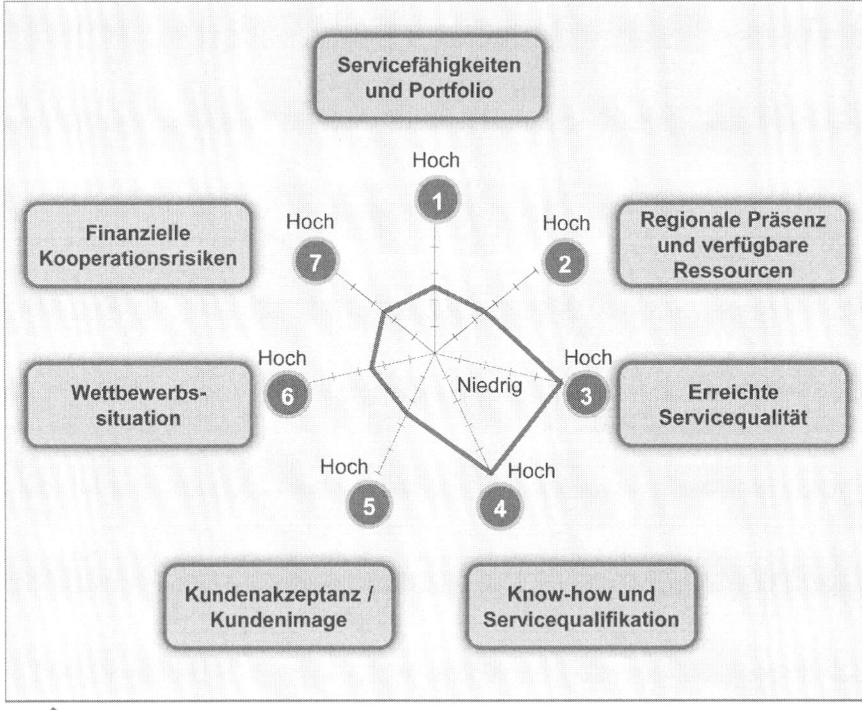

Abb. 7.4 Evaluationskriterien in der Due Diligence

Im Mittelpunkt der Vertragsgestaltung und der finalen Verhandlung der Partnerkonditionen sollte sowohl der spätere Erfolg der Zusammenarbeit als auch die Minimierung potenzieller Risiken stehen. Neben Rechten und Pflichten muss auch der Servicefokus der Partner klar dargestellt sein. In der Praxis entscheiden dabei häufig folgende Vertragspunkte über den Erfolg oder Misserfolg einer Partnerschaft:

1. Klare Definition und Inhalte der zu erbringenden Serviceleistungen
2. Eindeutige und exklusive Festlegung der zu betreuenden Regionen und/oder Kunden durch den Partner sowie der explizite Ausschluss von Serviceaktivitäten außerhalb des festgelegten Serviceumfangs
3. Detaillierte Leistungsmatrix und fixierte Preise pro Qualifikationsstufe und Erbringungsregion der Servicemitarbeiter
4. Verbindlich vereinbartes Kennzahlensystem zur Messung der Kundenzufriedenheit, Servicequalität, Pünktlichkeit und Kosten
5. Verbindliches Konsequenzenmanagement zur Verbesserung der Kennzahlen einschließlich möglicher Pönalen, wenn vereinbarte Leistungsparameter nicht erreicht werden
6. Definierte Qualifikations- und Trainingsmaßnahmen für Mitarbeiter des Partners sowie Transfer von Know-how, Methoden und notwendigen Werkzeugen

7. Vereinbarungen zum Schutz des geistigen Eigentums, Kundenzugang sowie detaillierte Handlungsanweisungen bei Auflösung der Kooperation

Nur wenn diese Vertragspunkte a priori zur beiderseitigen Zufriedenheit geklärt sind, sollte die operative Zusammenarbeit beginnen. Stellt sich bei den Verhandlungen heraus, dass über einzelne Punkte nur schwer Einigkeit erreicht werden kann, ist der Weg in eine problembehaftete Partnerschaft vorgezeichnet.

7.2.5 Qualifizierung, Ramp-up und Maximierung der partnerschaftlichen Arbeit

Der Erfolg einer Servicepartnerschaft hängt maßgeblich davon ab, ob der qualifizierte Ramp-up der neuen Servicemitarbeiter bereits in der Frühphase gelingt. Im Mittelpunkt des Ramp-up stehen dedizierte Trainingsmaßnahmen, mit denen die Servicemitarbeiter des Partners mit den Maschinen und Werkzeugen im Feld vertraut gemacht werden. Eine Kombination aus sowohl internetgestützten und trainerbasierten Einheiten als auch der praktischen Einführung bei ausgewählten Kunden bildet die Grundlage der Qualifizierungsmaßnahmen. Die Distribution von Maschinenplänen, Bedienungsanleitungen und anderen Nachschlagewerken runden diesen Schritt ab.

Eine mehrstufige Kommunikationsinitiative ist der zweite Baustein des Ramp-up. Die interne Kommunikation an eigene und Partnermitarbeiter hilft, Informationslücken zu schließen und einen konstruktiven Transformations- und Integrationsprozess einzuleiten. Die externe Kommunikation dient dazu, Mitarbeiter der betroffenen Kunden über die geplanten Änderungen der Verantwortlichkeiten oder des angebotenen Leistungsportfolios zu informieren. Das Ziel dieser Aktivität ist Kundenakzeptanz zu erreichen und die Ausweitung des bestehenden Service- und Ersatzteilgeschäftes vorzubereiten. Diese Kommunikationsinitiative muss durch gezielte Besuche der Vertriebsmitarbeiter, Key Account Manager und Servicemitarbeiter unterstützt werden.

Der dritte Baustein der neuen Partnerschaft ist die gemeinsame Abarbeitung erster Pilotaufträge. Eigene Mitarbeiter nehmen erste Serviceeinsätze gemeinsam mit Partnermitarbeitern wahr, um die Serviceleistung gemeinsam zu erbringen. Obwohl diese Pilotphase eine signifikante Investition für den Partner wie für das eigene Unternehmen darstellt, ist diese Maßnahme für den reibungslosen Übergang der Verantwortung und die langfristige Erschließung des Servicepotenzials beim Kunden unumgänglich.

In der Praxis hat es sich als probates Mittel erwiesen, Servicepartnerschaften zunächst auf ausgewählte Serviceleistungen, einzelne Kunden oder bestimmte Geografien zu beschränken. Erst wenn die erforderlichen Kenntnisse und Routinen erworben und verinnerlicht sind und sich die Lernkurve in den ausgewählten Pilotbereichen abflacht, können Schritt für Schritt weitere Serviceinhalte oder Kunden hinzugefügt werden. Ziel muss es sein, eine Servicepartnerschaft innerhalb von zwölf bis 18 Monaten nach Einführung zu seinem vollen Potenzial entwickelt zu haben.

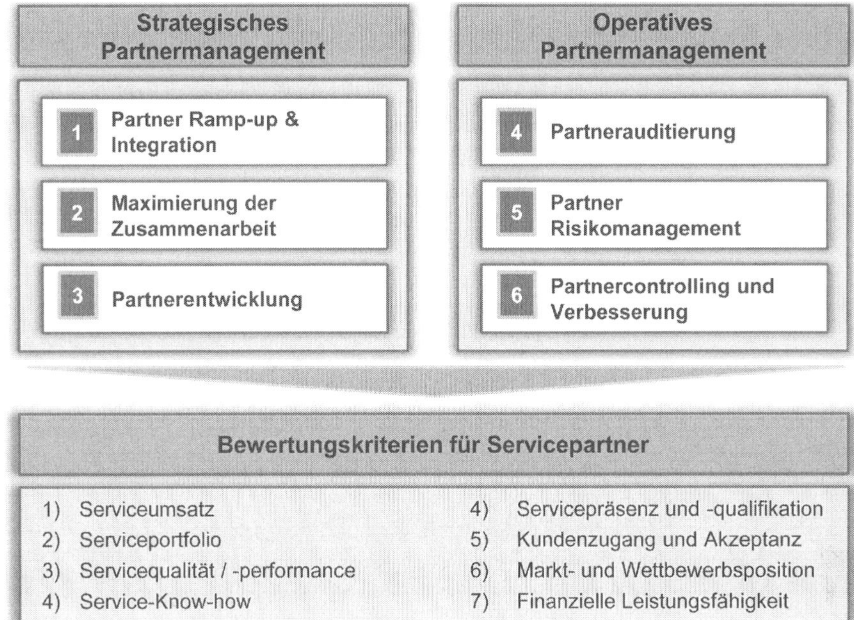

Abb. 7.5 Kriterien im Partnercontrolling

7.2.6 Controlling und Partnermanagement

Die effiziente Steuerung von Servicepartnerschaften über quantitative und qualitative Kennzahlen bietet allen Beteiligten verbindliche Handlungsleitlinien und einen objektiven Überblick über die Qualität der Zusammenarbeit. Die Vereinbarung von Messgrößen und -methoden zu Beginn der Kooperation schärft die gemeinsamen Ziele und ermöglicht eine periodische Kalibrierung, um zu prüfen, ob die Partnerschaft noch auf Kurs ist. Wichtige quantitative Parameter zum Partnercontrolling beinhalten regelmäßig Messzahlen zu Serviceumsatz und erbrachten Serviceleistungen sowie Qualität und Pünktlichkeit der Leistungserbringung. Daten zur quantitativen Präsenz und Trainingsstand der Servicemitarbeiter oder Angaben zur finanziellen Leistungsfähigkeit runden das Partnercontrolling ab. Qualitative Kennzahlen können unter anderem den Kundenzugang und die Kundenakzeptanz bewerten sowie die Veränderung der Markt- und Wettbewerbsposition des Partners aufzeigen.

Ziel des Partnercontrollings ist nicht nur die periodische Bewertung der Ist-Situation, sondern die Entwicklung von konkreten Maßnahmen zur Verbesserung der partnerschaftlichen Zusammenarbeit. Konkrete Verbesserungsaktivitäten mit Meilensteinen und Verantwortlichkeiten, gekoppelt mit in einem stringenten Konsequenzenmanagement, helfen auch in schwierigen Situationen, die Partnerschaft weiter auszubauen (Abb. 7.5).

Effizientes Controlling ist nur ein Baustein des erfolgreichen, strategischen und operativen Partnermanagements. Erfolgreiche Service-Gestalter nutzen in der Regel sechs Bausteine, um die Partnerschaft mit anderen Serviceunternehmen zu gestalten:

1. Ein effizientes Ramp-up der neuen Servicepartner und die Integration in die gesamten Serviceaktivitäten des eigenen Unternehmens
2. Die Pilotierung von Serviceaufgaben oder regionalen Repräsentanzen mit einer schrittweisen Ausweitung der Leistungsumfänge bis zum vereinbarten Maximum der Zusammenarbeit
3. Die Entwicklung des Partners durch Qualifizierungsmaßnahmen und Kooperationen zu einem Schlüsselpartner für das eigene Unternehmen
4. Die regelmäßige Auditierung des Servicepartners im Bezug auf Servicequalität und Leistungsfähigkeit zur Kalibrierung des Partnerschaftsstatus
5. Aktive Mitigation von Risiken des Partners im Bezug auf finanzielle Leistungsfähigkeit, Verfügbarkeit und Qualifizierung der Servicemitarbeiter oder Ramp-ups von neuen Serviceleistungen
6. Effizientes Benchmarking und Controlling der partnerschaftlichen Zusammenarbeit mit einem stringenten Verbesserungs- und Konsequenzenmanagement

7.3 Rechtliche, organisatorische und inhaltliche Stufen einer Servicepartnerschaft

Die rechtliche Ausgestaltung einer Servicepartnerschaft ist komplex und sollte auch im Hinblick möglicher Konventionalstrafen und Ausstiegsoptionen bei unbefriedigenden Ergebnissen unbedingt von einem qualifizierten Rechtsbeistand gestaltet werden.

Im Rahmen dieses Buches wird deshalb nur ein Überblick auf die vier möglichen Ausgestaltungsformen einer Servicepartnerschaft gegeben. Die vier Optionen unterscheiden sich zum einen im Grad der Kooperation und Integration der Partner und damit in ihrer organisatorischen und rechtlichen Verflechtung. Zum anderen bedeutet eine engere Zusammenarbeit in der Regel auch einen steigenden partnerschaftlichen Serviceumsatz und höhere Profitabilität (Abb. 7.6).

In Stufe 1 der Kooperation werden Serviceleistungen beim externen Partner entsprechend dem Bedarf abgerufen. Das eigene Unternehmen kontrolliert den Kundenzugang, die Erbringung der Serviceleistung und nimmt entsprechend der Auftragslage Serviceleistungen des Partners für ein gesamtes Serviceprojekt in Anspruch. Serviceleistungen werden von Mitarbeitern des Partners erbracht und gemäß Einzelnachweis in einer Kunden-Lieferanten-Beziehung abgerechnet.

In Stufe 2 der Zusammenarbeit übernehmen externe Partner selbstständig komplette Service- oder Ersatzteilleistungen für den Kunden. Die Koordination der Auftragserbringung erfolgt durch den Partner direkt mit den Kundenmitarbeitern. Termine und Leistungsumfang werden ohne Abstimmung mit dem Hersteller direkt mit dem Kunden vereinbart. Die Beauftragung und Abrechnung mit dem Kunden

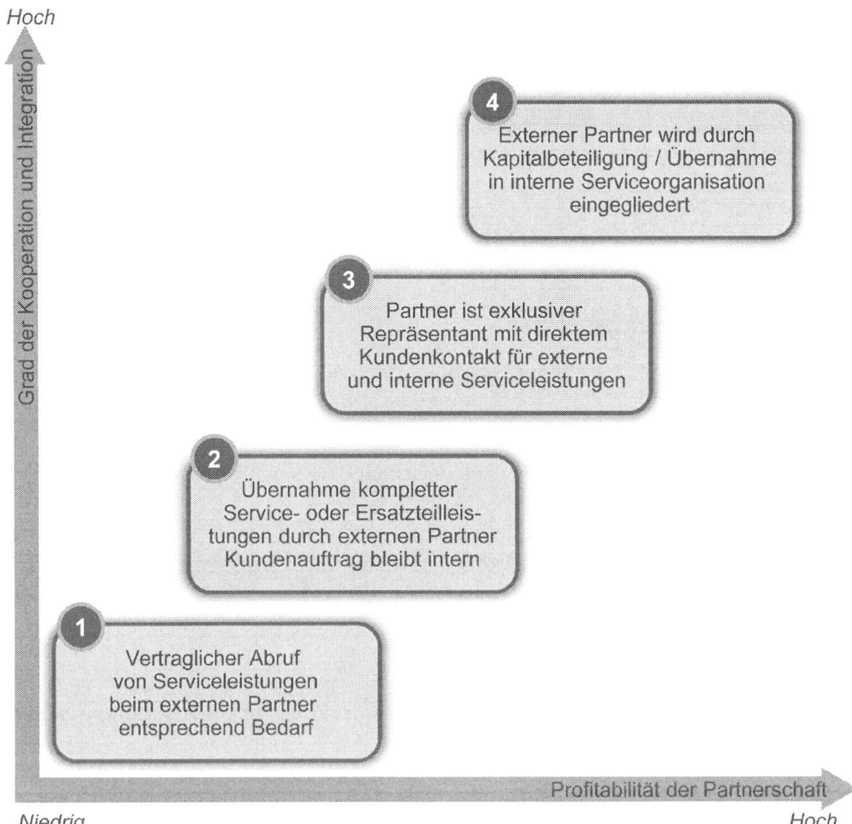

Abb. 7.6 Stufen der Kooperation und Profitabilität im Servicepartnermodell

erfolgt in der Regel aber noch über den Maschinenhersteller, der Servicepartner wird als selbständiger Sublieferant eingesetzt.

In Stufe 3 tritt der Servicepartner als exklusiver Repräsentant für ausgewählte Services oder in einer Region auf. Der Partner hält den Kundenkontakt im Service exklusiv. Die Beauftragung, Servicedurchführung und Abrechnung erfolgt direkt über den Partner. In der Regel wird für die Exklusivität im Service eine Lizenzgebühr bzw. Pauschale für das eigene Unternehmen vereinbart. Alternativ werden Serviceleistungen bzw. Ersatzteile zu Vorzugspreisen ausgetauscht. Die Verantwortung für die Ausweitung des Servicegeschäftes und die Servicezufriedenheit liegt maßgeblich beim Servicepartner.

In der höchsten Stufe des Kooperationsmodells wird der Servicepartner durch eine Kapitalbeteiligung an das eigene Unternehmen gebunden oder gar nach einer kompletten Übernahme vollständig in die eigene Serviceorganisation eingegliedert. Eine Finanzbeteiligung erleichtert den Transfer von Know-how aus dem eigenen Unternehmen und bildet die institutionelle Grundlage eines einheitlichen Serviceauftritts mit standardisierten Leistungen. Die Kapitalbeteiligung ermöglicht dem

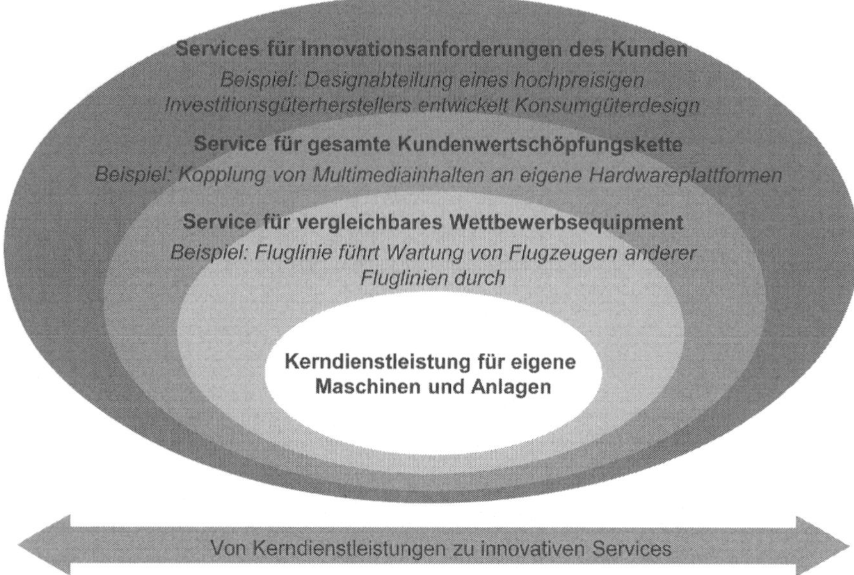

Abb. 7.7 Ausbaustufen eines kooperativen Servicegeschäftsmodells

eigenen Unternehmen einen direkten Einfluss auf wichtige Geschäftsentscheidungen des Partners und stellt somit sicher, dass Wettbewerbssituationen vermieden werden.

Partnerschaften im Service bieten Chancen und Risiken zugleich – zahlreiche Unternehmen im Maschinen- und Anlagenbau, der Automobil- oder Elektroindustrie stehen heutzutage vor einem tiefgreifenden Wandel ihrer Geschäftsstrategie. Sie entwickeln sich von der „klassischen" Entwicklung und Fertigung von Maschine und Anlagen hin zu einem Serviceunternehmen, das Kundenbedürfnisse ganzheitlich abdecken muss, um im globalen Wettbewerb überlebensfähig zu bleiben (Abb. 7.7).

Mit intelligenten Partnerschaften können Maschinen- und Anlagenbauer Modelle entwickeln, die Serviceleistungen auch für Wettbewerbsanlagen erbringt. Nur selten finden sich beim Kunden rein homogene Installationen des Maschinentyps X oder Y. Ist der Kundenzugang – Service Lock-in – bereits vorhanden, können auf dieser Vertrauensbasis weitere Dienstleistungen erbracht werden. Ein prominentes Beispiel ist die Servicegesellschaft der Lufthansa LSG, die auf ausgewählten internationalen Flughäfen nicht nur Flugzeuge der Lufthansa wartet und instandhält, sondern diese Leistungen auch aktiv anderen Fluggesellschaften anbietet, die an diesem Standort über keine eigenen adäquaten Servicequalifikationen verfügt.

Um eine globale Wettbewerbsfähigkeit aufzubauen und zu erhalten versuchen Service-Verwalter häufig so viel wie möglich aus eigener Kraft zu machen. Geschickte Service-Gestalter nutzen dagegen exklusive Partnerschaften mit anderen Serviceunternehmen. Zum einen schließen sie Partnerschaften, die die eigene Wertschöpfungskette erweitert, um sich stärker mit den Kundenprozessen zu verzahnen.

Viele komplexe Maschinen werden heute durch Produktpiraten binnen Monaten kopiert und zu einem scheinbar günstigeren Preis auf den Markt geworfen. Der Aufwand eines Kunden einen voll umfänglichen Service mit seiner tiefen Vernetzung in die Kundenprozesse und -organisation zu substituieren ist aber ungleich aufwändiger und risikobehafteter. Zusammen mit regionalen Partnerschaften bieten Service-Gestalter Dienstleistungen an, die gesamthaft auf die Verbesserung der Leistungsfähigkeit der Kunden entlang seiner Wertschöpfungskette abstellen. Serviceverträge verschieben damit ihren Schwerpunkt von der Erbringungsleistung – z. B. Servicetechniker sind innerhalb von vier Stunden vor Ort – hin zur Befriedigung einer Kundenanforderung entlang der Gesamtwertschöpfungskette, wie z. B. der Ausbringung der Gesamtanlage pro Zeiteinheit. Zusammen mit Finanzierungspartnern können dann z. B. „Pay per Use"-Modelle entwickelt werden, die sich an der Ausbringung orientieren und anlagenbezogene Anfangsinvestitionen in Laufzeitkosten umwandeln. Ein klassisches Beispiel für das Anbieten von Serviceleistungen entlang der Kundenwertschöpfungskette bietet Apple. Der kalifornische IT und Multimediagigant erwirtschaftet einen steigenden Prozentsatz seines Umsatzes nicht mehr mit dem Verkauf von iPhones oder iPads, sondern über die Nutzung der Geräte bei Applikationen oder Marktplätzen wie iTunes oder Apple TV, wo der Kunde direkt für die Nutzung von Medieninhalten bezahlt.

Über intelligente Partnerschaften schaffen Service-Gestalter auch den Sprung, die eigene Wertschöpfungskette zu verlassen und ihr Know-how in anderen Bereichen gewinnbringend weiterzuverwenden. Gutes Industriedesign ist nur eines der Beispiele hierfür. Die Designabteilung einiger führender Luxusautomobilhersteller erwirtschaften inzwischen signifikante Umsätze über das Design von Konsumgüteroder Haushaltsgeräten, Bekleidung oder anderen Gegenständen des täglichen Gebrauchs. In diesen Fällen wird die Kraft der eigenen Marke genutzt, um sie auch in anderen Produktbereichen profitabel einzusetzen.

So attraktiv die Chancen auch sind, den Gewinn durch Partnerschaften zu erhöhen und Risiken zu verteilen, so groß sind auch die Gefahren der Partnerschaft. Neben den offensichtlichen Gefahren, wie Offenlegung von Know-how an fremde Dritte, scheitern Service-Verwalter bei Partnerschaften häufig daran, dass sie ihre Kernprozesse nicht beherrschen und die Kundenloyalität nicht belastbar ist. Partner nehmen diese Mängel des Service-Verwalters wahr und bauen genau an diesen Stellen ihre eigenen Stärken aus, um den Maschinen- und Anlagenbauer letztlich zu überholen. Selbst die besten Partnerschaftsverträge helfen dann nicht mehr. Durch den Verlust an Kundenvertrauen wird der Service-Gestalter als zweiter Sieger das Rennen um nachhaltige Umsatz- und Ertragssteigerung beenden.

Darüber hinaus ist auch das Erbringen von Serviceleistungen für direkte Wettbewerbsprodukte nicht frei von Risiken. Einerseits kann ein solcher Schritt zu einem offenen Kampf um den Service jeder eigenen und Fremdmaschine mit dem Wettbewerber führen, der dann seinerseits Leistungen für alle Maschinen im Feld anbietet. Andererseits scheitern viele Angebote letztlich daran, dass die Maschinen des Wettbewerbers doch nicht befriedigend mit Service versorgt werden können, oder dass durch die Ersatzteilbevorratung für Wettbewerbsprodukte eine hohe Kapitalbindung entsteht.

Kapitel 8
Effizientes Servicecontrolling

Die Entwicklung der eigenen Servicefähigkeiten erfordert bei den tendenziell eher produktorientierten Maschinen- und Anlagebauern erhebliche Veränderungen bei Mitarbeitern, Prozessen und Systemen. Diese Umgestaltungen sind tiefgreifend, und oftmals mit signifikanten Investitionen verbunden. Es ist deshalb wichtig, Veränderungen messbar, sowie Fortschritte und Erfolge sichtbar zu machen. Hierzu werden Controllinginstrumente benötigt, die sich erheblich von den klassischen Werkzeugen dieser Branchen unterscheiden. In der Produktion kann Effizienz und Effektivität auf Grund der höheren Homogenität der Produktionsfaktoren leichter gemessen werden als im Service, da Ressourcen, Angebote und Kunden eine deutlich höhere Varianz aufweisen. Zudem sind die kundenorientierten Serviceangebote nur zum Teil standardisierbar und der Faktor Mitarbeiter ist bei der Erbringung von Dienstleistungen Grundlage jeder Produktivität. Der Faktor Mitarbeiter ist aber hinsichtlich Ausbildung, Erfahrung aber auch Motivation kein gleichartiges Inputgut, sondern je nach Mitarbeitergruppe sehr verschieden.

Während Service-Verwalter mit einem einfachen Satz an finanziellen Kennzahlen arbeiten, benötigt die separierte Servicefunktion der Service-Gestalter ein umfangreicheres Kennzahlensystem, das regelmäßig erhoben und aktiv gesteuert wird.

8.1 Kennzahlen der Service-Gestalter

Service-Gestalter nutzen Kennzahlsysteme, die eine ganzheitliche Sicht auf die vergangene, gegenwärtige und geplante Performance des Service- und Ersatzteilgeschäftes geben und eine Abwägung der unterschiedlichen Perspektiven erlauben. Eine Scorecard dieser Art umfasst fünf Kernbereiche:

- **Umsatz und Wachstum**
  Umsatz und Wachstumskennzahlen beschreiben den Erfolg des Service- und Ersatzteilbereiches und dienen der Rechtfertigung notwendiger beziehungsweise geplanter Investitionen. Sie sollten auf jeden Fall differenziert ausgeprägt sein, um einzelne Dienstleistungsgruppen aus dem Serviceportfolio sowie geografische Segmente und Kundensegmente erheben zu können. Nur so kann die Leitung

R. Geissbauer et al., *Serviceinnovation,*
DOI 10.1007/978-3-642-21239-0_8, © Springer-Verlag Berlin Heidelberg 2012

des Service- und Ersatzteilgeschäftes Erfolge identifizieren, kommunizieren und Entwicklungen gezielt steuern.

- **Effizienz und Effektivität der Serviceerbringung**
  Kennzahlen zur Messung der Effizienz und Effektivität der Serviceerbringung dienen dazu, die internen Abläufe des Service- und Ersatzteilgeschäftes zu dokumentieren und zu optimieren. So können Serviceeinheiten der Service-Gestalter unterschiedliche Praktiken identifizieren, vergleichen, optimieren und standardisieren. Zu unterscheiden sind dabei angebotsorientierte und auftragsbezogene Kennzahlen.
- **Kundenzufriedenheit und Qualität**
  Die externe Perspektive der Kundenzufriedenheit und Qualität ist eine grundlegende Mess- und Regelgröße, da die daraus resultierende Kundenloyalität im Service- und Ersatzteilgeschäft die Grundlage des langfristigen Erfolgs ist. Im Gegensatz zu den anderen Dimensionen beruht die Messung auf relativ „weichen" Kriterien, die anhand von Skalen in der Kundenbefragung erhoben werden. Hierbei kann zwischen Momentaufnahmen, unmittelbar nach der Erbringung einer Dienstleistung, und den jährlichen oder halbjährlichen Kundenzufriedenheitsanalysen unterschieden werden. Erstere sind eher qualitätsbezogen auf den Moment der Wahrheit, letztere geben Aufschluss über die gesamte Servicewahrnehmung eines Maschinen- und Anlagenbauers.
- **Innovation**
  Innovationskennzahlen beschreiben den Wunsch der Serviceorganisation, neue Ideen zu generieren und mit vertretbarem Aufwand rechtzeitig am Markt zu etablieren. Das Mess-System muss in der Lage sein, sowohl die kundengetriebene Innovation als auch die eigene, interne Innovationsrate zu messen.
- **Mitarbeiterqualifikation und – zufriedenheit**
  Fundament der nachhaltigen Entwicklung des Service- und Ersatzteilgeschäftes ist die Qualifikation und Zufriedenheit der Mitarbeiter einer Serviceorganisation, weswegen die Perspektive des Lernens und Entwickelns im Vordergrund steht. Außerdem können durch diese Blickwinkel Kompetenzaufbau und -verteilung in regional diversifizierten Serviceorganisationen optimiert werden. Die Mitarbeiterzufriedenheit unterstützt das gezielte Personalmanagement und schlägt damit die Brücke zur Kundenzufriedenheit (Abb. 8.1).

Diese fünf Controlling-Dimensionen sind nicht für alle Typen von Serviceorganisationen gleichbedeutend. Der global agierende Service-Gestalter mit lokalen Service Hubs beschränkt sich an der Schnittfläche zumeist auf Finanzkennzahlen, da Leistungskennzahlen der den Service ausführenden Einheiten, bedingt durch kulturelle Aspekte und regionalen Besonderheiten, unterschiedliche Werte aufweisen können und vereinheitlicht werden müssten, um Aussagekraft zu gewinnen.

Mit steigender organisatorischer und inhaltlicher Komplexität liegt die Sicherstellung zur Erreichung der Kennzahlen nicht mehr in einer Hand, sondern wird durch eine Vielzahl an handelnden Einheiten im Service- und Ersatzteilgeschäft beeinflusst. Daher müssen die Kennzahlen und deren zugeordnete Regelkreise kaskadiert aufgebaut werden (Abb. 8.2).

Strategische Unternehmensziele werden in einem systematischen Kaskadierungsprozess horizontal und vertikal auf die einzelnen Serviceeinheiten und deren

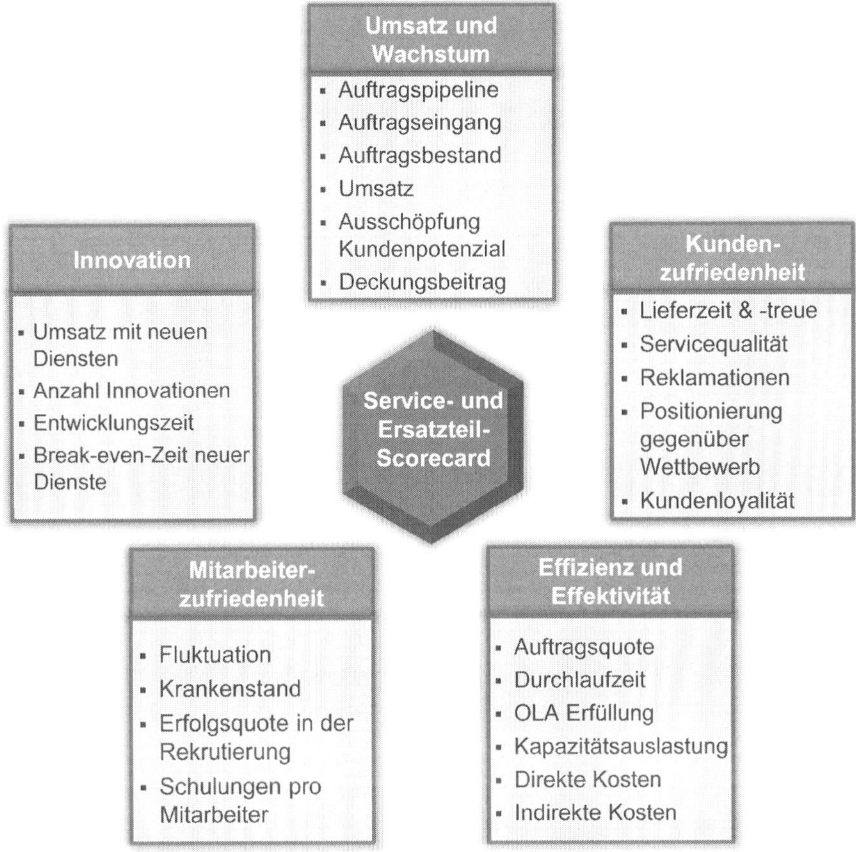

Abb. 8.1 Kennzahlen der Service- und Ersatzteil-Scorecard

Untereinheiten verteilt. Die horizontale Verteilung bricht die vordefinierten Ziele entlang der Prozesskette auf und teilt sie Untereinheiten zu. Ein typisches Beispiel für die horizontale Kaskadierung ist die Kundenzufriedenheit, da alle Protagonisten darauf Einfluss haben. Die vertikale Verteilung bricht einzelne Prozessschritte auf und verteilt die Ziele auf identische, aber separate Untereinheiten. Ein typisches Beispiel der vertikalen Kaskadierung ist das Aufbrechen von Umsatzzeilen auf geografische Regionen. Im Prozess der Kaskadierung muss jederzeit sichergestellt sein, dass sich Kennzahlen und Ziele eindeutig auf handelnde Untereinheiten abbilden lassen.

8.2   Regelkreise zur Performancesteuerung

Kennzahlen und deren Ziele skizzieren den Weg der nachhaltigen Veränderung vom Service-Verwalter zum Service-Gestalter und sind die Voraussetzung dafür, die Veränderung zu messen und frühzeitig auf Abweichungen vom geplanten Weg

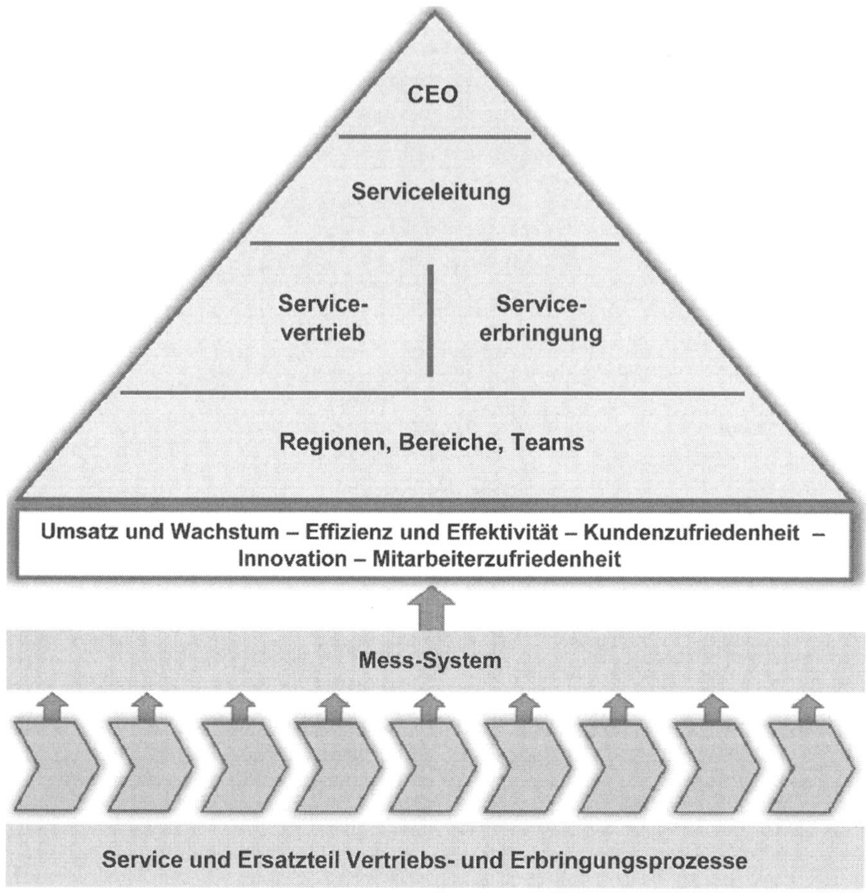

Abb. 8.2 Grafik Kennzahlenpyramide komplexer Service- und Ersatzteilorganisationen

reagieren zu können. Dazu muss in der Servicefunktion ein Regelkreis aus Planen, Ausführen, Messen und Steuern etabliert werden (Abb. 8.3).

Neben der vertikalen und horizontalen Kaskadierung von Zielen ist der geplante Weg auch in der zeitlichen Dimension zu detaillieren. Werden Ziele auf der Ebene der Unternehmensleitung auf jährlicher oder halbjährlicher Ebene vorgegeben, müssen sie während der Phase der Kaskadierung pro Untereinheit in vierteljährliche, monatliche oder gar wöchentliche Teilziele aufgebrochen werden.

Bei der Messung der Prozessperformance gilt es, zwischen zwei Arten von Kennzahlen zu unterscheiden, solche die am Anfang des Prozessschrittes (ex ante) erhoben werden und solche, die am Ende des Prozessschrittes (ex post) erhoben werden. Zu jeder Kennzahl sind Grenzwerte zu definieren, die im Falle des Über- oder Unterschreitens eine vordefinierte Gegenmaßnahme begründen und ggf. automatisch einleiten.

In gleichem Maße wie die übergeordneten Ziele des Service- und Ersatzteilgeschäftes auf untergeordnete Funktionen heruntergebrochen werden, sind

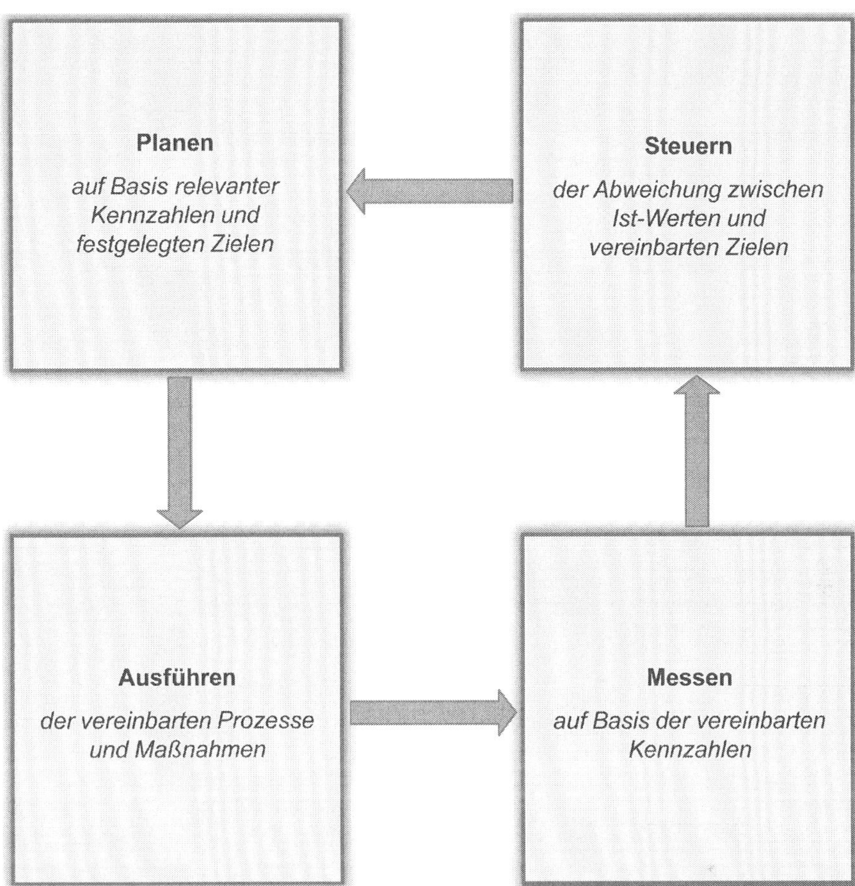

Abb. 8.3 Regelkreis zur Steuerung der Serviceperformance

Steuerungsgremien zu etablieren. Die personelle Zusammensetzung ergibt sich aus der Ableitung der geographischen oder inhaltlichen Rollen und Verantwortlichkeiten der Organisation. Die Aufgabe dieser Gremien ist, die Einhaltung der Kennzahlen zu überwachen und korrektive Maßnahmen einzuleiten. Die rollierenden Teilziele sind damit eine Überlagerung der ursprünglichen Ziele und angepasster Ziele, die sich aus der Abweichungsanalyse ergeben. Somit schließt sich der Regelkreis zur Überwachung und Steuerung der Veränderungen im Service- und Ersatzteilgeschäft auf dem Weg zum Service-Gestalter.

8.3 Das Servicecontrolling-Dashboard

Die Grundlage des erfolgreichen Servicecontrolling-Dashboard ist eine detaillierte Deckungsbeitragsrechnung. Dazu werden von den Erlösen zunächst die variablen Kosten – Personal-, Materialeinsatz, Reisekosten und Spesen – abgezogen. Um das

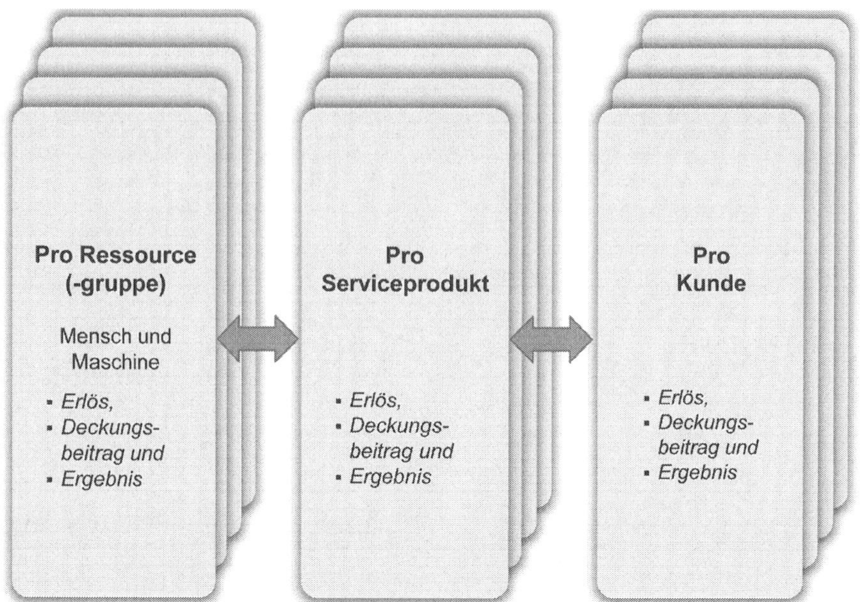

Abb. 8.4 Dedizierte Reportingebenen im Servicecontrolling

Ergebnis des Servicebereiches zu erhalten, müssen noch die fixen Kosten, Umlagen und Abschreibungen subtrahiert werden.

Eine zeitgemäße Deckungsbeitragsrechnung ermöglicht Auswertungen nicht nur auf der Ressourcenebene, sondern auch auf der Ebene Serviceprodukt und Kunde (Abb. 8.4).

Das Controlling auf der Ressourcenebene beantwortet die Frage der Effizienz und Effektivität der Ressourcen „Mensch" und „Maschine" im Servicebereich, also wie viel Prozent des zur Verfügung stehenden Kapazitätsangebots wertschöpfend – fakturierbar oder auch nicht fakturierbar – bzw. nicht wertschöpfend eingesetzt worden sind.

Das Controlling auf der Serviceproduktebene muss die Frage der Rentabilität des einzelnen Angebotes beantworten. Dabei ist zu beachten, dass nicht jedes Serviceprodukt zwingend für sich alleine profitabel sein muss. Manche Angebote dürfen durchaus nicht profitabel sein, wenn sie auf der anderen Seite Wegbereiter für den Verkauf umfangreicherer Dienstleistungspakete sind.

Das Controlling auf der Kundenebene betrachtet die Rentabilität einzelner Kunden und Kundensegmente. Die Interpretation dieser Auswertungen bedarf aus mehreren Gründen der Vorsicht:

- Es kann eine Querfinanzierung zwischen Produkt- und Servicegeschäft existieren, um beim Verkauf der Maschine keine Rabatte geben zu müssen. Werden Serviceangebote als „Naturalrabatt" gewährt oder der Serviceerlös zur Quersubventionierung des Produktgeschäftes genutzt und muss das Produktgeschäft höhere Renditen erzeugen.

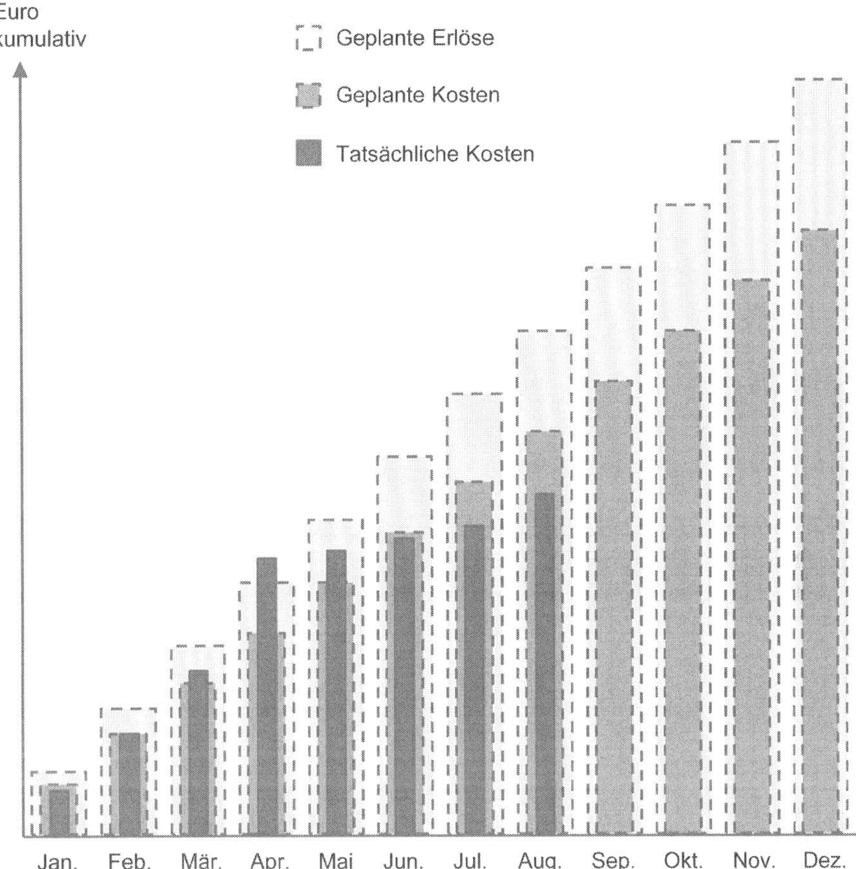

Abb. 8.5 Controlling von Risikoverträgen

- Nicht rentable Kunden, die gleichzeitig Meinungsführer im Markt sind, erfordern eine andere Behandlung als nicht rentable Kunden, die keine Meinungsführer sind. In jedem Fall sollte für alle nicht rentablen Kunden eine Kosten-Nutzen-Analyse vorgenommen werden, damit transparent wird, welcher Aufwand nötig ist, um den Kunden in die Rentabilitätszonen zu führen, oder welcher Schaden entsteht, wenn der Kunde nicht mehr beliefert wird.

Besonderes Augenmerk im Servicecontrolling muss auf risikobehaftete Verträge, wie z. B. Full Service-Wartungsverträge oder Uptime Agreements gelegt werden, da die Erlöse zwar vertraglich vorgegeben sind, die tatsächlichen Kosten aber von den geplanten abweichen können (Abb. 8.5).

Während im Beispiel die tatsächlichen Kosten im Januar und Februar noch unter den geplanten Kosten liegen, beginnen sie ab März die geplanten Kosten zu überschreiten. Im April übersteigen die kumulierten Kosten sogar die kumulierten Erlöse.

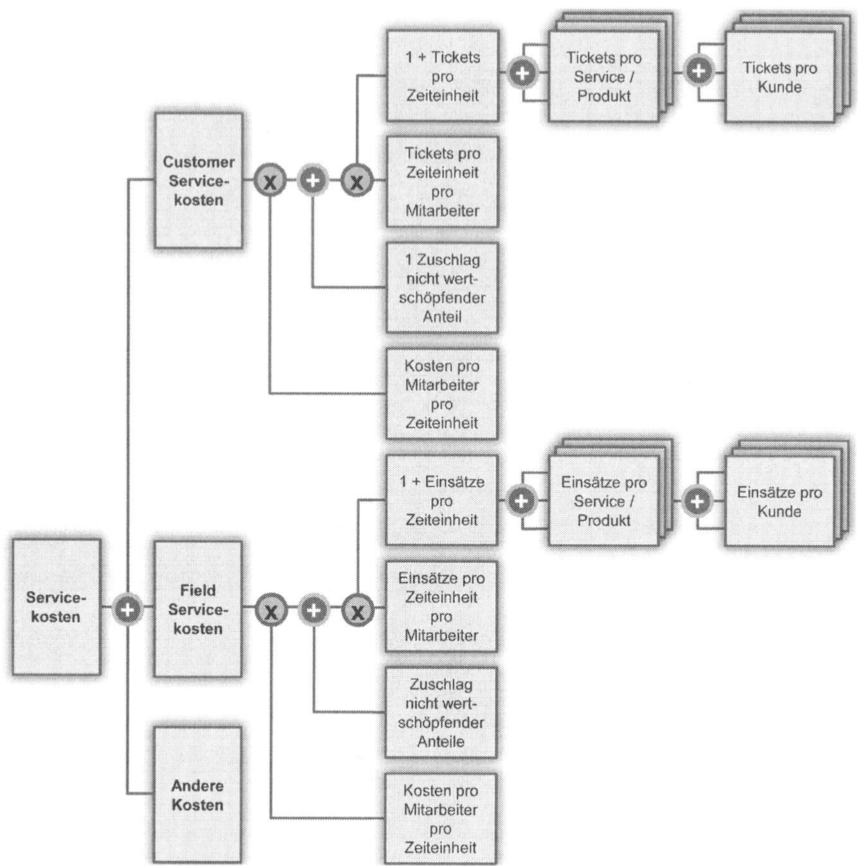

Abb. 8.6 Schema eines Kostentreiberbaumes für das Servicecontrolling

Gleichzeitig gilt es zu beachten, dass die Kosten und die damit erbrachten Leistungen eine gewisse Relation zu den geplanten Erlösen nicht unterschreiten, da sonst die vom Kunden wahrgenommene Leistung nicht mehr seiner Kosten-Nutzen-Kalkulation gegenüber vergleichbaren Einzelbeauftragungen entspricht.

Für das Servicecontrolling-Dashboard des erfolgreichen Service-Gestalters muss daher ein vollständiges Kennzahlsystem entwickelt und implementiert werden, das jeden Aufwand, sei es Mensch, Maschine oder Ersatzteil einem Service, einem Kunden und bei Festpreisverträgen auch einem Vertrag zuordenbar macht (Abb. 8.6).

Diese vollständige Leistungsmessung umfasst zwingend nicht nur die fakturierte, sondern auch die nicht fakturierte Leistung, wie z. B. die des Customer Service Centers, um fundierte Rentabilitätsentscheidungen treffen zu können.

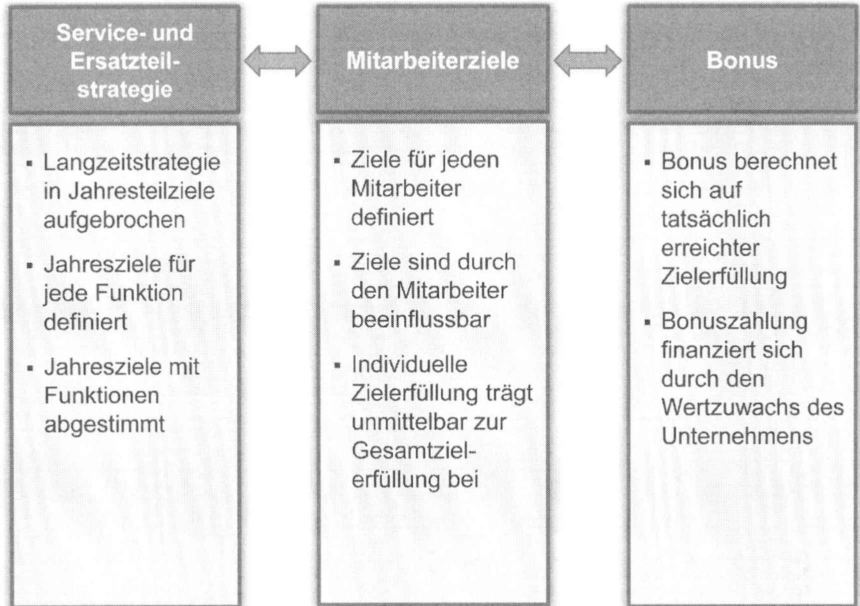

Abb. 8.7 Zusammenhang zwischen Strategie und Mitarbeiterbonus

8.4 Optimierung von Anreizschemata

Die Entwicklung der Servicematurität vom Service-Verwalter zum Service-Gestalter
wird durch einen Satz an Kennzahlen per heute beschrieben und mit zukünftigen
Zielkennzahlen in Beziehung gesetzt. Diese Verbesserung der Service- und Er-
satzteilphilosophie eines Herstellers fußt aber nicht nur auf der Veränderung des
Serviceportfolios oder des Serviceprozesses, sondern auf der Veränderung der Mitarbeiter. Die Unternehmensführung muss daher Anreizschemata schaffen, die den
Erfolg der Veränderung des Unternehmens mit einem positiven Impuls für den
einzelnen Mitarbeiter verknüpft (Abb. 8.7).

Während des Prozesses der Kaskadierung werden die Kennzahlen in zeitliche,
inhaltliche und organisatorische Teilziele zerlegt. Durch ein geeignetes Anreizschema werden sie dann mit dem Entlohnungssystem des einzelnen Mitarbeiters
verknüpft. Abhängig von gesetzlichen Bestimmungen, dem kulturellen Rahmen und
der hierarchischen Stellung innerhalb des Unternehmens wird die Aufteilung des
Zieljahreseinkommens in einen fixen Gehaltsanteil und einen variablen Gehaltsanteil
zerlegt. Der variable Gehaltsanteil besteht schließlich aus einer Leistungs- und einer
erfolgsorientierten Komponente. Gleichzeitig wird definiert in welchem Turnus der
variable Anteil ausbezahlt wird. Dabei gilt, dass je höher die Frequenz der Auszahlung ist, desto schneller kann das Verhalten eines Mitarbeiters beeinflusst werden.
Andererseits gibt es Ziele, die nicht auf eine rein kurzfristige Verhaltensänderung
abstellen und auch nicht in kurzen Horizonten gemessen werden können (Abb. 8.8).

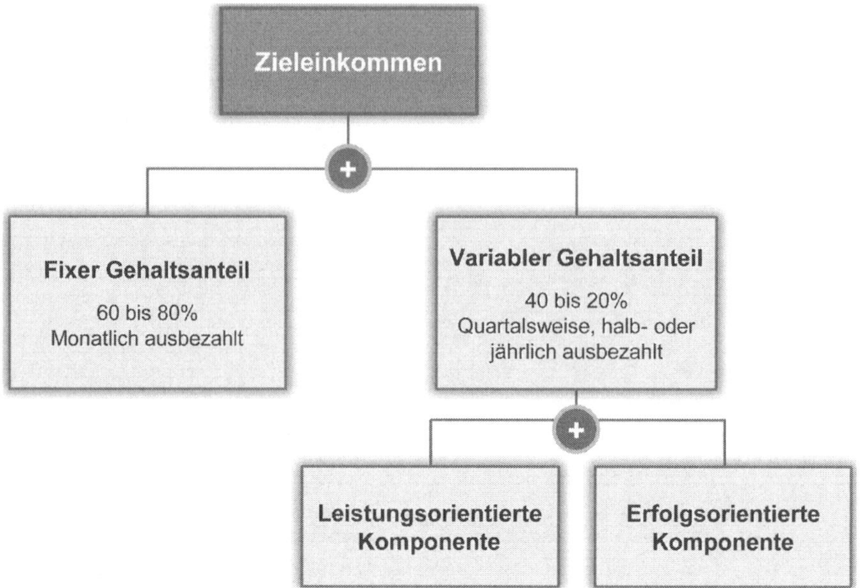

Abb. 8.8 Bestandteile der fixen und variablen Vergütung

Die leistungsorientierte Komponente des variablen Teils der Vergütung bezieht sich auf den persönlichen Beitrag eines Mitarbeiters zum Gesamtergebnis. Hier können quantitative und qualitative Ziele, wie Kundenzufriedenheit oder der Beitrag des Mitarbeiters in der Innovationsdimension eingehen. Die erfolgsabhängige Komponente ist an quantitativen Größen, wie Umsatz oder Deckungsbeitrag des gesamten Servicebereiches auszurichten.

Bei der Ausrichtung der Relation zwischen Zielerreichung und Ausschüttungshöhe des variablen Gehaltsanteils ist festzulegen, ob das Anreizschema sich selbst finanzieren muss, also die Summe der Boni kleiner oder maximal dem zusätzlich erwirtschafteten Ergebnis ist, oder ob es durch das Unternehmen mitfinanziert wird, wie z. B. im Fall einer langfristig angelegten und möglicherweise langwierigen Neupositionierung des Servicebereiches, der sich naturgemäß nicht sofort refinanzieren kann (Abb. 8.9).

Weiterhin müssen vier Bereiche vereinbart werden:

- Die Zielerreichung des Mitarbeiters ist kleiner x%: Typischerweise sollte hier keine Auszahlung stattfinden, da der Bonus sonst als fixer Gehaltsbestandteil wahrgenommen wird
- Zwischen x% und y% der Zielerreichung werden als lineare Fortschreibung zwischen a% und c% des Bonus ausbezahlt
- Bei 100 % Zielerreichung werden b% als Bonus gewährt werden –
- Über y% Zielerreichung wird der Bonus auf c% begrenzt.

Die Punkte a, b, c, x und y sollten dabei dem Grundgehalt und der Funktion entsprechend wie z. B. Servicevertrieb, Vor-Ort-Entstörung oder Serviceinnendienst tariert werden.

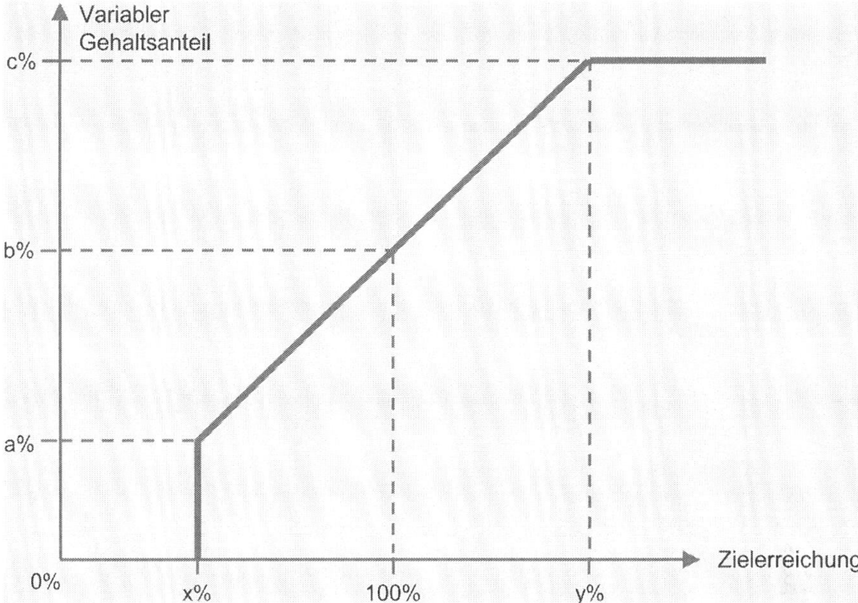

Abb. 8.9 Relation der variablen Vergütung an der gesamten Zielerreichung

Jeder Veränderungsprozess muss begleitet werden, auch der vom Service-Verwalter zum Service-Gestalter. Ein umfassender Satz von externen und internen Kennzahlen überwacht und steuert diesen Prozess. Die Einhaltung ambitionierter Ziele wird durch Regelkreise überwacht und im Falle der Abweichung werden vereinbarte Gegenmaßnahmen eingeleitet. Aber erst durch die Verbindung unternehmerischer Ziele mit persönlichen Vorteilen für Mitarbeiter kann sichergestellt werden, dass die Veränderung nachhaltig verankert wird.

Autorenverzeichnis

Dr. Reinhard Geissbauer ist Direktor und Geschäftsführer bei Pricewaterhouse-Coopers PRTM Management Consultants GmbH, einem Unternehmen der Gruppe PwC Deutschland. Er betreut schwerpunktmäßig europäische Unternehmen des Maschinen- und Anlagenbaus, sowie des Hightech- und Elektronik-Sektors. In den vergangenen 15 Jahren begleitete er zahlreiche Projekte in der Strategischen und Operativen Serviceentwicklung und dem Supply Chain Management. Herr Geissbauer promovierte in Internationaler Betriebswirtschaftslehre an der Universität Regensburg und hält einen MBA in Internationalem Management und Finanzen.

Dipl. Phys. Alexander Griesmeier betreut als Prinzipal seit 15 Jahren führende Maschinen- und Anlagenbauer sowie Konsumgüterunternehmen bei der Implementierung ihrer neuen Servicestrategie auf der Basis kundenzugewandter Angebote und Prozesse. Zudem begleitet er deren organisatorische Veränderung und Optimierung. Er studierte Physik an der Technischen Universität in München.

Dipl. Kfm. Sebastian Feldmann betreut als Prinzipal seit mehr als 10 Jahren führende, global agierende Unternehmen aus dem Automobil- und Transportsektor sowie dem Maschinen- und Anlagenbau bei der Transformation aller kundengerichteten Aktivitäten, mit Fokus auf Vertrieb und After Sales. Sein Studium zum Diplom-Kaufmann (MBA) hat er an der WHU – Otto Beisheim School of Management – sowie der Kobe University Japan und der Rotman School of Management an der UofT in Kanada absolviert.

Dipl. W. Inf. Matthias Toepert hat seit fünf Jahren den Schwerpunkt seiner Beratungstätigkeit in der Gestaltung von Serviceorganisationen und -prozessen bei international operierenden Maschinen- und Anlagenbauern. Darüber hinaus leitete er drei Jahre lang ein Dienstleistungsunternehmen in der Automobilindustrie. Er studierte Wirtschaftsinformatik an der Universität Bamberg in Deutschland und der Clemson University in den USA.

Alle vier Autoren sind führende Mitarbeiter der Unternehmensberatung PricewaterhouseCoopers PRTM Management Consultants GmbH, einem Unternehmen der Gruppe PwC Deutschland.

R. Geissbauer et al., *Serviceinnovation,*
DOI 10.1007/978-3-642-21239-0, © Springer-Verlag Berlin Heidelberg 2012

Sachverzeichnis

R. Geissbauer et al., *Serviceinnovation,*
DOI 10.1007/978-3-642-21239-0, © Springer-Verlag Berlin Heidelberg 2012